声化学及其在纳米材料制备中的应用

Sonochemistry and Its Application in Preparation of Nanomaterials

余长林　樊启哲　舒　庆　编著

科学出版社

北　京

内 容 简 介

本书首先围绕纳米材料的传统合成方法和新兴的合成方法进行背景介绍。然后对声化学原理,超声波在化学中的应用,声化学发生器的设计;声化学制备零维、一维和三维纳米材料工艺,声化学制备介孔纳米材料、纳米结构空心微球、金属纳米颗粒、元素掺杂及特定形貌纳米材料的超声波组装等方面进行了系统阐述。作者对自己多年研究的案例进行了分析,将声化学制备和传统制备方法如溶胶-凝胶、水热等合成的材料进行了结构和功能的对比。

本书对从事纳米材料研发、生产和应用的科学研究工作者、相关领域的研究人员,以及化工、材料、环境等专业的本科生和研究生等广大读者具有借鉴作用。

图书在版编目(CIP)数据

声化学及其在纳米材料制备中的应用/余长林,樊启哲,舒庆编著. —北京:科学出版社,2019.10
ISBN 978-7-03-062555-7

Ⅰ.①声… Ⅱ.①余… ②樊… ③舒… Ⅲ.①声化学-应用-纳米材料-材料制备-研究 Ⅳ.①TB383

中国版本图书馆 CIP 数据核字(2019)第 222591 号

责任编辑:周 涵 郭学雯/责任校对:彭珍珍
责任印制:吴兆东/封面设计:无极书装

科 学 出 版 社 出版
北京东黄城根北街 16 号
邮政编码:100717
http://www.sciencep.com

北京捷迅佳彩印刷有限公司 印刷
科学出版社发行 各地新华书店经销
*
2019 年 10 月第 一 版 开本:720×1000 B5
2019 年 10 月第一次印刷 印张:16 3/4
字数:338 000
定价:128.00 元
(如有印装质量问题,我社负责调换)

第一作者简介

余长林 1974 年 10 月生,湖南炎陵人,现任广东省"珠江学者"特聘教授,广东石油化工学院二级教授、博士生导师、宝钢教育奖优秀教师,享受国务院特殊津贴。1999 年获湖南科技大学化学学士学位;2001 年获湖南科技大学有机化学硕士学位;2007 年获中国科学院大连化学物理研究所工业催化博士学位。2007—2008 年在香港中文大学余济美教授课题组从事声化学合成纳米材料及其在光催化应用的博士后研究;2008 年 10 月到江西理工大学任教,先后任化工系主任、副院长;2012—2013 年在美国卡耐基梅隆大学化学系金荣超教授课题组任访问学者;2015 年在香港中文大学余济美教授课题组任高级访问学者;2019 年 2 月作为高层次人才被引进到广东石油化工学院工作。先后入选广东省"扬帆计划"引进紧缺拔尖人才、江西省主要学科学术带头人、江西省 5511 科技创新人才、江西省青年科学家和江西省百千万人才工程等人才计划。

任 *Chinese Journal of Catalysis* 等期刊编委,*Advanced Materials*,*Applied Catalysis A/B* 等 100 余种国际学术期刊的审稿人。主持了国家自然科学基金项目 3 项、省部级基金项目 15 项;荣获江西省自然科学奖一等奖(排名第一)等科技成果奖 7 项,省级教学成果奖二等奖 1 项。培养博士和硕士研究生 30 余名,研究生获全国化学工程领域优秀硕士论文和省级优秀硕士论文 5 篇。

主要从事纳米光催化材料、环境化工及高级光催化氧化技术在有机废水处理的基础和应用研究。在化学、材料和环境国际学术期刊 *Advanced Materials*,*Applied Catalysis B：Environmental*,*Journal of Catalysis*,*Journal of Materials Chemistry A*,*Chemical Engineering Journal* 等发表 SCI 学术论文 160 余篇、EI 论文 30 余篇。申请发明专利 10 件,其中授权发明专利 4 件。出版中英文专著 3 部。

前　言

　　纳米材料的合成和性能研究是 20 世纪末至今国际材料、物理和化学领域的研究热点。传统纳米材料的合成方法,如固相法、气相法和液相法等在纳米材料的制备中发挥了重要作用,技术已经非常成熟。近年来,采取新的手段和方法可控制备结构新颖的纳米材料引起国内外研究者的极大关注。发展形貌、结构可控的纳米材料制备技术是把纳米材料进一步推向应用的关键。利用外场作用制备纳米材料的基本方法可分为声化学合成、微波辐照技术、电场作用下的无机合成等。外场作用对纳米结构的形貌和性能的控制具有独特的作用。其中,利用超声波在液相反应体系的超声空化效应,产生局部高温、高压等独特的物理化学环境,可以在低温条件下实现化学键断裂、自由基产生、元素掺杂、无机纳米粒子从非晶态到固定晶型的转变及特殊形貌结构的控制合成。我国学者冯若和李化茂在1992 年出版了《声化学及其应用》,对声化学及其在有机合成和聚合物降解的应用做了比较详细的介绍。为了进一步促进我国声化学在纳米材料方面的研究和运用,以作者多年来在多个国家自然科学基金项目资助下的声化学制备纳米材料机理、声化学条件的优化、声化学制备纳米材料的表征和纳米材料的运用等方面所做的研究工作为基础,同时参考他人工作,组织编著了本书。

　　本书首先围绕纳米材料的传统合成方法和新兴的合成方法进行背景介绍。然后对声化学原理,超声波在化学中的应用,声化学发生器的设计,声化学制备纳米材料工艺,声化学制备介孔纳米材料、纳米结构空心微球、金属纳米颗粒、元素掺杂、特定形貌纳米材料超声波组装等方面进行了系统阐述。以期给广大从事纳米材料研发、生产和应用的科学研究工作者,以及相关领域的研究人员提供相应借鉴作用。

　　参加本书编写的有从事纳米材料设计、制备、表征和运用等方面的学者、专家和专业技术人员,他们是余长林(第 1~9 章和展望),樊启哲(第 10 章),舒庆(第11 章)。另外,香港中文大学余济美教授、广东石油化工学院广东省石油化工污染过程与控制重点实验室、广东石油化工学院科研处的领导和专家给予了大力支持,在此一并表示衷心的感谢。

　　由于声化学在纳米材料的科学研究与应用仍处于不断迅速发展的阶段,限于编著者的水平和经验,书中不足之处在所难免,敬请同行专家和广大读者批评指正。

余长林

2019 年 2 月于广东茂名

目　　录

第1章　绪　论

1.1　纳　米　材　料

　　1959年,在加州理工学院的物理年会上,著名物理学家、诺贝尔奖获得者理查德·费曼(Richard Feynman)做了一个富有想象力和前瞻性的报告"*There is Plenty of Room at the Bottom*"。他指出:"如果人类能够在原子/分子尺度上来加工材料、制备装置,我们将有许多激动人心的新发现。"因此,"需要有一系列的新型仪器来操纵纳米结构并测定其性质,那时,化学将变成根据人们的意愿逐个地准确放置原子的问题"[1]。费曼的大胆预言,揭开了人类认识和掌握纳米科技的序幕。也正如他所预料的那样,在此后的若干年,具有这样能力的大型仪器相继出现,促进了纳米科技的发展。在21世纪的今天,纳米科技对传统产业的实质性影响和对未来工业的潜在革新已毋庸置疑。人们普遍认为,纳米技术将和信息技术一起成为高科技和新兴学科发展的基础[2]。

　　纳米(nanometer,nm)是一个长度单位,1 nm为10亿分之一米,相当于10个氢原子一个挨一个排起的长度。纳米科技是指在纳米尺度空间(0.1～100 nm)上研究物质的特性和相互作用,并发展为相应多学科交叉的科学和技术。纳米科技是在20世纪80年代末才逐步发展起来的前沿、交叉性新兴学科领域,它在创造新的生产工艺、新的物质和新的产品等方面有巨大的潜能。从材料的结构单元来说,纳米材料一般是由1～100 nm的粒子组成,它介于宏观物质和微观原子、分子交界的过渡区域,是一种典型的介观系统。1990年7月,在美国召开的第一届国际纳米科学技术会议,正式宣布纳米材料科学为材料科学的一个分支。纳米材料的研究主要分成两个方面:①系统性研究纳米材料的性能、微结构和谱学特征,通过和常规材料相比较,找出纳米材料的特殊规律,建立和表征纳米材料的新概念和新理论,发展和完善纳米材料科学体系;②开发和研制新的纳米材料[3]。

　　纳米材料可分为两个体系:①纳米微粒;②纳米固体(包括在纳米尺度上复合的复合体和组装体)。纳米微粒是介于原子团簇和亚微米颗粒之间的领域,是纳米固体的组成单元。其界面组成基元占较大比例,即不同于长程有序的晶体,也不同于长程无序、短程有序的非晶体,而是处于无序度更高的状态。纳米结构单元的尺度在某一维数上与物质中的许多特征长度,如电子的德布罗意波长、超导相干长度、隧穿势垒厚度、铁磁性临界尺寸相当,从而导致纳米材料和纳米结构的物理、化学特性既不同于微观的原子、分子,也不同于宏观物体,而是介于宏观和微观之间的中间领域,因此,呈现出不同于传统材料的许多独特的物理和化学性能。

1. 小尺寸效应

当纳米颗粒的尺寸与光波波长、传导电子的德布罗意波长以及超导态的相干长度、透射深度等物理特征尺寸相当或比其更小时,周期性的边界条件将被破坏,非晶态纳米颗粒表面层附近原子密度减小,导致光吸收、磁性、内压、热阻、化学活性、催化活性及熔点等性质呈现显著变化。例如,光吸收显著增加,并产生吸收峰的等离子共振频移;磁有序态向磁无序态转变,超导相向正常相转变,声子谱改变等,这种现象称为小尺寸效应。纳米粒子的这些小尺寸效应为实用技术开拓了新领域。例如,纳米尺寸的强磁性颗粒(Fe-Co 合金,氧化铁等),当颗粒尺寸为单磁畴临界尺寸时,具有很高的矫顽力,可制成磁性信用卡、磁性车票等,还可制成磁流体。纳米微粒的熔点可远低于块状金属。例如,2 nm 的金颗粒的熔点为 600 K,随粒径增加,熔点迅速上升,块状金为 1337 K。纳米银粉的熔点可降到 373 K。此特性为粉末冶金工业提供了新工艺。

2. 量子尺寸效应

量子尺寸效应是指粒子尺寸下降到某一值时,金属费米能级附近的电子能级由准连续态变为离散态,以及纳米导体存在不连续的被占据的最高分子轨道能级和未被占据的最低分子轨道能级,同时出现能级变宽的现象。因此,材料中电子的能级或能带与组成材料的尺寸有密切的关系。日本科学家久保(Kubo)提出了能级间距和金属颗粒直径的关系,给出了著名的久保公式

$$\delta = \frac{4}{3} \frac{E_F}{N} \propto V^{-1} \qquad (1.1)$$

式中,δ 为能级间距,E_F 为费米能级,N 为总电子数[4]。显然,能级的平均间距与物体的微粒子中的自由电子总数成反比。当 $N \to \infty$ 时,$\delta \to 0$,即对大粒子或宏观物体,能级间距几乎为 0,电子处于能级连续变化的能带中,表现在吸收光谱上为一连续光谱带。对于纳米颗粒,由于所含原子数少,自由电子数也较少,所以 δ 有一个确定的值,其吸收光谱向短波方向移动,具有分立结构的线状光谱,即能级发生了分裂。处于分立的量子化能级的电子的波动性赋予纳米材料一系列特殊的性质,如高度光学非线性、特异性催化和光催化性质、强氧化性和还原性等。

3. 表面效应

表面效应是指纳米晶粒表面原子数与总原子数之比随粒径变小而急剧增大

所引起的性质上的变化。随着纳米晶粒的减少,表面原子所占比例迅速增加。例如,当粒径为 10 nm 时,表面原子数为完整晶粒原子总数的 20%;而当粒径为 1 nm 时,其表面原子所占比例增大到 99%(表 1-1)。表面原子数增多,原子配位数不足,存在未饱和键,导致了纳米颗粒表面存在许多缺陷,使这些表面具有很强的活性,特别容易吸附其他原子或与其他原子发生化学反应。例如,金属纳米粒子在空气中会燃烧,无机纳米粒子暴露在空气中会吸附气体并与气体反应。配位数越不足的原子,越不稳定,极易转移到配位数多的位置上。表面原子遇到其他原子很快结合,使其稳定化,这就是活性原因。这种表面原子的活性,不但引起纳米粒子表面输运和构型的变化。同时也会引起表面原子自旋构象和电子能级的变化。例如,化学惰性的金属铂在制成纳米颗粒后也变得不稳定,成为活性极好的催化剂。

表 1-1 纳米粒子的粒径与表面原子的关系

粒径/nm	原子数/个	表面原子所占比例/%	粒径/nm	原子数/个	表面原子所占比例/%
20	2.5×10^5	10	2	2.5×10^2	80
10	3.0×10^4	20	1	30	99
5	4.0×10^3	40			

4. 宏观量子隧道效应

纳米粒子具有贯穿势垒的能力称为隧道效应。隧道效应是基本的量子现象之一。近年来,人们发现一些宏观量。例如,超微粒的磁化强度,量子相干器件中的磁通量以及电荷等也具有隧道效应,它们可以穿越宏观系统的势垒而发生变化,故称作宏观量子隧道效应(MQT)。目前已证实纳米粒子在低温下确实存在MQT,MQT 与量子尺寸效应一起,确定了微电子器件进一步微型化的极限。当微电子器件进一步微细化时,必须考虑上述的量子效率。

5. 介电限域效应

纳米粒子的介电限域效应较少被注意到。实际样品中,粒子被空气、聚合物、玻璃和溶剂等介质所包围,而这些介质的折射率通常比无机半导体低。光照时,由于折射率不同产生界面效应,邻近纳米半导体表面的区域、纳米半导体表面甚至纳米粒子内部的场强与辐照光的光强相比增大了。这种局部的场增强效应,对于半导体纳米粒子的光物理及非线性光学特性有直接的影响。对于无机-有机杂化材料以及用于多相反应体系的光催化材料,介电限域效应对其反应过程和动力学有重要的影响。

上述小尺寸效应、量子尺寸效应、表面效应、MQT、介电限域效应都是纳米微粒与纳米固体的基本特性。这一系列效应导致了纳米材料在熔点、蒸气压、相变温度、光学性质、化学反应、磁性、超导及塑性形变等许多物理与化学方面都显示出特殊的性能。例如,光吸收显著增加,纳米材料从根本上改变了材料的结构,可望得到诸如高强度金属、合金、塑性陶瓷、金属间化合物以及性能特异的原子规模复合材料等新一代材料,为克服材料科学研究领域中长期未能解决的问题开拓了新的途径。由于纳米材料的独特性质,纳米材料科学和技术受到越来越多的重视,世界许多国家都相继投入大量的资金来开展相应的研究工作。

1.2　纳米材料的分类

按照结构的不同,纳米材料可以分为以下三类。

(1) 准零维的原子团簇和纳米颗粒。其在空间的三维尺度均在纳米范围内。零维纳米结构单元的种类有多样,常见的有纳米粒子、超细粒子、超细粉、烟粒子、人造原子、量子点、原子团簇及纳米团簇等,不同之处在于尺寸范围。

(2) 准一维纳米结构。准一维纳米结构是指在三维空间内有二维尺度处于纳米量级的纳米结构,长度上为宏观尺度的新型材料,是纳米科学研究中较为活跃的前沿领域之一。一维纳米材料包括纳米管、纳米棒、金属及半导体纳米线、同轴纳米电缆、纳米带等。下面简单介绍一下概念。纳米纤维:细长形状,其长径比≥10,包括纳米丝、纳米线和纳米晶须,纳米晶须特指单晶纳米纤维。纳米线:意义类似于纳米纤维,但实际上有电输运的意味。纳米电缆以及同轴纳米线:纳米线外包覆一层或多层不同结构物质的纳米结构。纳米棒:细棒状结构,一般长径比≤10。纳米管:细长形状并具有空心结构,即细管状结构。纳米带:细长条带状纳米结构,长宽比≥10,一般宽厚比≥3,已兼有二维特征,即在宽度方向已有一定的尺度。准一维纳米材料是研究电子传输行为、光学特性和力学机械性能等物理性质中的尺寸和维度效应的理想系统。它们将在构筑纳米电子和光电子器件等集成电路和功能性元件的进程中充当非常重要的角色。

(3) 准二维纳米结构。如纳米盘、纳米壳等,其在空间有一维处于纳米尺度之内。按照纳米材料的功能性,可将其分为光活性纳米材料、半导体纳米材料、催化活性纳米材料、磁性纳米材料等。按照纳米材料的组成,还可将其分为金属纳米材料、氧化物纳米材料、硫化物纳米材料、铁酸盐、钨酸盐等。

1.3　纳米材料的应用

纳米微粒的小尺寸效应、量子尺寸效应、表面效应和 MQT 等使得它们在磁、光、电等方面呈现出常规材料不具备的特性,因此,纳米微粒在电子材料、光学材料、催化、磁性材料、生物医学材料、涂料等方面有广阔的应用前景。

1. 化学反应与催化剂

纳米粒子由于尺寸小,表面所占的体积分数大,从而增加了化学反应的接触面。表面的键态和电子态与颗粒内部不同,表面原子配位不全等导致表面的活性位置增加,使催化活性大大提高。已反应的金属纳米粒子可以催化断裂 H—H、C—H、C—C 和 C—O 键。目前的纳米粒子催化剂有以下几种:第一种是金属纳米粒子催化剂,主要以贵金属为主,如 Ag、Pt、Rh、Pd,铁磁金属有 Ni、Fe、Co 等;第二种是氧化物负载金属纳米颗粒催化剂,主要是以氧化物为载体,把粒径为 1~10 nm 的金属粒子分散到多孔氧化物载体上;第三种是纳米粒子聚合体催化剂,如碳化钨等纳米粒子的聚合体或者是这些聚合体分散在载体上。例如,纳米铂黑可使乙烯氢化反应温度从 600 ℃下降至室温;超细硼粉可以作为炸药的有效催化剂;纳米碳化钨粉是高效的氢化催化剂;超细银粉可以作为乙烯氧化的催化剂;硫醇分子保护的金纳米颗粒能够在室温下催化氧化 CO 为 CO_2,速率高达 250~400 mol/s[5]。

2. 微电子、光电子领域

随着纳米技术的发展,微电子和光电子的结合变得更加紧密,在光电信息传输、存储、处理、运算和显示等方面,使光电器件的性能大大提高。将纳米技术用于现有雷达信息处理上,可使其能力提高几十倍至几百倍,甚至可以将超高分辨率纳米孔径雷达放到卫星上进行高精度的对地侦察。有报道称,已制备出可以运转的"分子马达",这将在"分子"水平的纳米器件及信息处理上有潜在的应用价值[6]。纳米团簇在量子激光器、单电子晶体管等许多领域都有重要应用[7]。另外,量子元件还可以使元件的体积大大缩小,使电路大为简化,因此,量子元件的兴起将导致一场电子技术革命[8]。

3. 磁性材料

磁性纳米微粒由于尺寸小,具有单磁畴结构、矫顽力很高的特性,用它制作磁记录材料可以提高性噪比,改善图像质量。还可制作光快门、光调节器、复印机墨粉材料以及磁墨水和磁印刷等。用铁基纳米晶巨磁阻材料研制的磁敏开关具有灵敏度高、体积小、响应快等优点,可广泛用于自动控制、防盗报警系统、汽车导航和点火装置等。此外,具有奇异性质的磁性液体为若干新颖的纳米器件的发展奠定了基础[9]。

4. 半导体

将硅、有机硅、砷化镓半导体材料配制成纳米相材料,具有很多优异性能。例如,纳米半导体中的量子隧道效应使电子输运反常,某些材料的电导率可以显著降低,而其导热率也随颗粒尺寸的减小而降低,甚至出现负值,这些特性将在大规模集成电路器件、薄膜晶体管选择性气体传感器、光电器件及其他应用领域发挥重要作用。另外,像纳米半导体 TiO_2、ZnO 等具有优异的光催化降解污染物和分解水产氢的功能。

5. 医学和生物工程

纳米技术在生物和医学领域的广泛应用将使人类进入智能化的类生物体系的时代,这意味着纳米科技的最高目标是制造出类似于动物的具有感官、智能等高级功能机器的一门技术。纳米微粒的尺寸一般比生物体内的细胞、红细胞小得多,这就为生物学提供了一个新的研究途径,即利用纳米微粒进行细胞分离和细胞染色制成药物或新型抗体进行局部定向治疗等。例如,利用纳米金粒可进行定位病变治疗,利用纳米传感器可获得各种生化信息。科学家设想利用纳米技术制造出分子机器人,在血液中循环,对身体各部位进行检测、诊断,并实施特殊治疗。不溶于水的药物在动物体内的使用一直比较困难,纳米粒子作为这类药物的载体,可以把药物定向地运输到病变的部位[10]。

6. 陶瓷材料

以人工合成的高纯度纳米粉末为原料,经过粉体处理、成形、烧加工及设计等高技术工艺制成的精细陶瓷具有坚硬、耐磨、耐高温、耐腐蚀等特性。有些陶瓷材料还具有能量转换、信息传递的功能。此外,纳米陶瓷的高磁化率、高矫顽力、低饱和磁矩、低磁耗,特别是光吸收效应将有望开拓出材料应用的一个崭新领域,并对高技术及新材料的发展产生重要作用。例如,现已证实纳米陶瓷 CaF_2 和 TiO_2 在常温下具有很好的韧性和延展性能。德国 Saddrland 大学的研究发现,纳米陶瓷 CaF_2 和 TiO_2 在 80～180 ℃内可产生约 100% 的塑性形变,而且烧结温度低,能在比大晶粒样品低 600 ℃的温度下达到类似于普通陶瓷的硬度。

纳米材料科学与技术是全新的科技领域,而开发和研究纳米材料的制备方法,是当今新材料研究领域中最富有活力的研究方向。

1.4　纳米材料的制备方法

尽管世界范围对纳米材料的合成研究只有短短二十多年的时间,但在各种纳米材料的制备技术开发上已经取得了巨大成功。已经发展了众多纳米材料的制备方法。按照制备原料状态,纳米材料的制备方法基本可分为三大类:固相法、气相法和液相法[11]。

固相法是通过固相到固相的变化来制备粉体。原始的固相法是将金属或金属氧化物按一定的比例充分混合,研磨后进行煅烧,通过发生固相反应直接制得超微粉,或者是再次粉碎得到超微粉。后来发展的固相法包括热解法[12,13]、固相反应法[14,15]、火花放电法[16-20]、球磨法[21-24]。其中,固相反应不使用溶剂,具有高选择性、高产率、工艺过程简单等特点。固相反应的反应速度是影响粒径大小的主要因素,而反应速度是由固态反应物的显微结构、形貌和反应体系所决定的。另外,表面活性剂的加入对改变颗粒的分散性有很明显的作用,其用量对粒径大小的影响存在最佳值。不同的反应配比对产物的均匀度也有影响,一般配比越大,均匀性越差,但分散性很好。

气相法是指直接利用气体或者通过各种手段将物质变为气体,使之在气体状态下发生物理或化学反应,最后在冷却过程中凝聚长大形成纳米颗粒的方法。气相法制备的纳米微粒主要有如下特点:①纯度高;②粒度整齐,粒径分布窄;③粒度容易控制;④组分易于控制。气相法可以制备出液相法难以制备的金属、碳化物、氮化物、硼化物等非氧化物超微粉。气相法包括气体冷凝法[25,26]、溅射法[27,28]、气体蒸发法[29]、化学气相沉积法[30-32]、激光诱导化学气相沉积[33]等,其中应用较多的是化学气相沉积法和气体蒸发法。

液相法制备纳米微粒是将均匀相溶液通过各种途径使溶质和溶剂分离,溶质形成一定形状和大小的颗粒,得到所需粉末的前驱体,热解后得到纳米微粒。液相法具有设备简单、原料容易获得、纯度高、均匀性好、化学组成控制准确等优点,主要用于氧化物、盐纳米材料的制备。液相法包括均相沉淀法[34-36]、水解法[37,38]、水热与溶剂热法[39-48]、乳液法[49,50]、溶胶-凝胶法[51-54]等。近年来,随着水热与溶剂热法用于纳米材料的合成研究,水热与溶剂热法逐渐受到许多研究者的青睐,已经成为纳米材料制备技术的研究热点。

1.5　声化学技术

除了上述固相法、气相法和液相法常规制备技术外,近年来,外场作用下的纳米材料制备技术获得了较大发展。外场作用下的制备技术可分为声化学合成[55-58]、微波辐照技术[59,60]、电场作用下的无机合成[61,62]等。

1894 年,Thornyer 和 Sydney 发现了超声波,从此,超声波被广泛地应用于各个领域。尤其是在与化学相关的各种领域,超声波的重要性特别明显。虽然被发现的比较晚,但是它的迅速发展却是惊人的。人们将超声波的能量引入化学领域,进行广泛的应用,并且系统地研究了声所产生的能量与物质之间的作用。伴随着合成化学的发展,声化学法作为一种更有效地制备纳米材料的新方法,被人们所关注。在人类对超声波还没有认识的 20 世纪 20 年代,美国普林斯顿大学的化学实验室便第一次开始研究声化学,对整个研究界来说,这都是一个全新的研究项目与方向。随着研究的深入发展,到 20 世纪 80 年代,英国华威大学召开了史上的第一届化学学术讨论会,标志着化学领域又一次出现了一个新的分支——超声降解。声化学的出现引起了研究者的广泛重视,并使得声学对于化学的渗透与影响出现了明显的转折。

声化学是指将超声波引入化学中,利用超声波的能量促进化学反应的进行,或出现新的反应步骤。声化学的主要动力是超声空化,基础是空化泡。声化学通常使用的频段要比分子尺度大很多,所以我们看见的它在化学反应中所起的作用,其实并不是声的波动与化学分子直接相互接触后的结果。在物质介质范畴内,超声波只属于一种简单的机械波,通常在一般情况下,我们都认为它能够对化学起到这么大的作用,追其原因,还是声波发生时所产生的机械作用和声空化作用,它们改变了反应的条件和反应的环境,引起了这一结果的发生。机械作用是指在化学反应体系中,声波出现后,强迫体系中的物质做剧烈的运动,使得物质频繁地产生单向力,这些单向力叠加后发生了力的增加,使物质在溶液中传递和扩散的速率变得更大,这样粒子与粒子之间相互碰撞更加剧烈,于是粒子的表面物质从表面脱离出来,界面得到更新[63-66]。超声波的空化是一个极其复杂的物理过程,首先将声场的能量聚集起来,当达到一定强度后,这些能量就在瞬间被完全释放出来,为反应的进行提供环境。

声化学属于"绿色化学",由于其具有耗能低、无污染、安全、廉价等特点,而越来越受重视,目前已经被广泛地应用于化学中的每一个领域,比如:合成制备、矿物化学处理、环境保护(水的净化、污水处理、空气净化等)及其他新型材料的开发等方面。通过对这些应用进行分析总结,可以将声化学的应用大体分为超声降解、超声催化、超声合成这三个分支。

超声降解是利用超声波的机械效应和空化效应,有些还利用了超声波的热效应。利用超声波可以降解大分子特别是有机聚合物、蛋白质、橡胶和纤维素等。超声波也可用于废水处理。超声波辐射到废水中,利用空化效应产生涡旋气泡,产生局部高温高压,将水分解成氧化性超强的·OH 自由基,同时会使溶于水中的氮气和氧气裂解生产 N 和 O 自由基,这些自由基可以与各种有机物反应,最终将其氧化成二氧化碳和水。目前,超声处理已用于单环芳香族化合物、多环芳烃、脂肪烃、有机酸、酚类和燃料等有机物,并取得良好的效果。David 等[67]研究发现,用频率为 482 kHz 的超声波辐照初始浓度为 0.10 mmol/L 的氯苯胺灵,反应50 min 后几乎完全被除去;在此频率下超声波辐照 0.10 mmol/L 的 3-氯苯胺,60 min 后降解完全。氯苯胺灵和 3-氯苯胺这两种物质的最终降解产物是 Cl^-、CO_2 和 CO。Petrier 等[68]也发现超声处理能把五卤酚等分解成水和 CO_2。

超声合成是利用空化泡崩溃时,高温度、短时间、急速冷却这些条件制备不同尺寸、形貌、结构和形态的纳米材料。在功率超声作用下,液体中的某些区域形成局部的暂负压,使液体中的微气泡生长增大,随后又突然破裂,其寿命约 0.1 μs,导致气泡附近产生强烈的激波(空化作用)。在其周期性震荡或崩裂过程中,空化泡周围极小的空间内产生 4000~5000 K 和 50 MPa 的环境,而且温度随时间的变化率达 10^9 K/s。从而产生出非同寻常的能量效应,并产生速率约 110 m/s 的微射流,微射流作用会在界面之间形成强烈的机械搅拌效应,而且这种效应可以突破边界层的限制,从而强化界面间的化学反应过程和传递过程。超声空化产生的这种特殊的物理、化学环境为制备具有特殊性能的新型纳米材料提供了一条重要的途径。

超声波在化学和化学工程中的应用,多集中利用超声空化时产生的机械效应和化学效应,但前者主要表现在非均相反应界面的增大和更新,以及涡流效应产生的传质和传热过程的强化,后者主要归功于在空化泡内的高温分解、化学键断裂、自由基的产生及相关反应。利用机械效应的过程包括固液萃取强化、吸附脱附强化、结晶过程、乳化和破乳、膜过程强化、超声除垢、电化学、非均相化学反应、过滤、悬浮分离、传热以及超声清洗等。利用化学效应的过程主要包括有机物降解、高分子化学反应以及其他的自由基反应。以下几个例子可以说明超声波的这些特点能使它在纳米材料的合成中发挥独特作用[11]。

Suslik 等[69]利用声化学合成了胶态纳米铁磁材料。胶态铁磁材料具有很重要的技术应用,如铁磁流体。磁流体在信息储存介质、磁制冷、声音复制和磁密封中得到应用。商业磁流体生产是在表面活性剂的存在下,在球磨或振动磨中研磨磁铁矿(Fe_3O_4)几周时间完成的。化学法,例如,有机金属化合物热分解和金属气化制备铁磁流体也被应用于制备铁磁材料胶体。将高强度的超声波用于化学中分解挥发性有机金属化合物,生产稳定的铁磁流胶体。因为超声的空化作用可以稳定纳米级大小的分子簇并阻止它们聚集,同时允许稳定的纳米胶体分散。他们的制备方法是,将 20 mL 的 0.2 mol $Fe(CO)_5$ 和 1 g 聚乙烯吡咯烷酮(PVP)的辛醇溶液,于 20 ℃无氧的氩气气氛中利用超声辐照生成黑色胶体溶液。经透射电镜分析,聚合物基质中的铁粒子的粒径为 3~8 nm。除了使用 PVP 外,油酸也可用作胶体稳定剂,其工艺为十六烷中溶解有 2 mol/L 的 $Fe(CO)_5$ 和 0.3 mol/L 的油酸,在 30 ℃下用超声辐照 1 h,溶液由开始的黄色变成黑色。将黑色溶液在 50 ℃下蒸发 1 h,除去未反应的 $Fe(CO)_5$,然后储存在一个惰性气氛的盒中。透射电镜分析得到其平均粒径为 8 nm 而且很均匀。两种工艺制出的铁胶体的粒径在纳米尺寸范围,具备纳米材料的特性,属超顺磁体。其特征为无磁滞、矫顽力高、磁饱和强度高,适于磁流体的应用。用高强度超声辐照挥发性金属有机化合物制备纳米金属胶体,使复杂的合成工艺变得简单易行。

陈启元等[70]研究了超声波对钼酸铵溶液结晶的影响。我国目前制备金属钼粉的企业一般以四钼酸铵为原料,四钼酸铵的分子式为$(NH_4)_2Mo_4O_{13}$,含钼61.12%,是由钼酸铵溶液加无机酸中和,结晶制得的。无水四钼酸铵的晶型有三种:α型、β型和微粉型。α型晶粒粗细不均,热稳定性差;β型晶粒粗大均匀,热分解过程不产生中间化合物,生产的钼粉加工性能好;微粉型是一种新型四钼酸铵,可以制备高纯氧化钼和高质量钼粉。

制备四钼酸铵的传统工艺条件如表1-2所示。

表1-2　三种四钼酸铵的结晶工艺

工艺参数	晶型			工艺参数	晶型		
	α型	β型	微粉型		α型	β型	微粉型
温度 T/℃	80	30	30	烘干温度 T/℃	80~90	50~60	60~70
终点 pH	2.2~2.3	2.3~2.5	1.5~1.8	烘干时间 t/h	2~4	1	2
反应时间 t/h	2	24~36	0.17	加酸速度	稍慢	极慢	极慢

为了研究超声场对四钼酸铵结晶的影响,进行了传统工艺和加超声波新工艺的对比实验。比较两种工艺对反应速率和晶体形貌的影响,得到如下结论。

(1)对于结晶速率较慢的钼酸铵溶液反应体系,超声场的影响非常显著,在同样条件下无声场制得β型四钼酸铵,声场作用制得的结晶为微粉型;同时声场作用只要十几分钟完成,而无声场下则需要1~2天才能得到产物。

(2)声场对四钼酸铵结晶产物有显著影响,无声场作用下制得的样品大而不均匀,声场条件下得到的产品颗粒细而均匀。

这些研究结果证实了超声波对盐类结晶过程具有很好的促进作用。

纳米二氧化钛在环境处理和颜料工业具有重要的应用。因此,开发纳米二氧化钛的生产工艺具有重要意义。张昭等[11,71,72]详细研究了超声波场对硫酸氧钛水解的影响。我国目前绝大部分钛白粉生产厂家均采用硫酸法生产钛白粉。钛液水解是硫酸法生产钛白粉工艺中最关键的一步,也是对条件要求最苛刻的一步。水解过程的好坏,对钛白粉粒子的粒径大小、粒度分布以及后续工序的过滤洗涤和煅烧均有很大影响。

从水溶液析出晶体的过程,若在超声场中进行,超声波的空化作用产生的冲击波和高速射流能使晶团破碎和分散,使每一个晶体形成许多晶核,所以能加速有机和无机饱和溶液中晶体的形成,增加成核速率,抑制晶体生长,控制晶粒形貌,而得到需要的细晶粒。同时,超声振动引起的空化产生瞬时高温高压,可能影响结晶过程中原子的排列,使原子发生位移,使晶体中局部不规则性增加,造成晶格畸变。作者将超声波引入硫酸氧钛液的水解过程,探索其在超声波场作用下的结晶过程。

水解反应装置是将三径烧瓶反应器置入 KQ-100DB 型超声清洗器(40 kHz,100 W)中。实验原料是钛白粉企业提供的已除铁的硫酸氧钛溶液(总钛260 g/L,

有效酸/总钛＝1.89)。将预热到 96 ℃的钛液加入到盛有 96 ℃的底水中分别施加超声辐照(实际使用功率为 50 W)0 min,5 min 或 15 min,然后补加稀释水,使钛液：水＝240：140(体积比),在钛液沸腾温度下水解约 3 h。水解结束后,真空(0.07 MPa)过滤,使用乙醇洗涤沉淀物。将沉淀物在 70 ℃干燥 6 h,得到水合二氧化钛。对应不同的超声辐照时间取 3 个样品;再将它们在 650 ℃煅烧 2 h,得到二氧化钛。

6 个样品用透射电子显微镜观察形貌;用 X 射线衍射仪作 XRD 分析,用激光粒度仪测样品的粒度分布。研究发现:在硫酸氧钛水解初期引入超声辐照对水解产物晶体结构和形貌有影响。经受辐照 15 min 的产物其晶体结构中的微应变较小、结晶度较高,但存在明显晶格畸变,表现为锐钛矿四方晶胞的 c 轴缩短,导致轴比减小,单胞体积减小和晶粒度变小。这是超声波的热机制、机械机制和空化机制综合作用的结果。在水合二氧化钛的煅烧脱水过程中,热力作用使原来的晶格畸变基本消失,恢复正常良好结构,而且储存的超声波能量与热力共同促使晶体粉化,煅烧产物的平均粒径明显小于未经超声辐照产物。因此可以预期,采用适当频率、振幅、声强的探头式的超声发生器,改进超声水解的工艺参数,可能获得更小粒径和粒径分布窄的纳米二氧化钛。

Huang 等[73]以分析纯无水氯化锌($ZnCl_2$)、硫代乙酰胺(TAA)和二甲基亚砜(DMSO)为主要原料,采用超声-化学沉淀法,在普通的超声波清洗器中,利用超声波的能量,成功地制备出了 α-ZnS,产物属于纳米级别,在 10 nm 左右,还进一步对反应动力学做了研究,结果表明,利用超声-化学沉淀法制备 ZnS,其粒子的合成活化能要比一般的化学反应制备法的合成活化能都低,为 29.88 kJ/mol。这一结果表明声化学法在制备金属硫化物方面具有很好的应用价值。

总的来说,在纳米材料制备中液相法具有更强的技术竞争优势,因为该工艺的相关工业过程控制与设备的放大技术较为成熟。沉淀反应几乎瞬间完成,为了得到粒度分布窄的纳米颗粒,就要求强化传质过程,使反应物系统在很短的时间尽量实现微观或介观均匀混合,避免二次成核,使晶体的生长和颗粒的团聚得到有效控制。而功率超声的空化作用和传统搅拌技术相比,更容易实现介观状态下的均匀混合,消除局部浓度不均,提高反应速率,刺激新相的形成,对团聚体还可以起到剪切作用。另外,利用超声空化效应的局部高温、高压的环境可以在低温实现化学键断裂、自由基的产生和无定形到晶型的转变。超声波的这些特点决定了它在纳米材料制备中的独特作用,可以期望它将是一种具有很强竞争力的合成方法[74-77]。

参 考 文 献

[1] Brauman I J. Room at the bottom. Science,1991,254(5036):1277.

［2］张立德,牟季美. 纳米材料和纳米结构. 北京:科学出版社,2002.

［3］高濂,郑珊,张青红. 纳米氧化钛光催化材料及应用. 北京:化学工业出版社,2002.

［4］Kawabata A,Kubo R. Electronic properties of fine metallic particles. II. Plasma resonance absorption. J. Phys. Soe. Jap. ,1977,21(9):1765-1772.

［5］Pietron J J,Stroud R M,Rolison D R. Using three dimensions in catalytic mesoporous nano-architectures. Nano. Lett. ,2002,2(5):545-549.

［6］Davis A P. Nanotechnology:Synthetic molecular motors. Nature,1999,401:120,121.

［7］Serviee R F. Materials science:Ordering nanoclusters around. Science,1996,271(5251):921.

［8］潘清涛. 纳米材料的水热法制备与表征. 兰州:兰州大学,2009.

［9］Xiao J Q,Jiang J,Chien C L. Giant magnetoresistance in nonmultilayer magnetic systems. Phys. Rev. Lett. ,1992,68:3749-3752.

［10］Maeilwain C. Nanotech thinks big. Nature,2000,405:730-732.

［11］张昭,彭少方,刘栋昌. 无机精细化工工艺学. 北京:化学工业出版社,2005.

［12］Yoshid K,Matsumoto K,Oguehi T,et al. Thermal decomposition mechanism of disilane. J. Phys. Chem. A,2006,110(14):4726-4731.

［13］Yun S S,Kim J K,Jung J S,et al. Pseudo-polymorphism in the tri(o-tolyl)phosphinegol(I) 2-mercaptobenzoates:Crystallographic, thermal decomposition, and luminescence studies. Cryst. Growth,Des. ,2006,6(4):899-909.

［14］Cruz L J,Cuevas C,Canedo L M. Total solid-phase synthesis of marine cyclodepsipeptide IB-01212. J. Org. Chem. ,2006,71(9):3339-3344.

［15］Lee M R,Jung D W,Williams D,et al. Efficient solid-phase synthesis of trifunctional probes and their application to the detection of carbohydrate-binding proteins. Org. Lett. ,2005,7(24):5477-5480.

［16］Meyer S,Gorges R,Kreisel G. Preparation and characterisation of titanium dioxide films for catalytic applications generated by anodic spark deposition. Thin Solid Films,2004,450(2):276-281.

［17］Rudnev V S,Yarovaya T P,Boguta D L,ct al. Anodic spark deposition of P,Me(II) or Me(III)containing coatings on aluminium and titanium alloys in electrolytes with polyphosphate complexes. J. Eleetroanal. Chem. ,2001,497(1-2):150-158.

［18］Iijima S. Helical microtubules of graphitic carbon. Nature,1991,354:56-58.

［19］Zhu H W,Jiang B,Xu C L,et al. Synthesis of high quality single-walled carbon nanotube silks by the arc discharge technique. J. Phys. Chem. B,2003,107(27):6514-6518.

［20］Sugai T,Oshida H,Shimada Y T,et al. New synthesis of high-quality double-walled carbon nanotubes by high-temperature pulsed arc discharge. Nano. Lett. ,2003,3(6):769-773.

［21］Doppiu S,Langlais V,Sort J,et al. Controlled reduction of NiO using reactive ball milling under hydrogen atmosphere leading to Ni-NiO nanocomposites. Chem. Mater. ,2004,16(26):5664-5669.

［22］Zhao H B,Kawak J H,Wang Y,et al. Effects of crystallinity on dilute acid hydrolysis of cellulose by cellulose ball-milling study. Energy Fuels,2006,20(2):807-811.

[23] 梁国宪,王尔德,王晓林. 高能球磨制备非晶态合金研究的进展. 材料科学与工程,1994,12
(1):47-52.

[24] Uenura T,Ohba M,Kitagawa S. Size and surface effects of prussian blue nanoparticles
protected by organic polymers. Inorg. Chem. ,2004,43(23):7339-7345.

[25] EI-Shall M S,Abdelsayed V,Pithawalla Y B,et al. Vapor phase growth and assembly of
metallic,intermetallic,carbon,and silicon nanoparticle filaments. J. Phys. Chem. B,2003,
107(13):2882-2886.

[26] 孙志刚,胡黎明. 气相法合成纳米颗粒的制备技术进展. 化工进展,1997,(2):21-24.

[27] Kobayashi M,Saraie J,Matsunami H. Hydrogenated amorphous silicon films prepared by
an ion-beam-sputtering technique. Appl. Phys. Lett. ,1981,38(9):696,697.

[28] Azurdia J A,Marchal J,Shea P,et al. Liquid-feed flame spray pyrolysis as a method of
producing mixed-metal oxide nanopowders of potential interest as catalytic materials. nano-
powders along the NiO-Al$_2$O$_3$ tie line including(NiO)$_{0.22}$(Al$_2$O$_3$)$_{0.78}$,a new inverse spinel
composition. Chem. Mater. ,2006,18(3):731-739.

[29] Usuba S,Okoi H Y,Kakudate Y. Numerical analysis on the dispersion process of carbon
clusters synthesized by gas evaporation using dc arc. J. Appl. Phys. ,2002,91(12):10051.

[30] 姚光辉,李春忠,胡黎明. TiCl$_4$-O$_2$-H$_2$O 体系化学气相淀积 TiO$_2$ 超细粒子. 华东化工学院
学报,1992,18(4):449-454.

[31] Zhang H,Zou M,Tan S,et al. Carbothermal chemical vapor deposition route to se one-di-
mensional nanostructures and their optical properties. J. Phys. Chem. B,2005,109(21):
10653-10657.

[32] Yaeaman M J,Yoshida M M,Rendon L,et al. Catalytic growth of carbon microtubules with
fullerene structure. Appl. Phys. Lett. ,1993,62(2):202-204.

[33] 张立德,牟季美. 纳米材料学. 沈阳:辽宁科学技术出版社,1994:73-75.

[34] Skapin S D,Sondi I. Homogeneous precipitation of mixed anhydrous Ca-Mg and Ba-Sr
carbonates by enzyme-catalyzed reaction. Crysy. Growth. Des. ,2005,5(5):1933-1938.

[35] Sondi I,Matijevie E. Homogeneous precipitation by enzyme-catalyzed reactions. 2. strontium and
barium carbonates. Chem. Mater. ,2003,15(6):1322-1326.

[36] Yu C L,Yu J C,Fan C F,et al. Synthesis and characterization of Pt/BiOI nanoplate catalyst
with enhanced activity under visible light irradiation. Mater. Sci. Engin. , B, 2010, 166:
213-219.

[37] Wang W,Gu B H,Liang L,et al. Synthesis of rutile(α-TiO$_2$)nanocrystals with controlled
size and shape by low-temperature hydrolysis:Effects of solvent composition. J. Phys.
Chem. B,2004,108(38):14789-14792.

[38] Xu W,Xu J H,Pan J,et al. Enantioconvergent hydrolysis of styrene epoxides by newly dis-
covered epoxide hydrolases in mung bean. Org. Lett. ,2006,8(8):1737-1740.

[39] Yu C L,Xie Y,Hong X W,et al. Fabrication,characterization of β-MnO$_2$ microrod catalysts

and their performances, mechanism in rapid degradation of dyes of high concentration. Catalysis Today, 2014, 224:154-162.

[40] Yu C L, Yang K, Xie Y, et al. Novel hollow Pt-ZnO nanocomposite microspheres with hierarchical structure and enhanced photocatalytic activity and stability. Nanoscale, 2013, 5: 2142-2151.

[41] Yu C L, Cao F F, Li X, et al. Hydrothermal synthesis and characterization of novel PbWO$_4$ microspheres with hierarchical nanostructures and enhanced photocatalytic performance in dye degradation. Chem. Eng. J. , 2013, 219:86-95.

[42] Yu C L, Wei L F, Xin L, et al. Synthesis and characterization of Ag/TiO$_2$-B nanosquares with high photocatalytic activity under visible light irradiation. Mater. Sci. Eng. B, 2013, 178:344-348.

[43] Yu C L, Zhou W Q, Yang K. Reverse microemulsion synthesis of monodispersed square-shaped SnO$_2$ nanocrystals. J. Inor. Mater. , 2010, 12(12):5756-5761.

[44] Yu C L, Zhou W Q, Yang K. Hydrothermal synthesis of hemisphere-like F-doped anatase TiO$_2$ with visible light photocatalytic activity. J. Mater. Sci. , 2010, 45:5756-5761.

[45] Yu C L, Yu J C. Growth of single-crystalline SnO$_2$ nanocubes via hydrothermal route. Crystengcomm, 2010, 12:341-343

[46] Yu C L, Wen H R, Yu J C. Preparation different Fe$_3$O$_4$ nano-crystals under mild conditions with different poly(ethylene glycol). Nanotechnology and Precision Engineering, 2010, 8: 48-53.

[47] Yu C L, Yu J C, Wen H R, et al. A mild solvothermal route for preparation of cubic-like CuInS$_2$ crystals. Mater. Lett. , 2009, 63:1984-1986.

[48] Liu B, Zeng H C. Mesoscale organization of CuO nanoribbons:Formation of "dandelions". J. Am. Chem. Soe. , 2004, 126(26):8124-8125.

[49] Liu Y, Dong Y, Wang G. Far-infrared absorption spectra and properties of SnO$_2$ nanorods. Appl. Phys. Lett. , 2003, 82(2):260-262.

[50] Liu B, Xu G Q, Gan L M, et al. Photoluminescence and structural charactcristics of CdS nanoclusters synthesized by hydrothermal microemulsion. J. Appl. Phys. , 2001, 89(2): 1059-1063.

[51] Yu C, Cai D, Yang K, et al. Sol-gel derived S, I-codoped mesoporous TiO$_2$ photocatalyst with visible light photocatalytic activity. J. Phys. Chem. Solids, 2010, 71(9):1337-1343.

[52] 施尔畏,夏长泰,王步国,等. 水热法的应用与发展. 无机材料学报,1996,11(2):193-206.

[53] 马剑华. 纳米材料的制备方法. 温州大学学报,2002,(2):79-82.

[54] 吴建松,李海民. 水热法制备无机粉体材料进展. 海湖盐与化工,2004,33(4):22-24.

[55] 冯若,李化茂. 声化学及其应用. 合肥:安徽科技出版社,1992.

[56] 王君,韩建涛,张扬. 超声技术在化工生产中的应用. 现代化工,2002,31(4):187-189.

[57] 张颖,林书玉,房喻. 声化学新发展—纳米材料的超声制备. 物理,2002,31(2):80-83.

[58] 李春喜,王子镐. 超声技术在纳米材料制备中的应用. 化学通报,2001,(5):268-271.

[59] 汤勇铮,杨红,张文敏.微波制备均匀分散氧化铁纳米粒子.化学通报,1998,(9):52-54.

[60] 樊旭东,谢志鹏,黄勇,等.Y,Ce-TZP 的微波快速烧结.陶瓷学报,1996,17(4):1-9.

[61] 周幸福,褚道葆,林昌健,等.电化学溶解钛金属直接水解制备纳米 TiO₂.物理化学学报,2001,17(4):367-371.

[62] 王瑞春,郭敬东,周本濂.分形结构金属铜的制备与分析.材料导报,2002,16(3):65,66.

[63] 李碧.硫化钴纳米晶的制备及其性能研究.西安:陕西科技大学,2012.

[64] 张颖,林书玉,房喻.声化学新发展——纳米材料的超声制备.知识和进展:物理,2002,31(2):80-83.

[65] 石海信.声化学反应机理研究.化学世界,2006,(10):635-638.

[66] 何寿杰,哈静,王云明,等.超声化学在纳米材料制备中的应用.化学通报,2008,(11):846-850.

[67] David B. Ultrasonic and photochemical degradation of chlorpropham and 3-chloro aniline in aqueous solution. Water Research,1998,32(8):2451-2461.

[68] Petrier C,Misolle M,Merlin G,et al. Characteristics of pentachlomphenate deg gradtion in aqueous solute on by means of ultrasound. Environmental Science and Technology,1992,26(8):1639-1642.

[69] Suslik K S,Fang M M,Taeghwan H. Sonichemical synthesis of iron colloids. J. Am. Chem. Soc. ,1996,118(47):11960-11961.

[70] 吴争平,尹周澜,陈启元,等.声场对钼酸铵溶液结晶影响研究.稀有金属,2001,25(6):404-410.

[71] 吴潘,张昭.超声波场中钛液水解和产物表征.电子元件与材料,2004,23(6):28-31.

[72] 张昭,吴潘,王乐飞,等.超声波辐照对水合二氧化钛晶体结构和煅烧二氧化钛粒度的影响.中国有色金属学报,2005,15(2):321-327.

[73] Li J R,Huang J F,Cao L Y,et al. Synthesisand kinetics research of ZnS nanoparticles prepared by sonochemical process. Mater. Sci. Tech. ,2010,26(10):1269-1272.

[74] Yu C L,Yu J M,He H B,et al. Progress in sonochemical fabrication of nanostructured photocatalysts. Rare Met. ,2016,35(3):211-222.

[75] Yu C L,Zhou W Q,Yu J C,et al. Design and fabrication of heterojunction photocatalysts for energy conversion and pollutant degradation. Chinese Journal of Catalysis,2014,35:1609-1618.

[76] Yu C L,Zhou W Q,Liu H,et al. Design and fabrication of microsphere photocatalysts for environmental purification and energy conversion. Chemical Engineering Journal,2016,287:117-129.

[77] 操芳芳,余长林,杨凯,等.声化学制备纳米光催化材料研究进展.有色金属科学与工程,2011,2(5):12-17.

第 2 章　声化学基础

2.1　声 波 频 率

由图 2-1 所示声波频率分布可见,频率段从 16 Hz 到 2×10^4 kHz 的声波是人耳感官可以感受到的声波,它是人类进行思想感情交流的主要信息载体,它对人类社会的形成、发展是非常重要的。频率低于 16 Hz 的声波叫次声波,这是人耳感受不到的声波。许多大自然现象,诸如狂风暴雨、火山爆发、地震、海啸、台风等都是强大的次声源。这些自然次声的频率多分布在 $10^{-3}\sim16$ Hz。次声的传播衰减很小,传播距离很远,这是它的特点。如今,次声技术已广泛用于地震、台风预报及海洋、地球的遥感遥测等各个领域。事实上,人体也是自然次声源。心脏跳动每分钟发出几十个声脉冲,这些声脉冲中含有丰富的频率为 $5\sim16$ Hz 的次声波成分。检测与分析这些次声振动的特异表现,可用于临床诊断。

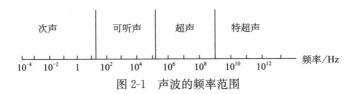

图 2-1　声波的频率范围

通常把频率为 $2\times10^4\sim10^9$ Hz 的声波叫作超声波。自从 1880 年 Curie 发现压电效应(即电致伸缩效应)之后,半个多世纪以来,超声技术及其应用获得极为广泛而令人瞩目的成就。从海洋探测、工业探伤、医疗保健、电视和通信中的声学电子器件中,人们几乎处处都会感受到超声技术与现代生产、生活的密切关系,并相应形成诸如水声学、检测声学、超声医学及表面波声学等各个声学分支[1]。

频率大于 10^9 Hz 的声波叫特超声或微波超声。称为特超声是因为其频率已远超出一般的超声频率,而微波超声的命名则是由于它的频段大体与微波相对应。特超声的传播衰减很大,一般在液氦低温下的固体中才能传播,否则晶格振动会使它很快衰减完。频率越高,波长越短。例如,频率为 10^{12} Hz 的声波波长只有 5 nm,这时声波的粒子性已显示出来,所以,个别的原子或分子的运动足以影响到声波。正因为如此,人们可以利用高频声波来研究物质的分子和原子结构,这表明声学研究已经从宏观进入微观领域。

2.2　超声空化历史

超声空化是一个极其复杂的物理现象,它是超声技术应用中的一个十分重要的基础研究课题。近一个世纪来,人们对它的研究兴趣与热情经久不衰。

早在 1894 年,Reynolds 在研究通过局部细窄管道中的水流时,就观察到空化现象。与此同时,英国海军建造出第一艘驱逐舰,在初期实验时就发现,螺旋桨推进器在水中会引起剧烈振动现象[2]。Thornycroft 与 Barnaby 认为,这种振动是由于螺旋桨的旋转产生了大气泡(空穴),而这些大气泡又在水的压力下随即发生内爆而产生的。这是第一次对空化现象物理本质的描述。其后,英国海军虽几经改进设计,但始终未能摆脱振动问题的困扰,于是正式邀请 Rayleigh 勋爵来研究这个问题。1917 年,Rayleigh 发表了题为《液体中球形空腔崩溃时产生的压力》的著名研究论文[3],对空化现象的理论研究做出了重大突破,为半个多世纪以来的一切有关空化理论的研究奠定了基础。

这一二十年,超声医学、声化学及非线性声学的迅速崛起,对声空化的实验与理论研究又成为超声学基础研究中的一个新的热点。

2.3　超声空化与空化阈值

超声空化是指液体中的微小泡核在超声波作用下被激活,它表现为泡核的振荡、生长、收缩及崩溃等一系列动力学过程。附着在固体杂质、微尘或容器表面上及细缝中的微气泡或气泡,或因结构不均匀造成液体内抗张强度减弱的微小区域中析出的溶解气体等都可以构成这种微小泡核。

我们知道,当声波在介质中传播时,它将引起介质分子以其平衡位置为中心的振动。在声波压缩相时间内,分子间的平均距离减小;而在稀疏相内,分子间距将增大,对于强度为 I 的声波,它作用于介质的声压为 $P_a = P_A \sin\omega t$,P_A 为声压振幅,ω 为声波的角频率,且 $I = P_A^2/(2\rho c)$,ρ、c 分别为介质的密度及声速。因此,在声波的负压相(即稀疏相)内,介质受到的作用力为 $P_h - P_a$,P_h 为流体静压力,倘若声强足够大,使液体受到的相应负压力足够强,那么分子间的平均距离就会增大到超过极限距离,从而破坏液体结构的完整性,导致出现空腔或空穴。一旦空穴形成,它将一直增长至负声压达到极大值 $-P_a$。但是,在相继而来的声波正压相内这些空穴又将被压缩,其结果是一些空化泡将进入持续振荡;而另外一些空化泡将完全崩溃[4]。

那么为了在水中形成空化泡,需要多高的声压呢?

让我们来研究一个半径为 R_e 的空化泡在液体中保持平衡的情况。此时作用

在泡内的压力应该相等,它们分别是

$$P_{bub} = P_v + P_g \tag{2.1}$$

式中,P_{bub}为泡内压力,P_v与P_g分别为泡内的蒸气压及气体压力。

$$P_L = P_h + \frac{2\sigma}{R_e} \tag{2.2}$$

式中,P_L为泡外压力,P_h与$\frac{2\sigma}{R_e}$分别为流体静压力及空化泡的表面张力,泡内外压力平衡时应有

$$P_v + P_g = P_h + \frac{2\sigma}{R_e} \tag{2.3}$$

令流体内的压力变为P_h^1,导致空化泡半径变为R,设泡内气体表现为理想气体性质,则此时的气压为$P_g^1 = P_g\left(\frac{R_e}{R}\right)^3$,泡内新的压力$P_{bub}^1$为

$$P_{bub}^1 = P_v + P_g^1 = P_v + P_g\left(\frac{R_e}{R}\right)^3 \tag{2.4}$$

如果$R > R_e$,则泡外的作用压力将空化泡表面张力减小而变P_L^1:

$$P_L^1 = P_h^1 + \frac{2\sigma}{R} \tag{2.5}$$

如果此时的空化泡仍处于平衡,即$P_{bub}^1 = P_L^1$,则由上两式有

$$P_h^1 + \frac{2\sigma}{R} = P_v + P_g\left(\frac{R_e}{R}\right)^3 \tag{2.6}$$

$$P_h^1 = P_g\left(\frac{R_e}{R}\right)^3 + P_v - \frac{2\sigma}{R} \tag{2.7}$$

上式表明,流体静压力(P_h^1)与空化泡半径的三次方(R^3)成反比,由此,则P_h^1值的下降将会导致R值的迅速上升,特别当P_h^1值小时尤其如此。事实上,存在一个极小的临界流体静压力值,该值的微小下降将会导致空化泡半径R的急剧增大,即空化变得不稳定。与极小临界流体静压力值对应的空化泡半径,叫作临界半径,示以R_K。此时应有效地满足$\frac{dP_h^1}{dR} \approx 0$,即$P_h^1$的微小变化伴随$R$的很大变化。

为估计R_K值,需取式(2.7)对R的微分,即

$$0 = -3P_g\frac{R_e^3}{R^4} - 0 + \frac{2\sigma}{R^2}$$

用R_K取代R,得到

$$R_K^2 = \frac{3}{2\sigma}P_g R_e^3 \tag{2.8}$$

在临界流体静压时,式(2.7)的P_h^1用P_K取代,则有

$$P_K = P_g\left(\frac{R_e}{R_K}\right)^3 + P_v - \frac{2\sigma}{R_K} \tag{2.9}$$

把式(2.8)的 R_K 值代入式(2.9)并整理之后得到

$$P_K = P_v - \frac{2}{3}\left[\frac{\left(\frac{2\sigma}{R}\right)^3}{3P_g}\right]^{\frac{1}{2}} \tag{2.10}$$

由式(2.3)$P_g = P_h - P_v + \frac{2\sigma}{R_e}$,代入式(2.10):

$$P_K = P_v - \frac{2}{3}\left[\frac{(2\sigma/R_e)^3}{3(P_h - P_v + 2\sigma/R_e)}\right]^{1/2} \tag{2.11}$$

如空化泡内蒸气压可以忽略,$P_v = 0$,则上式为

$$P_K = -\frac{2}{3}\left[\frac{(2\sigma/R_e)^3}{3(P_h - P_v + 2\sigma/R_e)}\right]^{1/2} \tag{2.12}$$

上式的 P_K 为负值,这意味着为在液体中形成半径为 R_e 的空化泡,需要对泡作用以负压力,令 $P_K = P_h - P_B$,此处 P_B 即所谓的 Blake 阈值压力。P_B 应是负值,且其绝对值大于 P_h,可以证明,对于较大空泡,即 $P_h \gg \frac{2\sigma}{R_e}$ 时,有

$$P_B = P_h + \frac{8\sigma}{9}\left(\frac{3\sigma}{2P_h R_e^3}\right)^{1/2} \tag{2.13}$$

对于较小的空泡,即 $\frac{2\sigma}{R_e} \gg P_h$ 时,有

$$P_B = P_h + 0.77\frac{\sigma}{R_e} \tag{2.14}$$

式(2.14)可用于计算水结构张力强度的理论值,如认为水的分子距离增大到超出 van der Waals 距离($R_e = 4 \times 10^{-10}$ m)时,水中就产生空穴,则由 $\sigma = 0.076$ N/m 及 $P_h = 1.013 \times 10^5$ Pa,代入式(2.14)得到 $P_B \approx 1.46 \times 10^8$ Pa。

这表明,对于理想纯的水(即结构均匀、无杂质及溶解气体等),产生空化泡核的声压值约为 1.52×10^8 Pa,而实验上测得的最大阈值声压为 2.03×10^7 Pa。这说明理想纯的水是难以获得的。

在一般情况下,空化阈值声压还要低得多,这是因为液体中总是存在一些张力强度薄弱点,其原因则是液体中含有气核(溶解气体及悬浮的微小气泡),容器表面及固体悬浮颗粒裂缝中陷附的气(或汽)核等。图 2-2 示出陷附在悬浮固体颗粒表面裂缝中气核的情况。

在声波负压相作用下,液体中压力减小,气核表面向外凸;在声波正压相作用下,液体中压力增大,气核表面向内凹;当负压足够大时,气核可能会脱离固体表面而形成独立的微气泡。

式(2.12)可用于估计为在水中形成某一尺寸空化泡所需的负压值,例如,$R_e = 1$ μm,$P_h = 1.013 \times 10^5$ Pa,$\sigma = 0.076$ N/m,可由式(2.12)得到负压 P_K 值应为 1.32×10^5 Pa。

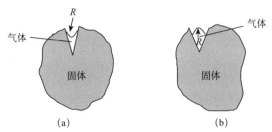

图 2-2　固体颗粒表面上稳定空化气核模型

(a)在外部正压力作用下的情况；(b)在外部负压力作用下的情况

在空化泡扩大过程中,溶于液体中的气体(如果存在的话)和液体蒸气会逸入空腔,因此液体的空化泡可能存在如下几种类型:空的空腔(对应所谓真空化);充气空腔;充汽空腔;充气与汽的空腔。

正是这些不同类型的空化泡在声场作用下表现出的动力学行为,才构成了声化学反应的动力或原因。

2.4　超声波作用下空化泡的运动

下面我们来讨论在超声波作用下空化泡的动力学行为[2]。

首先,讨论一个空化泡,从其最大半径开始收缩,直至崩溃所需要的时间。其次,详细讨论和分析在各种不同的声场作用条件下,空穴泡壁的运动情况。最后,对两种具有不同特点的空化泡壁运动类型,即瞬态空化与稳态空化分别予以研究。

2.4.1　空化泡的崩溃时间

仍从 Rayleigh 的最简单情况出发来讨论液体中存在的一个球形空化泡,在常外力作用下发生崩溃所需要的时间。

令一个空的空泡在常外力(即流体静压力)P_h 作用下从半径 R_m 减小到半径 R。在忽略空泡表面张力的情况下,外力做功等于力与体积变化之积:

$$\int_R^{R_m} P_h 4\pi R^2 \, dR = P_h \frac{4\pi}{3}(R_m^3 - R^3) \tag{2.15}$$

这个功应该等于液体移向空泡收缩间时所获得的动能,为 $\dfrac{mV^2}{2} = \dfrac{1}{2}\rho 4\pi r^2 \, dr \cdot \left(\dfrac{dr}{dt}\right)^2$,$\rho$ 为液体密度;$4\pi r^2 \, dr$ 与 $\dfrac{dr}{dt}$ 分别为液体充填的体积与速度(图 2-3)。从而有式(2.16)。

$$P_h \frac{4}{3}\pi(R_m^3 - R^3) = 2\pi\rho \int_R^\infty r^2 \, dr \left(\frac{dr}{dt}\right)^2 \tag{2.16}$$

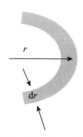

图 2-3　外力作用下空泡体积的变化

如果设液体是不可压缩的,那么空化泡收缩的体积($4\pi R^2\,\mathrm{d}R$)就等于液体充填的体积($4\pi r^2\,\mathrm{d}r$),则有

$$R^2\,\mathrm{d}R = r^2\,\mathrm{d}r \tag{2.17}$$

式(2.17)两边除以 $\mathrm{d}t$ 并整理后得

$$\frac{\mathrm{d}r}{\mathrm{d}t} = \left(\frac{R}{r}\right)^2\left(\frac{\mathrm{d}R}{\mathrm{d}t}\right) \tag{2.18}$$

把式(2.18)代入式(2.16)得

$$\frac{4\pi}{3}P_\mathrm{h}(R_\mathrm{m}^3 - R^3) = 2\pi\rho\int_R^\infty r^2\,\mathrm{d}r\frac{R^4}{r^4}\left(\frac{\mathrm{d}R}{\mathrm{d}t}\right)^2 = 2\pi\rho R^4\left(\frac{\mathrm{d}R}{\mathrm{d}t}\right)^2\int_R^\infty\frac{1}{r^2}\mathrm{d}r$$

$$\frac{4\pi}{3}P_\mathrm{h}(R_\mathrm{m}^3 - R^3) = 2\pi\rho R^3\left(\frac{\mathrm{d}R}{\mathrm{d}t}\right)^2 \tag{2.19}$$

上式右边为液体的动能。整理后可得

$$\mathrm{d}t = \frac{\mathrm{d}R}{\left[\left(\dfrac{2P_\mathrm{h}}{3\rho}\right)\left(\dfrac{R_\mathrm{m}^3}{R^3} - 1\right)\right]^{1/2}} \tag{2.20}$$

对上式右边取从 R_m 到 0 的积分,即可得到空化泡崩溃所需要的时间 τ:

$$\tau \approx 0.915R_\mathrm{m}\left(\frac{\rho}{P_\mathrm{h}}\right)^{1/2} \tag{2.21}$$

当有声场作用液体时,液体中的压力应是 $P_\mathrm{m} = P_\mathrm{h} + P_\mathrm{a}$,而 $P_\mathrm{a} = P_\mathrm{A}\sin\omega t$,则此时式(2.21)应改写为

$$\tau \approx 0.915R_\mathrm{m}\left(\frac{\rho}{P_\mathrm{m}}\right)^{1/2} \tag{2.22}$$

式中,P_m 为半径为 R_m 的空化泡开始崩溃(即开始收缩走向崩溃)那一时刻的液体内压力。

在推导式(2.21)时,我们忽略了空泡的表面张力及空泡内经常会存在的气和汽的压力,但式(2.21)仍可用于大致估算崩溃过程(从开始收缩到完全崩溃整个过程)所需的时间。

例如,水中($\rho = 10^3\ \mathrm{kg/m}^3$)的一个半径 $R_\mathrm{m} = 10^{-5}\ \mathrm{m}$ 的空化泡,没有声场作用

$(P_a=0)$，即 $P_m=P_h=1.013\times10^5$ Pa，代入式（2.21）得到 τ 约 1 μs。如果有 20 kHz 的声场作用，其周期为 50 μs，压缩相作用时间为 25 μs，与此相比，空化泡崩溃时间很短，仅占其 1/25。换句话说，可以认为空化泡开始崩溃那一瞬间的压力（$P_m=P_h+P_a$）在整个崩溃过程中几乎是保持不变的。很明显，如果声波强度（I）增大，那么声压（P_a）和声压振幅（P_A），以及液体中的压力（P_m）亦增大，空化泡崩溃所需的时间将变得更短。另外，如果空化泡开始崩溃的半径（R_m）增大，那么崩溃所需的时间亦变长，这时便很难再认为在崩溃过程中 P_m 保持不变。事实上，如果 R_m 值很大，很可能在声波压缩相时间内空化泡来不及崩溃。例如，$R_m=10^{-3}$ cm 的空化泡，其崩溃时间 $\tau=1$ μs，这样的空化泡在 1 MHz（周期为 1 μs）以上的声场作用下就来不及崩溃。

对于充汽空化泡的崩溃时间 τ，Zhoroshev 给出了更为精确的表达式：

$$\tau=0.915R_m\left(\frac{\rho}{P_m}\right)^{1/2}\left(1+\frac{P_v}{P_m}\right) \tag{2.23}$$

式中，P_v 为空化泡内的气压。显然，如果没有声场作用（即 $P_m=P_h$），且泡内蒸压可以忽略（$P_v=0$），Zhoroshev 的式（2.23）即退化成 Rayleigh 的式（2.21）。

2.4.2　声场中空化泡壁的运动

在任何声空化场中，大部分可见空泡都将作稳定振荡，因此我们首先讨论这种情况。

在 2.4.1 节中我们曾讨论过，空泡崩溃过程中半径由 R_m 变为 R 时，外力 P_h 做功示为

$$\int_R^{R_m} P_h 4\pi R^2 \, dR \tag{2.24}$$

此功等效于液体的运动动能 KE，由式（2.19）有

$$KE=2\pi\rho R^3\left(\frac{dR}{dt}\right)^2 \tag{2.25}$$

上述讨论是针对全空空泡的，并且忽略了表面张力的影响。

现在我们来研究一个半径为 R_e，内含气体和蒸气的空泡在声场中（总外力 $P_h^l=P_h+P_a$）的运动情况。在声波压缩相的某一时刻，外为压力 P_h^l 使空泡的半径从 R_e 变为 R（图 2-4）。

气泡变小的过程又因表面张力 $\left(\frac{2\sigma}{R}\right)$ 增大而加强，此时使气泡收缩的总压力为 $P_h^l+\frac{2\sigma}{R}$。这个总收缩压力受到泡内压缩气体膨胀压力（P_{bub}^l）的反抗。与全空空泡情况相似，收缩压力克服膨胀压力所做的功等于液体获得的动能，即

$$-\int_{R_e}^R\left(P_h^l+\frac{2\sigma}{R}-P_{bub}^l\right)4\pi R^2\,dR=2\pi\rho R^3\left(\frac{dR}{dt}\right)^2 \tag{2.26}$$

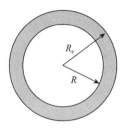

图 2-4　液体中气泡在外力作用下的变化

对上式微分得到

$$\left(P_{bub}^l - P_h^l - \frac{2\sigma}{R}\right) 4\pi R^2 dR = 2\pi\rho\left[3R^2\left(\frac{dR}{dt}\right)^2 dR + R^3 \cdot 2\left(\frac{d^2R}{dt^2}\right)dR\right]$$

$$(2.27)$$

两边除以 $2\pi R dR$，并经整理后得到

$$R\left(\frac{d^2R}{dt^2}\right) + \frac{3}{2}\left(\frac{dR}{dt}\right)^2 = \frac{1}{\rho}\left(P_{bub}^l - P_h^l - \frac{2\sigma}{R}\right) \qquad (2.28)$$

由式(2.4)及式(2.3)已知

$$P_{bub}^l = P_v + P_g\left(\frac{R_e}{R}\right)^3$$

$$P_g = P_h + \frac{2\sigma}{R_e} - P_v$$

把 P_{bub}^l 与 P_g 代入式(2.28)，略去蒸气压(即 $P_v = 0$)；又知 $P_h^l = P_h + P_a$，并使 $P_a = -P_A\sin\omega_a t$，则得到

$$R\left(\frac{d^2R}{dt^2}\right) + \frac{3}{2}\left(\frac{dR}{dt}\right)^2 = \frac{1}{\rho}\left[\left(P_h + \frac{2\sigma}{R_e}\right)\left(\frac{R_e}{R}\right)^3 - \frac{2\sigma}{R} - P_h + P_A\sin\omega_a t\right]$$

$$(2.29)$$

式(2.29)的更严格表达式应是

$$R\left(\frac{d^2R}{dt^2}\right) + \frac{3}{2}\left(\frac{dR}{dt}\right)^2 = \frac{1}{\rho}\left[\left(P_h + \frac{2\sigma}{R_e}\right)\left(\frac{R_e}{R}\right)^{3K} - \frac{2\sigma}{R} - P_h + P_A\sin\omega_a t\right]$$

$$(2.30)$$

式中，K 为多变指数，它可从比热比 γ 值(绝热条件下)变到 1(等温条件下)。

在忽略能量的黏滞损耗(即 $\eta = 0$)的情况下，式(2.30)可以解释若干周期内的稳态空化泡的运动。在讨论 P_h、σ、ρ、R_e、P_A 及 f 等参数对空化过程的影响之前，我们先来研究一下如何从式(2.30)导出空化泡半径随时间的变化关系。

设在声波的负压(或正压)相内的某一时刻，空化泡半径增长(或减小)r 值，变为 $R = R_e + r$，只要 $r < R_e$，把 R 代入式(2.30)，按 $\frac{1}{R_e}$ 幂次方展开并保留其一次方项，可得到

$$\frac{\mathrm{d}^2 r}{\mathrm{d}t^2} + \omega_r^2 r = \frac{P_A}{\rho R_e}\sin\omega_a t \tag{2.31}$$

式中，ω_r 为空化泡的共振频率。在小振幅振荡情况下，ω_r 可由下式给出：

$$\omega_r^2 = \frac{1}{\rho R_e^2}\left[3K\left(P_h + \frac{2\sigma}{R_e}\right) - \frac{2\sigma}{R_e}\right] \tag{2.32}$$

或写成

$$f_r = \frac{1}{2\pi R_e}\left[\frac{3K}{\rho}\left(P_h + \frac{2\sigma}{R_e}\right) - \frac{2\sigma}{\rho R_e}\right] \tag{2.33}$$

式中，$\omega_r = 2\pi f_r$。

对在密度为 ρ 的液体中半径为 R_e 的空泡的自然共振频率 f_r，Minnaert[4] 给出表达式：

$$f_r = \frac{1}{2\pi R_e}\left[\frac{3\gamma}{\rho}\left(P_h + \frac{2\rho}{R_e}\right)\right]^{1/2} \tag{2.34}$$

可见式(2.34)与式(2.33)相似，对于较大的空化泡，有 $R_h \geqslant \dfrac{2\sigma}{R_e}$，如忽略 $\dfrac{2\sigma}{R_e}$ 的贡献，且以 K 代 γ，则上两式均可写成

$$f_r = \frac{1}{2\pi R_e}\left(\frac{3KP_h}{\rho}\right)^{1/2} \tag{2.35}$$

对于在水中，$\rho = 1000\ \mathrm{kg/m^3}$；取 $P_h = 1.013 \times 10^5\ \mathrm{Pa}$，$K = 1$，则由式(2.35)可以得到 $f_r R_e = 3$(R_e 取 m)或 $f_r R_e = 300$(R_e 取 cm)。即共振频率(f_r)与空化泡半径(R_e)成反比。

应该指出，并非液体中所有空泡都能产生明显的空化过程，只有当超声波频率与空泡的自然共振频率相等时，超声波与空泡之间才能达到最有效的能量耦合。这可在式(2.31)的一般解中看到

$$r = \frac{P_A}{\rho R_e(\omega_r^2 - \omega_a^2)}\left(\sin\omega_a t + \frac{\omega_a}{\omega_r}\sin\omega_r t\right) \tag{2.36}$$

在共振(即 $\omega_a = \omega_r$)条件下，上式变成不确定形式：

$$r = \frac{P_A}{2\rho R_e \omega_a^2}(\sin\omega_a t - \omega_a t\cos\omega_a t) \tag{2.37}$$

式(2.37)表明，r 相对 P_A 的相位在通过共振时将发生变化，共振时的解变为不稳定，振幅随时间增大。由于我们忽略了能量损耗，所以从理论上讲，振幅的增大是无止境的。

由式(2.36)我们可以利用计算机算出在水中($\rho = 1000\ \mathrm{kg/m^3}$，$\sigma = 0.076\ \mathrm{N/m}$ 及 $P_h = 1.013 \times 10^5\ \mathrm{Pa}$)，不同的 f_a、P_A 及 R_e 的取值条件下，空泡半径随时间的变化曲线。兹举例讨论如下：

(1) 令 $P_A = 4.05 \times 10^5\ \mathrm{Pa}$，一空气泡的半径 $R_e = 0.8\ \mu\mathrm{s}$，由式(2.33)其自然

共振频率 f_r＝5.2 MHz,如取超声频率 f_a＝15 MHz,气泡可以在许多声波周期内稳定振荡,且振荡形式很复杂,如图 2-5(b)所示;如取 f_a＝5 MHz,则气泡在一个声周期内即行崩溃,如图 2-5(a)所示。

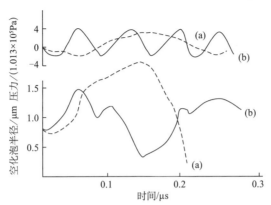

图 2-5　水中空气泡半径的时间曲线 1

(a) f_a＝5 MHz;(b) f_a＝15 MHz

(2) 令 P_A＝P_h＝1.013×10⁵ Pa; f_a＝20 kHz,这是声化学中较常使用的超声频率,与其对应的共振气泡半径 R_r＝150 μm。如果取 R_e＝100 μm＜R_r,则气泡在一个声波周期内发生崩溃,如图 2-6 所示。如取 R_e＝200 μm＞R_r,则气泡将持续振荡若干周期而不发生崩溃,如图 2-7 所示。

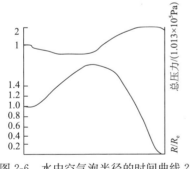

图 2-6　水中空气泡半径的时间曲线 2

f_a＝20 kHz;R_e＝100 μm;

P_A＝P_h＝1 atm＝1.013×10⁵ Pa

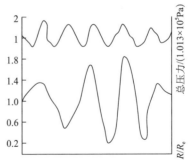

图 2-7　水中空气泡半径的时间曲线 3

f_a＝20 kHz;R_e＝200 μm;

P_A＝P_h＝1 atm＝1.013×10⁵ Pa

(3) 对上边两个气泡(即 R_e＝100 μm 及 200 μm),如作用以 f_a＝50 kHz 的超声波(对应的共振半径是 R_r＝60 μm),则两个气泡均不发生崩溃,如图 2-8 与图 2-9 所示。如取 R_e＝50 μm,则崩溃即可发生,如图 2-10 所示。上述结果表明,对于水中的空气泡在 P_A＝P_h＝1.013×10⁵ Pa 的条件下,为使其发生崩溃,所用

的超声频率 f_a 应低于,或至少是接近于气泡的共振频率 f_r,$f_a < f_r$;反之,如果 f_a 明显大于 f_r,则气泡很难发生崩溃。即一个气泡在 $P_A = P_h$ 的超声波作用下,是否发生崩溃与声波频率有关,当 $f_a < f_r$ 时,崩溃容易发生,此因声波周期较长,有足够时间压缩气泡至崩溃;当 $f_a > f_r$ 时,崩溃难以发生,除非使 P_A 值增大。

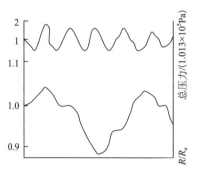

图 2-8　水中空气泡半径的时间曲线 4

$f_a = 50$ kHz;$R_e = 100$ μm;

$P_A = P_h = 1$ atm$= 1.013 \times 10^5$ Pa

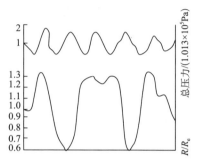

图 2-9　水中空气泡半径的时间曲线 5

$f_a = 50$ kHz;$R_e = 200$ μm;

$P_A = P_h = 1$ atm$= 1.013 \times 10^5$ Pa

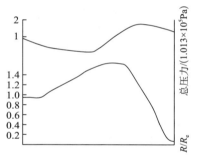

图 2-10　水中空气泡半径的时间曲线 6

$f_a = 50$ kHz;$R_e = 50$ μm;$P_A = P_h = 1$ atm$= 1.013 \times 10^5$ Pa

　　(4) 令 $P_h = 3P_A = 1.013 \times 10^5$ Pa,$R_e = 26$ μm(对应的共振率 $f_r = 106$ kHz),这时不管作用的声波频率 $f_a < f_r$,或是 $f_a > f_r$,气泡都持续振荡而不发生崩溃,当 $f_a < f_r$ 时,气泡的振荡频率接近声波频率 f_a,如图 2-11 所示;当 $f_a > f_r$ 时,气泡的振荡以 f_r 频率成分为主,如图 2-12 所示。

　　(5) 对于很小的气泡半径 R_e(对应高的共振频率 f_r),当作用的超声频率 $f_a \ll f_r$ 时,只要 $P_A > P_h$,气泡即可发生崩溃。如图 2-13 所示,当 $\dfrac{P_A}{P_h} = 25$、100 及 200 时,气泡在声波负压相内的增长可达如此之大,以至它在相继的第一个正压相内的崩溃来不及发生,而发生在第二个正压相之后。由此可见,当 $P_A \gg P_h$ 时,气泡的崩溃发生将要推迟或者根本不能发生。

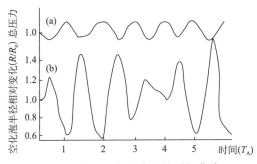

图 2-11　水中空气泡半径的时间曲线 7

$f_a = 83.4\ \text{kHz} < f_r; R_e = 26\ \mu\text{m}, P_A = P_h/3 = 1/3\ \text{atm} = 3.37 \times 10^4\ \text{Pa};$

(a)总的外压力随时间的变化；(b)气泡半径随时间的相对变化

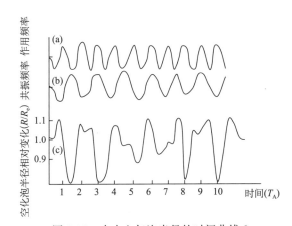

图 2-12　水中空气泡半径的时间曲线 8

$f_a = 190\ \text{kHz} > f_r; R_e = 26\ \mu\text{m}, P_A = P_h/3 = 1/3\ \text{atm} = 3.37 \times 10^4\ \text{Pa};$

(a)作用声压的周期；(b)气泡的共振周期；(c)气泡半径随时间的相对变化

　　从上面的讨论中我们看到，液体中的气泡一旦形成，它在声场作用下的命运如何，是维持稳态振荡，还是迅即转向瞬态崩溃，这取决于许多因素，如温度、蒸气压、气泡半径、液体黏性、表面张力、声压及频率等。在分别讨论这些因素的影响之前，我们先来简单地讨论一下空化的两种类型，即瞬态空化与稳态空化。

2.4.3　瞬态空化[5,6]

　　一般认为瞬态空化泡只能在较大声强作用下才可发生，而且它只能存在一个或至多几个声波周期时间。在声波负压相作用下空化泡迅速增大，一般至少增大到原来半径的两倍。随之在声波正压相作用下迅速收缩至崩溃。崩溃时伴随形

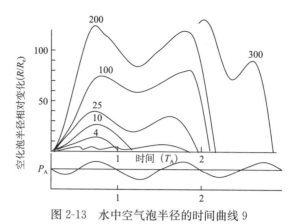

图 2-13　水中空气泡半径的时间曲线 9

$R_e=1~\mu m$；$f_a=0.5~MHz$；各曲线对应不同的 $\dfrac{P_A}{P_h}$ 比值，时间轴取声波周期(T_A)单位

成许多微空泡，构成新的空化核，有的微空泡则会因其半径 R_e 过小导致表面张力 $\dfrac{2\sigma}{R_e}$ 过大，从而溶进液体中。一般认为，在瞬态空化泡存在的时间内，不发生气体通过空化泡壁的质量转移，但在泡壁界面上液体的蒸发与蒸气的凝聚却自由地进行。

如果假设空化泡的崩溃过程（在此指从空泡收缩开始至完全崩溃的全过程）是绝热过程，那么有关的理论研究已给出了计算泡内在发生崩溃瞬间的最高温度(T_m)与最大压力(P_m)。

前边我们已导出在外力(P_h)作用下空泡壁的运动方程式(2.28)，即

$$R\left(\frac{\mathrm{d}^2 R}{\mathrm{d}t^2}\right) + \frac{3}{2}\left(\frac{\mathrm{d}R}{\mathrm{d}t}\right)^2 = \frac{1}{\rho}\left(P_{bub}^l - P_h^l - \frac{2\sigma}{R}\right)$$

式中，P_{bub}^l 表示半径为 R 的空化泡内的膨胀压力，P_{bub}^l 已由式(2.4)给出：

$$P_{bub}^l = P_v + P_g\left(\frac{R_e}{R}\right)^3$$

式中，P_g 是半径为起始值 R_e 的泡内气压。

已经证明，一般来说一个瞬态空化泡的崩溃时间明显短于声波正压相的时间（见式(2.22)），因此可以认为，即使有声场作用，空化泡在崩溃过程中受到的总压力 $P_h^l=P_h+P_a$ 仍可近似看成是不变的，示以常量 P_m；并忽略空化泡的表面张力 $\left(\dfrac{2\rho}{R_e}=0\right)$ 及泡内蒸气压$(P_v=0)$；使用 R_m 代替 R_e，同时认为崩溃是绝热过程，则泡壁的运动方程式(2.28)将变为

$$R\left(\frac{\mathrm{d}^2 R}{\mathrm{d}t^2}\right) + \frac{3}{2}\left(\frac{\mathrm{d}R}{\mathrm{d}t}\right)^2 = \frac{1}{\rho}\left(P_g\left(\frac{R_m}{R}\right)^{3\gamma} - P_m\right) \tag{2.38}$$

与 Rayleigh 的全空空腔崩溃的过程不同,这个气泡的半径在声波压缩相内将减到最小($R_{\min}$),此后它可能又在声波负压相内膨胀到 R_{m},气泡在 R_{m} 与 $R_{\min}$ 间振动。很明显,当泡壁运动到 R_{m} 与 $R_{\min}$ 两个极点处,其速度为 0,即 $\dfrac{\mathrm{d}R}{\mathrm{d}t}=0$,为确定这个半径,需对式(2.38)取积分,令 $\left(\dfrac{R_{\mathrm{m}}}{R}\right)^3=Z$,则可得到

$$\frac{\rho\left(\dfrac{\mathrm{d}R}{\mathrm{d}t}\right)^2}{2}=P_{\mathrm{m}}(Z-1)-\frac{P_{\mathrm{g}}(Z-Z^\gamma)}{1-\gamma} \tag{2.39}$$

取 $\dfrac{\mathrm{d}R}{\mathrm{d}t}=0$,则上式为

$$P_{\mathrm{m}}(Z-1)(\gamma-1)=P_{\mathrm{g}}(Z^\gamma-Z) \tag{2.40}$$

对于很小的 R 值(即 $R_{\min}$),Z 将很大,则 $Z-1$ 近似为 Z,故式(2.40)可写成

$$P_{\mathrm{m}}(\gamma-1)=P_{\mathrm{g}}Z^{\gamma-1}$$

或写成

$$Z=\left[\frac{P_{\mathrm{m}}(\gamma-1)}{P_{\mathrm{g}}}\right]^{\frac{1}{\gamma-1}} \tag{2.41}$$

显然,当气泡取最小体积($V_{\min}$)时,泡内压力达最大值($P_{\max}$),则有

$$P_{\max}V_{\min}^\gamma=P_{\mathrm{g}}V_{\max}^\gamma \tag{2.42}$$

因为气泡体积(V)与其半径(R)之间的关系为 $V=\dfrac{4}{3}\pi R^3$,则有

$$\frac{V_{\max}}{V_{\min}}=\left(\frac{R_{\mathrm{m}}}{R_{\min}}\right)^3=Z \tag{2.43}$$

或由式(2.42)及式(2.43)有

$$\left[\frac{V_{\max}}{V_{\min}}\right]^\gamma=\frac{P_{\max}}{P_{\mathrm{g}}}=Z^\gamma \tag{2.44}$$

由式(2.41)及式(2.44)有

$$P_{\max}=P_{\mathrm{g}}\left[\frac{P_{\mathrm{m}}(\gamma-1)}{P_{\mathrm{g}}}\right]^{\frac{\gamma}{\gamma-1}} \tag{2.45}$$

如空化泡收缩到 $V_{\min}$ 时发生崩溃,则在崩溃的瞬间把压力 $P_{\max}$ 释放到液体中,正是这个强大的压力引起了一系列常见的超声效应,诸如腐蚀、分散及高分子解聚等。

为了获得崩溃时泡内的最高温度,我们可使用以下关系式:

$$T_{\max}V_{\min}^{\gamma-1}=T_{\min}V_{\max}^{\gamma-1} \tag{2.46}$$

由式(2.46)、式(2.43)及式(2.41)可得

$$T_{\max}=T_{\min}\left[\frac{P_{\mathrm{m}}(\gamma-1)}{P_{\mathrm{g}}}\right] \tag{2.47}$$

在声化学应用中 T_{min} 取环境温度；泡内压力 P_g 取液体蒸气压 P_v，这是因为一般认为，瞬态空化泡在增长过程中不伴随发生气体向泡内的扩散。

式(2.47)与式(2.45)可用于估算瞬态空化泡崩溃时泡内最高温度与压力值。例如，在 25 ℃ (T_{min}) 水中的含氮 $(\gamma = 1.33)$ 气泡。环境压力 (P_m) 为 1.013×10^5 Pa，P_g 取 25 ℃ 水的 $P_v = 2.33 \times 10^3$ Pa，则由式(2.45)与式(2.47)可分别算出 $P_{max} = 9.80 \times 10^7$ Pa 及 $T_{max} = 4290$ K。

瞬态空化发生时伴随的高温，为解释声致自由基及声致发光现象提供了物理基础；而高压释放，即冲击波的形成，则可被看成是超声增强化学反应活性（通过增强分子碰撞）和超声解聚高分子的直接原因。

2.4.4 稳态空化

稳态空化主要是指那些内含气体与蒸气的空化泡的动力学行为。这种空化过程可在较低声强下发生。在声波作用下稳态空化气泡常常表现为非线性振荡，而且振荡可以延续许多个声波周期（图 2-11 及图 2-12）。稳态空化泡存在时间较长，还可以发生气体质量扩散。此外，由于在声波膨胀相内气泡在振荡过程中增大，这种现象称为定向扩散，定向扩散伴随气泡张力 $\left(\dfrac{2\rho}{R_e}\right)$ 减小，则有可能使气泡转向瞬态空化过程，继而发生崩溃。但是这种从稳态气泡转向瞬态气泡而发生崩溃的过程，由于泡内气体的缓冲作用，其崩溃的激烈程度要比纯蒸气空化泡的崩溃要缓和。当然在声波的连续作用下，气泡也可能继续增长，直到浮上液面而逸出。这便是超声除气过程。

就稳态空化泡而言，只有当空化泡的共振频率 f_r（式(2.34)）与声波频率 f_a 相等时，才发生最大的能量耦合，产生明显的空化效应。如果 $f_a > f_r$，气泡将作复杂的持续振荡；而当 $f_a < f_r$ 时，即可能发生崩溃（图 2-5）。

如同对瞬态空化那样，也可以计算出稳态空化泡与超声波发生共振时内部的温度 (T_{max}) 与压力。Fitzgerald 等[6] 给出了计算公式：

$$\frac{T_{min}}{T_{max}} = 1 + Q\left[\left(\frac{P_h}{P_m}\right)^{\frac{1}{3\gamma}} - 1\right] - 1 \tag{2.48}$$

式中，T_{min} 取环境温度，Q 为气泡的共振振幅与静态振幅之比值，$P_m = P_h + P_a$。

例如，对含有单原子气体的空化泡，$\gamma = 1.666$；令 $P_m = 3.7 P_h$，对应声强为 2.4 W/cm² ；设 $Q = 2.5$，则可计算得 $T_{max} = 1665$ K。对于气泡共振时其内部的压力，其理论计算值可达流体静压力值的 15 万倍[7]。因此，毫无疑问，共振气泡附近产生的巨大应力将是许多破坏性机械效应的原因。

2.5　影响超声空化的各种物理参数[2]

我们已经知道,研究超声空化现象时要涉及诸如液体、声场及环境等多方面条件因素,因此描述这些条件的许多有关物理参数都会影响到空化的过程,如成核、空化泡的振动、生长及崩溃。这一节我们就来简要地讨论一下这些参数是如何影响空化过程的。

2.5.1　液体若干物理参数的影响

1. 黏滞系数(η)

为在液体中形成空腔或充气空腔,要求在声波膨胀相内产生的负声压能克服液体分子间的引力,因此在黏滞性大的液体中空化很难发生,有关的文献数据在表 2-1 中给出。

表 2-1　不同液体的空化阈值声压幅值(P_A)

(25 ℃,1.013×10^5 Pa)

液体	η/P[①]	P_A/(1.013×10^5 Pa)
海狸油	6.3	3.9
橄榄油	0.84	3.6
玉米油	0.63	3.1
亚麻子油	0.38	2.4
四氯化碳	0.01	1.8

由表中数据可见,η 对 P_A 值的影响虽然不大,但确实可以看出。例如,海狸油的黏滞系数是玉米油的 10 倍,空化阈值声压增大了 25.8%。

2. 表面张力系数(σ)

与黏滞系数(η)相似,液体的表面张力系数(σ)增大(意味着空化泡收缩力增大)要求空化阈值增高,但是一旦液体中形成空化泡,其崩溃时伴随产生的 T_{max} 与 P_{max} 值也会增高,这是因为,空化泡崩溃开始(即指收缩开始)时的泡内的总压力(P_m)增大(见式(2.45)及式(2.47))。

3. 蒸气压(P_v)

液体的蒸气压高,其空化效应则减弱,这可从式(2.47)中看出(只要把其中的

---

① 1 P＝1 dyn · s/cm^2＝10^{-1}Pa · s。

P_g 看成是 P_v)。P_g 值增大会导致 T_{max} 值下降。初看式(2.45),似乎 P_g 对 P_{max} 的影响不明显。为便于计算,我们近似假设 γ 保持常数(实际上 γ 随蒸气进入空化泡而下降),并等于 2.33,那么由式(2.45)立即会得到 $P_{max} \sim P_m^4 P_g^{-3}$。由此则很明显,随着 P_g 增加,P_{max} 将迅速下降,即空化效应变得缓和。

4. 温度

一般来说,温度升高,空化阈值下降。其原因是随着温度升高、蒸气压(P_v)增高,表面张力系数(σ)及黏滞系数(η)则下降。为进一步了解这些参数(σ、η、P_v)如何影响空化阈值,我们来研究水中(流体静压力 $P_h = 1.013 \times 10^5$ Pa)一个半径为 R_e 的空化泡的情况。

水中一个气泡同时受到两种方向相反的力的作用,一种是来自液体对它的压力,此压力由流体静压力(P_n)和气泡的表面张力$\left(\dfrac{2\sigma}{R_e}\right)$两部分组成;另一种是气泡内的膨胀力,它包括气体压力(P_g)与蒸气压力(P_v),如果气泡在液体中处在平衡态,则必须满足式(2.3):

$$P_v + P_g = P_h + \frac{2\sigma}{R_e}$$

显然,若膨胀力($P_v + P_g$)大于外部压力$\left(P_h + \dfrac{2\sigma}{R_e}\right)$,气泡将增大;反之则缩小。即气泡增大的条件是

$$P_v > P_h + \frac{2\sigma}{R_e} - P_g \tag{2.49}$$

如果我们假设,表面张力$\left(\dfrac{2\sigma}{R_e}\right)$及泡内气压($P_g$)甚小,可略而不计,那么只需 $P_v > P_h$,气泡即可增长。对于水而言,100 ℃时的蒸气压 P_v 为 1.013×10^5 Pa,故水在 100 ℃时沸腾。25 ℃时水的蒸气压为 2.30×10^3 Pa,因此如果环境压力减小到等于或小于 2.30×10^3 Pa,那么在 25 ℃下的水亦可沸腾。

现在我们来看一下水中传播超声波的影响。此时水中的总压力为 $P_h + P_a$。$P_a = P_A \sin\omega t$,即 P_a 随时间(t)而变化,当 $\sin\omega t > 0$ 时,P_a 为正,P_a 在 0 与 P_A 之间变化,即水中压力在 P_h 及 $P_h - P_A$ 间变化。因此,在有超声波传播的情况下,式(2.49)变成

$$P_v > (P_h - P_a) + \frac{2\sigma}{R_e} - P_g \tag{2.50}$$

如果表面张力$\left(\dfrac{2\sigma}{R_e}\right)$及气体压力($P_g$)贡献可以忽略,则上式变成

$$P_v > P_h - P_a \tag{2.51}$$

这表明,当蒸气压(P_v)大于P_h-P_a时,液体即会沸腾,已知在 100 ℃及25 ℃时的P_v分别为 1.013×10⁵ Pa 及 2.30×10³ Pa,则为满足式(2.51),要求P_a近似为 0 及 1.013×10⁵ Pa。这表明,在较低温的水中产生气泡需要的声强值较高。

如果,表面张力$\left(\dfrac{2\sigma}{R_e}\right)$不可忽略,则式(2.51)将变成

$$P_v-\frac{2\sigma}{R_e}=P_v^l>P_h-P_a \tag{2.52}$$

因此,如果我们使用表面张力较小的液体,P_h^l值将增大,则在满足式(2.52)的条件下,P_a值可以减小。水的表面张力随温度而变化,如图 2-14 所示,即温度增高导致表面张力下降;P_v值增高,即P_a^l值增高,则为产生空化泡所需的阈值声压P_a值会减小(见式(2.52))。

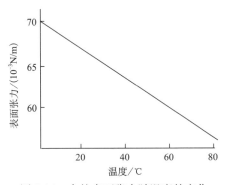

图 2-14　水的表面张力随温度的变化

此外,温度升高会使液体黏滞系数(η)下降,从而空化阈值亦会下降,综上所述,温度升高会使空化泡的产生变得容易。

上述都是针对产生空化泡的难易程度而言的,从另一方面看,蒸气压上升(由于温度的升高)又会导致空化强度或空化效应下降,这可由式(2.47)及式(2.45)看出,由于P_g(此时应是P_v)升高,T_{max}及P_{max}都要下降,而且由于温度升高,使所需P_a下降,遂使$P_m(=P_n+P_a)$值下降,这进一步使T_{max}及P_{max}下降。

因此,为获得尽可能大的声化学效益,应该在较低的温度条件下工作,而且应选用尽可能低的蒸气压的液体。

5. 液体中含气的种类与数量

由式(2.45),式(2.47)知,气体的γ值越大,由空化效应获得的声化效益越大。因此,使用单原子气体(He、Ar、Ne)要比使用双原子气体(N_2、空气及O_2等)为好。但应该指出,只考虑气体的γ值影响还不够,还需考虑气体导热性对空化效应的影响。如果气体的导热系数大,那么在空化泡崩溃过程中所积累的热量将

更多地转向周围液体,从而使 T_{max} 值降低。不过,实验上尚未观察到导热系数与声化学效应之间严格的相关关系,这可由表 2-2 中所列的数据看到。

表 2-2　含 CCl_4 的水经超声辐照形成氯气的速率与水中饱和气体的关系

气体	反应速率/(mM/min)	γ 值	导热系数/(10^{-2}W/(m·K))
氩	0.074	1.66	1.73
氖	0.058	1.66	4.72
氦	0.049	1.66	14.30
氧	0.047	1.39	1.64
氮	0.045	1.40	2.52
一氧化碳	0.028	1.43	2.72

液体中气体含量的增加将导致超声空化阈值声压下降(图 2-15)及空化泡崩溃时形成的冲击波强度减弱。阈值下降是由于液体中空化核(亦即液体中的结构弱点处)增多,而空化强度的减弱则是由于空化泡内气体含量大,使"缓冲"效应增大。这可由式(2.45)及式(2.47)中的 P_g 增大使 T_{max} 及 P_{max} 下降得知。

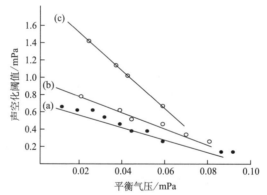

图 2-15　水中声空化阈值随气体含量的变化
(a)蒸馏水($\sigma=0.072$ N/m);(b)水剂瓜耳树胶,100 ppm($\sigma=0.062$ N/m);
(c)水剂 photoflow,80 ppm($\sigma=0.040$ N/m)

此外还应指出,使用溶解度大的气体也会降低空化阈值(通过在液体中提供较多的空化核)及空化强度。事实上,在气体溶解度与空化强度之间存在着确定的相关性,气体溶解度越高,进入空化泡内的气体量越多,其"缓冲"作用则越大,空化泡崩溃时释放出的冲击波强度也就越弱。

2.5.2　声场参数的影响

1. 超声频率(f)

事实表明,随着超声频率的增高,空化过程会变得难以发生。许多学者曾对此做过研究与解释。至少在定性上我们可以这样理解：频率增高，声波膨胀相对时间变短，空化核来不及增长到可产生效应的空化泡，即使空化泡形成、声波的压缩相对时间亦短，空化泡也可能来不及发生崩溃。

例如，$f=20$ kHz 的超声波，其膨胀相时间为 25 μs $\left(=\dfrac{1}{2f}\right)$；而 $f=20$ MHz 时，其膨胀相时间只有 25 ns，因此，频率增高将使空化效应变弱。图 2-16 给出了在一定声压(P_A)及空化泡半径(R_e)条件下，空化在流体中产生的压力与产生的频率的关系。

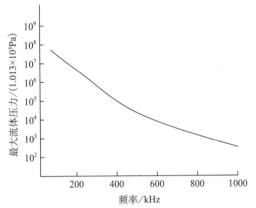

图 2-16　空化崩溃时的最大流体压力与超声频率的关系

$R_e=3.2$ μm；$P_A=4.05 \times 10^5$ Pa

当然，为了在较高频率下产生空化，可以提高声强，即超声空化的阈值声强将随频率而升高，图 2-17 中关于除气水及含空气水有关数据的变化规律清楚地说明了这一点。

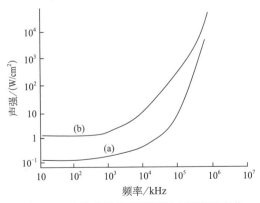

图 2-17　空化的阈值声强随超声频率的变化

（a）含空气水；（b）除气水

图 2-17 的结果如我们所预料,含空气水的空化阈值声强低于除气水,而且在这两种情况下,阈值声强均随频率而增高。

除此之外,我们在前边还曾讨论过,高频超声在液体中的能量消耗快。因此,为获得同样的化学效应,对于高频超声则需付出较大的能量消耗。例如,为了在水中获得空穴,使用 400 kHz 超声需要消耗的功率,要比使用 10 kHz 超声高出 10 倍,正是由于这个原因,用于超声清洗及声化学反应的超声频率,一般都选在 20～50 kHz。

有不少化学工作者,把商品超声清洗机(槽式)或槽式细胞粉碎机(探头浸入式)用于声化学反应。这些设备有的可以工作在脉冲状态,即超声能量作间断地发射。脉冲宽度与脉冲重复周期之比可以从 0％(无超声能量发射)到 100％(超声能量连续发射)之间任意调节。当然,用于声化学反应时,为了获取明显的声空化效应,脉冲宽度不可选取太窄。这是因为液体中空化现象的建立总是要比超声开始时刻延迟一段时间。倘若脉冲太窄,它释放超声能量的时间势必太短,以致不足以使空化泡形成。

对此,可用一个例子予以说明:在 $P_h = 1.013 \times 10^5$ Pa 的水中,一个半径为 $R_e = 0.8$ μm 的空气泡,在 $f = 5$ MHz、$P_A = 4.05 \times 10^5$ Pa 的超声波作用下,其半径随时间的变化曲线示于图 2-18 中,由图可见,5 MHz 声波的周期 $T = \dfrac{1}{f} = 200$ ns;当 $t = \dfrac{T}{8} = 25$ ns 时,气泡半径增长很小,约 5％;当 $t = \dfrac{T}{4} = 50$ ns 时,气泡半径增长约 30％;当 $t = \dfrac{3}{8}T = 75$ ns 时,气泡半径有较大的增长,接近原始半径的 2 倍,这才能发生崩溃,如取 $t < 50$ ns,那么气泡来不及增长到可以发生崩溃的尺度。超声脉冲宽度与空化泡动力学之间的关系较为复杂,对此我们在后面还会讲到。

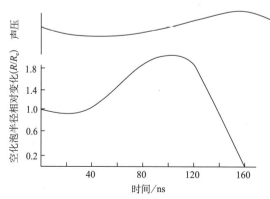

图 2-18　水中空气泡的半径随时间变化曲线

$R_e = 0.8$ μm;$P_h = 1.013 \times 10^5$ Pa;$f = 5$ MHz;$P_A = 4.05 \times 10^5$ Pa

2. 声强(I)

一般来说,提高超声波强度会使声化学效应增强,如在某一声强之下,使用的超声波频率较高,不能产生空化泡(因声波膨胀相周期短),那么只要提高声强,空化泡仍可形成。而且由于崩溃时间(τ)、崩溃时的最高温度(T_{max})及最大压力(P_{max})都与 $P_m(=P_h+P_a)$ 有关(式(2.23)、式(2.45)及式(2.47)),空化泡的崩溃将变得更加激烈。但是应该指出,不能无限制地提高声强,因为最大的空化泡半径(R_{max})与使用的声压幅值 P_A 有如下关系:

$$R_{max}=\frac{4}{3\omega_a}(P_A-P_h)\left(\frac{2}{\rho P_A}\right)^{\frac{1}{2}}\left[1+\frac{2}{3P_h}(P_A-P_h)\right]^{\frac{1}{3}} \tag{2.53}$$

随着 P_A 增加,空化泡在声波膨胀相内可能增长到如此之大,以致它在声波的压缩相内来不及发生崩溃。

作为一个例子,设想在水中使用频率 $f=20$ kHz(声波周期为 $T=\frac{1}{f}=50$ μs)、声波振幅 $P_A=2.026\times10^5$ Pa 的超声波,按式(2.53)这样的 P_A 值可产生的最大空化泡半径 $R_{max}=127$ μm,如设 $P_m=P_h+P_a$,那么这个空化泡的崩溃时间约为 $\tau=6.6$ μs(式(2.23)),即 τ 小于 1/5 周期$\left(\tau<\frac{T}{5}\right)$,通常认为这种情况下空化泡可以完成瞬态崩溃。但是,如果把超声值提高到 3 atm[①],R_{max} 即将变成231 μm,相应地 τ 将变为 10.5 μs,即 τ 大于 1/5 周期$\left(\tau>\frac{T}{5}\right)$,在这种情况下,空化泡可能就来不及完成瞬态崩溃。当然,这只是一个简单的例子,用以说明 P_A 值存在一个上限,当超过此上限时,空化泡生长过大,以致在声波压缩相作用时间内来不及发生崩溃。事实上这已在图 2-13 中有所暗示。

2.5.3　环境压力的影响

增加外压力(P_h)将导致空化阈值增高和空化泡崩溃程度加剧,定性上可以这样解释:如增大 P_h 值,使声波负压峰值小于 P_h,则 $P_h-P_A>0$,瞬态空化则不能发生。为了在增大外压之下仍使空化得以发生,必须要增大声强(声强 $I\propto P_A^2$,$P_a=P_A\sin\omega t$)以使之满足 $P_h-P_A<0$。

此外,由式(2.23)、式(2.45)及式(2.47)知,$P_m=P_h+P_a$,外力 P_h 值增加,将导致 τ 减小,T_{max} 及 P_{max} 增大,使空化泡崩溃过程变得更快、更剧烈。

---

① 　1 atm=1.013 25×10⁵ Pa。

2.6　低温液体中的超声空化[2]

　　人们对液氮、液氢及液氦已进行了较多研究[8-11]。研究表明,低温液体的超声空化有新的特点。例如,其空化阈值低,极易产生空化;低温液体的空化核情况很不同于常温液体,且其形态表现也颇具多样性,即使在相当净化的低温液体中,遗留的冻结气体、尘埃,来自空间电力的带电粒子(如电子、介子和质子等高能粒子)穿入液体时激发的蒸气泡,中子与其他物质相互作用产生的二次带电粒子在液体中激发的蒸气泡,局部多相涨落(local heterophase fluctuation)产生的蒸气泡以及液氦中形成的电子空腔(electronic bubble)等,都可能构成低温液体的空化核。此外,实验还证明,在上述各低温液体中还可能存在一种封包着正电子素的空化核;在低温液体中,空化泡的动态特性具有一种由纯蒸气泡行为所决定的特点等。

　　迄今,低温液体在核物理学、火箭运载工程及电子冷却系统中具有日益重要的作用。从某种意义上来说,低温液体的广泛应用是现代科学技术发展的一个重要标志。因此,低温液体中的声空化,是当前空化研究中的另一个引人注目的领域。

2.7　高速摄影与全息新技术用于研究空化[2]

　　近年来,用于研究超声空化的手段,已在每秒 30 万次高速摄影的基础上发展了高强度聚焦激光定位,及再现空化场三维全息图等技术[12-14]。目前已可在数 mm² 大小的底片上存储上千张空化全息图。声空化现象包括核化、空化引发、空化泡动态行为、声混沌及空化效应等一系列复杂的瞬变过程,采用这些新技术为直观而形象地揭示这一过程中的许多细节提供了可能,可以认为,三维图像数字处理技术的发展将会为研究空化过程提供更先进的手段。

参 考 文 献

[1] 刘岩,冯若. 声化学:面向未来的新学科. 科学,1994,5:34-36.

[2] 冯若,李化茂. 声化学及其应用. 合肥:安徽科学技术出版社. 1992.

[3] Rayleigh L. On the pressure developed in a liquid during the collapse of a spherical cavity. Philos. Mag. ,1917,34(200):94-98.

[4] Minnaert M. On musical air-bubbles and the sounds of running water. Philos Mag,1933,16: 235-248.

[5] Neppiras E A. Acoustic cavitation. Phys. Rep. ,1980,61(3):160-251.

[6] Fitzgerald M E,Griffing V,Sallivan J. Chemical effects of ultrasonics-"hot spot"chemistry. J. Chem. Phys. ,1956,25(5):926-933.

[7] Mason T J, Lorimer J P. Sonochemistry: Theory, applications and uses of ultrasound in chemistry. Amsterdam: Elsevier, 1988: 43, 44.

[8] Finch R D, Wang G J. Visible cavitation in liquid helium. J. Acoust. Soc. Am. , 1966, 39(3): 511-514.

[9] Neppiras E A, Finch R D. Acoustic cavitation in helium, nitrogen, and water at 10 kHz. J. Acoust. Soc. Am. , 1972, 52(1): 335-343.

[10] Dhigra H C, Finch R D. Experiments on ultrasonic cavitation in liquid helium in the presence of second sound. J. Acoust. Soc. Am. , 1976, 59(1): 19-24.

[11] Akulichev V A. Acoustic cavitation in low-temperature liquids. Ultrasonics, 1986, 24(1): 8-18.

[12] Lauterborn W, Hentschel W. Cavitation bubble dynamics studied by high speed photography and holography: Part one. Ultrasonics, 1985, 23(6): 260-268.

[13] Lauterborn W, Hentschel W. Cavitation bubble dynamics studied by high speed photography and holography: Part two. Ultrasonics, 1986, 24(2): 59-65.

[14] Hanssman Q, Lauterbn W. Determination of size and position of fast moving gas bubbles in liquids by digital 3-D image processing of hologram reconstructions. Appl. Opt. , 1980, 19 (20): 3529-3535.

第3章 超声波及声化学的应用

当把超声波看成是一种波动形式作为信息载体时,超声波只是一种检测工具。这时,超声波射入介质后,再设法接收其回波或透射波,从接收波的幅度、相位或频谱特性(对脉冲波而言)等变化来获取有关传声介质本身的某种信息。与此同时,要避免超声波可能对介质本身造成的影响或破坏,应尽量使用小振幅声波。这类应用可称为超声波的"被动应用"。当超声波作为一种能量形式用于作用、影响或改变介质时,经常使用大振幅声波,这种声波称为功率超声。此时需要对声波作用后的介质变化做出考察、分析,而与介质作用后的声波接收不再成为必要,这类应用可称为超声波的"主动应用"[1]。

3.1 超声波的"被动应用"——检测超声

3.1.1 水下定位与探测

第一次世界大战中诞生了声呐技术。声呐技术是 SONAR 的音译,它是 sound navigation and ranging(声导航与测距)的缩写。声呐是利用声波在水中传播的特性,对水下目标及其运动状态进行探测定位的水声技术。一般声呐系统由机电型超声换能器、信号处理及显示或记录等几个部分组成。由超声换能器在水中定向发射一束脉冲超声波,然后由同一超声换能器接收其反射(或散射)回波,根据回波的延迟时间及幅度分布对反射物(如海底或潜艇)的位置及类别进行判断。声呐技术使用的频率在几十 kHz 范围。如今,声呐技术几乎渗透到水下作业的所有方面,例如,军事上用于监测、搜寻和跟踪敌方潜艇,保卫领海;在航海中用于导航、探测海底地貌与暗礁,保证航海安全;在海洋资源开发方面可用于海底石油勘测及探鱼等。

3.1.2 工业中的检测

通过声学量(如声速和声衰减系数)与其他物理量之间的一定关系,从声学量的测量来获取工业上的其他物理量,如工业中的缺陷位置和大小、工件厚度、液位高度、流体流速、流体多元组分分析、溶液浓度、悬浮粒子线度、液体黏度、固体材料弹性、金属晶粒粒度及球化率等[2]。检测超声多取 MHz 级频段。

（1）超声探伤。利用脉冲超声检查固体材料、工件或铸件中的缺陷。当换能器把超声脉冲射入被检测材料时,如果在传播途径上遇到缺陷(气泡、裂纹或杂质等),则会在缺陷界面处发生阻抗突变,导致超声波产生反射或散射回波,用同一换能器接收这些回波,则依据这些回波的时延、大小及形状即可判断缺陷的位置、大小及类型。

（2）超声测厚。利用超声波传播原理建立的试件厚度测试技术。除利用脉冲超声波按声呐原理进行测厚之外。还可以使用连续超声波的共振法,这时的超声波频率连续可调,当试件厚度满足声波半波长整数倍时,试件内的入射波与反射波干涉形成驻波,引起厚度方向共振,测出两个相邻共振频率差值 Δf,已知试件中声速为 c,即可得到厚度 $d = c/(2\Delta f)$。超声测厚技术,设备简单、精度高、操作方便,已广泛用于船舶壳体、高温高压容器、原子工业中不锈钢管及宇航器材工件的测厚。

（3）超声流量计。利用超声波传播原理制成的测量流体流速与流量的装置。目前,超声流量计的设计原理已有多种,其中最简单的一种是根据声波在流动介质中的传播速度与静止介质中的不同而制成的。测量超声波在顺流方向与逆流方向传播速度的差值即可确定介质的流速。超声流量计设计原理简单,精度较高,已广泛应用于化工生产中的流量控制与监测,在水文工作中亦可对江河及海峡的水流流速进行测量。

3.1.3　超声测井

利用置于充水钻井中的超声测试系统,测量井壁岩体的超声波传播特性,进而判断岩体的力学参数,以实现对石油、煤田及工程地质勘探。近年来,超声测井技术发展迅速,已成为三大物理技术(核技术、电技术及声波技术)之首。使用的超声波段多在几十 kHz。

3.1.4　超声诊断

超声诊断实际上是工业上的超声检测,特别是超声探伤技术向医学渗透的结果。当换能器把一束脉冲超声波射入人体后,由于人体软组织声阻抗的不均匀性,超声波在传播过程中时会有小的散射回波发生,而大的器官界面又会有反射回波发生,所有回波由同一换能器接收,有一类超声诊断仪是依据这些回波幅度制成的;另一类则是依据回波的多普勒频率而制成的。当超声波在人体内遇到运动目标(如红细胞、胎心等)时,由该目标反射或散射的回波频率就会发生变化。这个频率改变称为多普勒频移,频移量的大小取决于运动目标在声波的传播方向上的速度分量。

A 型(振幅模式)超声诊断仪为一维波形显示。屏幕上的 X 轴方向代表超声波在人体内的传播时间(即深度),Y 轴方向代表回波幅度大小,医生就是根据屏幕上显示出的疏密不同的回波的波形进行诊断。20 世纪 50 年代末,A 型超声诊断仪就已经在我国相当普及,并有效地应用于颅脑、心脏、肝脏、胆囊及眼科等疾病的诊断。

B 型(亮度模式)超声诊断仪为二维亮度显示。Y 轴方向代表超声波在人体内的传播深度,而各点亮度分布则代表声波在该点的回波幅度;X 轴方向表示声束对人体的扫描。因此,B 型图像反映的是人体内声束扫描断面上各点的回波幅度分布。

B 型图像以其形象、实时、动态等优点向医生提供了更丰富的诊断信息。自 20 世纪 60 年代问世之后,已经逐步取代了大部分 A 型超声诊断仪。特别是 20 世纪 70 年代后期计算机等先进技术的引入,使 B 型超声诊断仪具有相当完美的图像质量及多种临床诊断功能。

M 型(运动模式)超声诊断仪又称超声心动图。它也是二维亮度显示,与 B 型超声诊断仪不同的是,X 轴代表时间展开。因此 M 型显示代表的是超声波传播方向上各点回波位置随时间变化的位移信息。当它用于对心脏进行检查时,可显示出心内膜、外膜和心肌层的运动情况,通常把它与心音、心电检查同步显示,以期在各种参数比较中获得更多的诊断信息。

D 型(多普勒模式)超声诊断仪是利用人体内动态目标引起超声波频率产生所谓多普勒频移的原理制成的诊断仪。其中,连续超声波多普勒诊断仪多用于胎心监护,而脉冲多普勒诊断仪则主要用于血流动力学分析及心血管系统疾病的临床检查。

近年来,超声诊断仪发展的特点之一是把不同类型的诊断技术相结合构成多功能超声诊断系统。双功能超声诊断仪便是一例,它在同一屏幕上显示三幅不同的图像:B 型图,多普勒频移随时间变化的图谱及某一时刻的频谱定量分析直方图。这样,通过 B 型图像观测,可保证多普勒取样体积准确置于病变位置上,并可获得实时血流动力学资料。彩色超声多普勒血流图则是 B 超与多普勒技术的更完美结合,它从超声回波中获取血流流速的空间分布信息,并将流速方向进行彩色编码与 B 超图像合成显示,以红蓝二色表示血流朝向与远离声源的两个方向,以色度代表流速大小,由此,心脏内的血流状况一目了然,对心房、心室间膜缺损、主动脉及肺动脉病变、二尖瓣关闭不全和狭窄等疾病均可以予以准确诊断。超声诊断具有安全、方便廉价及对软组织分辨率高等优点,在现代医学诊断中占有十分重要的位置,特别是 B 超图像诊断技术,在现代图像诊断技术中经常为临床上的首选技术。超声诊断技术的另一个重要优点是,它可以利用诊断参量的多样性及其工程上实现的灵活性,这表明超声诊断技术具有内在的广阔发展前景。

3.1.5 超声波用于研究物质结构

1940 年,《分子声学》专著问世[3],标志着超声用于物质的分子结构研究取得成功。分子声学的主要任务是通过测量声波在液态介质传播的宏观参量(如声速、吸收频散及吸收谱等)来研究物质的分子结构与分子动力学。20 世纪 60 年代,分子声学曾经是声学研究最活跃的分支。分子声学研究对推动液体分子理论研究发展曾起过重要的推动作用,表明在许多情况下,高频超声是研究物质快速分子动力学过程最为有效的方法[4]。

20 世纪 60 年代以后,频率高于 10^9 Hz 的特超声得到迅速发展。用远红外脉冲激光激发压电晶体表面获得 10^{12} Hz 以上的特超声技术取得突破[4]。高频超声亦称高频声子,用于研究物质微观过程时涉及声子与热声子、声子与电子、声子与自旋、声子与激子、声子与缺陷或杂质等相互作用问题,研究的材料遍及超导体、电介质、金属与半导体等。这些研究工作进展促成了声学领域一个新的分支——微观声学或量子声学的出现。量子声学还研究超流液氦(温度低于 2.19 K 时)种种奇异的声学现象,量子声学的发展表明,声学与电磁波已经并列成为研究物质结构的两大物理方法之一。

3.2 超声波的"主动应用"——功率超声

3.2.1 功率超声在工业上的应用

功率超声在工业上的应用在 20 世纪 50 年代就已取得较大发展。如今它的应用已几乎遍及工业领域的各个方面,特别是在化学工业中,功率超声发挥着相当重要的作用。

1. 超声清洗

在盛有清洗液的清洗槽内辐射频率为 $20\sim40$ kHz 的功率超声波,超声波的机械效应与空化效应(空化气泡崩溃时会产生强大冲击波或射流)作用于清洗工件表面,从而破坏工件表面与污物微粒间的分子附着力,使污物从工件表面脱落。

对于精密工件上的空穴、狭缝、凹槽、微孔及小洞等处,通常的洗液方法难以奏效,利用超声清洗可以获得理想效果。因此超声清洗技术在许多工厂和实验室得到广泛的应用,特别在精密机械制造和精密制品加工业发挥着更大作用,如计算机用微型元件、钟表零件、珠宝饰物、玻璃制品及医用器械件等都可采用超声清洗。还可使超声清洗自动化进行,以提高清洗效率与改善清洗质量。

清洗效率、清洗质量与清洗液的选用密切相关。选用与污染物起化学反应的溶液可加速清洗过程和改善清洗质量。例如,在清洗油脂污物时已采用三氯乙烯及氯化烃。特制洗涤溶液的采用,不仅可以加速清洗速度,而且可以使工件表面留下防锈薄膜,这种溶液含有煤油、酒精或磷酸钠。

应该指出,超声清洗技术对声化学历史和发展具有重大意义。事实上,声化学历史就是从使用超声清洗设备开始的。专家认为,当前工业上大型清洗设备的出现,正为大规模声化学反应展示出可能性,因为一次声化学反应量越大,要求进行声化学的容器亦越大。

当我们了解到某些工业的大型清洗设备时,很容易发现,它们可能同样适用于进行大规模声化学反应。据报道,英国都铎王朝时代有一艘名叫 Mary Rose 的战舰,在 Solent 海底沉没了 437 年之后于 1982 年被打捞出来[5]。超声波在打捞沉船和抢救船中遗物的过程中发挥了重要的作用。首先是利用声呐准确地探测到战舰的埋藏位置,随后为了抢救遗存在战舰中的 17000 多件人工制品,英国的 Kerry 超声公司专门赶制了一个大型超声清洗槽。在其 3.66×0.91 m² 的底部,布设了数百个磁致伸缩式的超声换能器,组成 6 个方阵,总功率为 15 kW。清洗中还发现一些有机物制品上几乎都受到铁锈沉积物的严重污染,妨碍化学防腐剂的渗入,而超声清洗对清除这些沉积物非常有效,从而确保了防腐剂的有效渗入,为抢救与保存这批历史遗物做出了贡献。

2. 超声焊接

它是利用超声频率的机械振动能量作用于两焊接处以加强牢固的一种技术。机械振动能量通常由磁致伸缩换能器通过变幅杆提供。强烈的机械振动一方面使焊件表面氧化层剥落,另一方面又使焊件接合处因振动摩擦产生高温而熔合。

超声焊接特别适用于热塑性塑料,这是因为这类塑料热传导性能差且熔点低(100~200 ℃)。此外,超声焊接早在 20 世纪 60 年代就已成功地用于多种金属及其合金的焊接,特别是钛、钼、钽、铝及其合金等。可以进行搭焊、点焊和连续缝焊。超声焊接使用的是超声横向振动。这样,在焊接时,使两个焊件接合处以超声频率相对滑动摩擦,造成局部温升,使两个焊件的分子相互扩散,很快完成高强度焊接。超声焊接在铝及铝合金上运用最广,这是因为传统方法在此难以达到目的。

超声焊接的优点是,首先焊接过程能量集中,只造成局部高温,从而可在较大程度上避免因升温引起的化学变化或机械形变;其次,可以保证焊接点的高结合力,一般可达焊件本身强度的 90%~98%。专用的变幅杆可把超声振动能量集中到很小范围,特别适合在微电子技术中应用。

3. 超声加工

历史上第一个超声加工专利于 1945 年出现在英国,近半个世纪以来超声加工得到很大发展。人们对超声加工特别感兴趣,是因为利用超声易于切削硬脆材料和加工形状复杂的腔孔,且加工表面精度高,不影响被加工材料的特性。超声加工一般使用磁致伸缩换能器驱动变幅杆,变幅杆的终端即作为加工工具头,其形状与加工的形状一致。加工时,在变幅杆终端与工件之间填满悬浮磨料,因此工具头不与工件直接接触,工件加工是由悬浮液磨料在超声振动下完成的。在此,磨料颗粒的大小、硬度及浓度对加工至关重要,一般采用碳化硼、碳化硅及刚玉作为磨料。超声加工已应用到诸如锗、硅、云母、碳化物、不锈钢、玻璃及陶瓷材料上。

此外,在冷拉不锈钢管中,如果对其硬模具施以 20 kHz 的超声振动,会使所需拉力大大减小,且可取得显著优于传统方法的结果。当用功率超声波处理钢液或其他液态金属时,可使金属的结晶结构均匀化,减小金属中的残留气体,使金属性能得到改善[6]。

3.2.2　功率超声在医学中的应用

1. 超声理疗

超声医学开始于超声理疗,迄今已经有 70 多年的历史。所谓超声理疗,就是指利用超声波辐照人体软组织或关节等病变部位,以达到解痛、缓解软组织硬化、促进康复的目的。例如,超声治疗关节炎、滑囊炎、肌肉痉挛、软组织或韧带挫伤等[7]。超声理疗一般采用圆形压电陶瓷换能器发射出 800 kHz 的连续波或调制超声波,声强在 $0.5 \sim 3.0$ W/cm²,辐照几分钟后可使局部温度升至 $40 \sim 45$ ℃。超声理疗的物理基础是超声的热效应和机械效应,热效应可使超声辐照的局部组织或器官血管扩张,血液流动和新陈代谢加速,还会使细胞膜扩散功能增强,体内生化反应加快,从而促进病变组织康复。

2. 超声治癌

早在 1816 年,Cpley 就发现升温可治癌这一现象,但直到 20 世纪 70 年代后,由于射频、微波及超声技术的发展并迅速引入医学领域,加热治癌才作为一个重要课题进入深入研究和发展的历史时期[7]。

大量实验和临床研究证明,癌细胞在大约 43 ℃ 以上就无法生存。因此,热疗可作为继手术、化疗及放疗之后的第四疗法,正在引起日益广泛的重视。微波与射频电磁波是临床热疗的常用方法,但它们在人体内的透入深度不超过 $5 \sim 6$ cm,

而超声加热则被认为是进行深部加热唯一可行的方法,已研制出多聚焦探头的超声治癌临床加热设备,加热深度可达 12 cm,研究还表明,热疗配合化疗或放疗可取得更好的疗效,例如,文献[8]曾报道,只采用放疗,疗效为 35%;只采用超声加热,疗效为 50%;而采用超声与放疗协同疗法,则可使疗效达到 100%。

3. 超声外科

即采用超声手术刀代替传统手术刀切除人体病变组织,进行临床外科治疗。超声手术刀可采用磁致伸缩或电致伸缩换能器驱动变幅杆,一般频率取 20～30 kHz,手术刀断部振幅可达几十 μm。超声手术刀在进行手术操作时,由于人体病变组织与其中血管的声阻抗不同,几乎可以做到对血管无损伤,大大减少或避免出血,因而被誉为无血无感染手术,从而极大地改善了医疗质量并缩短了康复时间。超声外科较早用于治疗美尼埃尔症,它克服了常规手术易引起耳聋的副作用;超声摘除白内障也在眼科得到广泛运用;此外超声手术在眼科还用于摘除肿瘤,治疗青光眼和视网膜脱落、泪管炎疾病等。在超声骨外科中,手术刀切口取微锯齿形,可使切割速度比通常手术高出几十倍。

4. 功率超声在牙科中的应用

超声既然适用于加工硬质材料,那么它自然也适用于牙科。事实上,超声在牙科中的应用相当普遍,而且具体处理技术已有很多发展。用于牙科的超声手术工具,不外是用超声换能器驱动不同的附加器件,使之适用于洁齿、抛光、除垢、打孔或加工根槽等。同一超声手术工具配用不同的加工附件即可完成不同的治疗功能,例如,选用锥形金刚石附件并充于磨料悬浮液,即可有效地在牙齿上打孔;选用锉式钻头加工根槽时,可使加工速度增大;倘若使悬浮液具有灭菌消毒效能,即可对牙齿产生额外的清洁作用。

5. 体外超声波碎石术

20 世纪 80 年代初,德国泌尿科专家 Chuassy 教授首先推出体外冲击波碎石术。它把在水中由高压放电产生的冲击波能量用金属椭球内表面聚集,在焦点处可获得数百,乃至上千个大气压的压强,借助 X 射线机或 B 超监测把焦点对准人体内的结石处,即可在不明显损伤周围软组织的情况下,把结石粉碎成 2 mm 以下的微粒,然后排出体外。初步研究表明,冲击波对碎石起主要作用的成分是频率为 1 MHz 左右的超声波。

此外,直接采用超声波的碎石机亦相继用于临床。一种是在内窥镜的配合下,把微型超声探头通过尿道导入肾盂内与结石接触,发射超声波,破坏结石,并设法吸除;另一种是把许多小的超声换能器元布设在金属半椭球内表面上,构成超声换能器阵,用射频电脉冲同步激励这些阵元,各阵元发射的超声脉冲在焦点集中,以造成足够强的超声振动。

3.2.3　功率超声在生物学中的应用

1. 超声剪切生物大分子

适当强度的超声波,已在生物医学基础研究中成功地用于对 DNA 等生物大分子剪切[2]。

2. 超声破坏细胞

破坏细胞壁并释放细胞内含物以供基础研究,这是功率超声在生物学中的另一重要应用。为此,经常直接使用超声焊接设备。把共振在 20 kHz 频率上的变幅杆直接浸入欲粉碎的细胞悬浮液中,在操作时,要求只破坏细胞壁,释放其中内含物,又不使内含物受到破坏。恰到好处地做到这一点并不容易,因为大多数简单的单细胞,直径只有几个微米,且有坚韧的膜,其密度又与周围介质接近。细胞内的蛋白质与核酸等大分子,很容易在升温或氧化条件下变性。利用超声辐照细胞悬浮液的办法却能使细胞壁破裂,又不使其内含物组分受到明显破坏。

细胞壁的破裂主要是由超声空化引起的。由变幅杆端部发射出强超声波,激活液体中的空化气泡,气泡在崩溃时伴随冲击波或射流,其作用于细胞壁并使其破裂。变幅杆声辐射端面前是最有效产生空化的空间,只有细胞进入这个空间并保留一定时间,才能被破坏。在进行这类操作时,应在超声发生功率及细胞破坏率之间进行折中选择,声功率过大,会使细胞内含物受到破坏或变性;声功率过小,细胞破坏率又可能太小。

3. 超声处理种子

自 20 世纪 50 年代起,超声处理种子工作在国际范围内做了大量实验研究。处理种子包括谷物、蔬菜、树木及药材等。我国在超声处理云南白药、桔梗及丹参等中草药种子方面取得了明显而稳定增产的效果,并在较大面积上进行了推广。

3.2.4　功率超声在化学中的应用

尽管 20 世纪 40 年代已有文献[9]报道超声波用于聚合物等化学过程,且 60 年代初出版了有关声化学的书籍[10],但是,声化学作为一门边缘学科,它的兴起时间是 20 世纪 90 年代。我国学者冯若和李化茂在 1992 年出版了《声化学及其应用》一书,比较系统地介绍了声化学原理和声化学技术在有机合成与聚合物化学中的应用及研究进展等,标志着我国在声化学研究方面已经进入快速发展时期。

在 20 世纪末,随着整个超声技术发展和许多新型功率超声设备的出现,特别是纳米科学的出现,声化学进入一个前所未有的快速发展阶段。

声化学工作涉及合成化学(有机、金属有机及无机)、聚合物化学(降解、引发及共聚)、有机污染物降解及催化化学等。正是由于这些新的研究进展,现在已有越来越多的化学工作者开始接触、熟悉声化学这门正在迅速发展的化学分支。下面先简单介绍一下声化学的历史和发展,然后在后面章节集中介绍声化学在纳米材料合成中的研究和运用。

Fry 和 Herr[11]于 1978 年首次把声化学的方法用于合成化学研究。为了减少 α,α' 二溴酮转化为 α-醋酸酮,他们使用功率超声把水银分散到醋酸中。反应是这样进行的:把二溴酮溶解在醋酸中,并把少量水银借助于实验室用超声清洗机分散到媒介(耗时 4～5 天)。此文问世后,又有一些类似的文章发表。20 世纪 70 年代后期,生物实验室及生化实验室开始使用超声细胞粉碎机,并把它作为常规处理手段,这些功率超声设备的普及又极大地推动了把功率超声引入化学反应的发展过程。

对许多合成化学家而言,他们对声化学的兴趣,实际上可归为对功率超声的兴趣,即超声空化释放出的能量。超声空化气泡是在声波负压相作用下而产生的(即液体在声波负压作用下被拉开而形成空穴)。它们又在随之而来的声波正压相作用下迅速崩溃,理论和实验已经证明[12],当空化气泡崩溃时,伴随产生数百个大气压的高压和数千度的高温。这就为化学反应提供了一个极特殊的物理和化学环境。

超声提供的能量形式,在作用时间、压力及对每个分子可获取的能量等方面完全不同于一些传统的能源,如光能、热能及离子辐射能等。

合成化学家接触到的反应,基本都是在溶液中进行的。在这种情况下,超声作用大致可以归结为如下四种类型:

(1) 金属表面参与的化学反应。这类反应包括两种情况:一是金属本身作为一个反应物,它在反应中不断地被消耗;另一种则是,金属只起催化作用。不难理解,对金属表面的任何净化都一定会增加它的化学反应活性,但许多情况表明,只是净化不足以解释用声化学方法加强反应活性的程度,因此人们认为,在反应过程中超声辐照还会随时清除反应中间物或产物,保持金属表面的清洁,以利于反应的连续进行。

(2) 粉状物质参与的反应。如同上述的金属表面参与反应一样,涉及固体分散在液体中的多相反应,其反应速率仍取决于可能参与反应的面积与物质的传递。当需要使微米级的粒子在液体中分散、混合或反应时,通用的技术是对液体进行搅拌和扰动。为了达到预期的性能,这种处理过程经常需要延续许多小时,许多天乃至许多周。问题还在于,采用这种扰动混合方法,为使直径小于 10 μm

的固体粒子分散在溶液中,粒子的混合速率及质量转移速率都会达到极大值而变成常量,搅拌和扰动再强也不会使它增加。超声辐射则为解决这一难题提供了途径,因此,可以大大加速混合,超声辐照的另一个优点是,它可以粉碎粒子,使其线度进一步减小。

(3)乳化反应。功率超声作用可以使一些不相混溶的液体变成非常好的乳状液。在化学中,这种特别精细的乳状液为不相溶液体提供了大量的相互接触面积,从而可以加速它们之间的化学反应。

(4)均相反应。由上所述,读者很容易把超声加强化学反应活性归结为超声辐照的机械效应,但这并不是影响化学活性的全部原因,因为还有很多均相反应会受到超声辐照的影响。例如,超声辐照可以产生光发射,可以产生自由基,可以打开链烷,可以导致碘化钠水溶液的碘的释放及加速溶剂分解反应等。那么,我们该如何解释这些现象呢?

所有这些现象都可以从超声空化泡的崩溃过程中得到答案。液体在负声压作用下形成的空穴,并不是一个封闭的真空,空穴内包含有机溶剂及其他挥发性试剂的蒸气,发生崩溃时,这些蒸气的温度和压强都将异乎寻常地增高,在这种非常条件下,溶剂和试剂都可能被裂解而形成具有特别活性的自由基和二价碳,其中有一些因具有高能量而发光。此外,空化泡崩溃时还伴随产生冲击波,冲击波可破坏试剂结构,影响反应活性。

由此可见,实验化学家可以在一系列应用领域中发挥功率超声的作用,并渴望从中获得一种或数种益处,这些益处大体上表现为:

(1)加速化学反应或软化所需要的反应条件。

(2)声化学反应与一般技术相比,对试剂规格要求经常会降低。

(3)反应经常由超声引发,而无须加添加剂。

(4)合成的步骤通常会减少。

(5)在某些情况下,可能完全遵循另外途径进行反应。

3.2.5 功率超声在化工中的应用

1. 电镀和电化学

20 世纪 Rich[13]首先发现,功率超声可以促进镀镍过程和镀镍质量。有关研究表明,在电镀槽中施与超声辐照可以增加电镀速率和防止电镀电流下降,但是在一般情况下由于极化,这种电流下降情况总是会发生的。其后,Yeager 等[14]报道,他们应用功率超声也使镀铬的效率提高,而且镀敷层的附着力增强和硬度增加。Namgoong 等[15]提出了新的方法,他们把 20 kHz 的超声直接辐照阴极(低碳钢),而不是辐照电解液,这样得到的电镀结果比通常方法要好,比如,在微观硬度提高约 10%,同时亮度有所改善。

另外,功率超声在电合成化学中也得到广泛应用。1987 年,Eren 等[16]讨论了超声对二氯甲烷中取代苯乙烯的电致正离子聚合的影响。单独的苯乙烯可在各种电位下发生聚合,而共聚物的结构却与所加电位有关。超声辐照对此产生两种影响:一是,使发生聚合的总电位下降;二是,与一般电解方法相比,它给出的共聚物中含有较多具有高电位的单体。

Osawa 等[17]指出,超声辐照能对由噻吩电化学聚合形成的膜性产生影响。在没有超声辐照的条件下,当电解电流密度大于 5 mA/cm² 时,膜就要逐渐变脆;而有超声辐照时,即使电流密度再大,膜依然柔软而坚韧(张力膜量为 3.2 GPa,强度为 90 MPa)。

把功率超声用于电化学过程带来的益处可以归纳为以下几点:

(1) 超声辐照可以随时除去电极表面出现的气泡,保证电流畅通无阻。

(2) 超声空化产生的射流可以不断净化电极表面,以保持其化学活性。

(3) 超声空化作用可以连续扰动扩散层,以防止离子耗尽。

(4) 超声扰动使得整个电化学反应过程中有更多的离子穿过电极双层传输。

目前电合成化学还没有得到工业规模的运用,其重要原因之一是电解的实验工艺还受到较大限制,诸如有限的质量传输、电极表面污染及反应过程中的气体析出等。功率超声的应用为解决这些问题提供了新的途径。

2. 沉淀和结晶

沉淀、结晶与雾化这三种过程的共性在于,它们都是功率超声作用于液态介质以产生特殊形态物质的表现形式。大量实验研究表明,功率超声既可使过饱和溶液的固体溶质产生迅速平缓的沉淀,又可用于加速晶体生长。表面看来,这似乎与超声分散固体粒子的效应相互矛盾,其实不然,这些只不过是在不同条件下,超声能量转换的表现形式(即效应)不同罢了。换言之,在某种条件下超声会粉碎液体中悬浮的固体颗粒,而在另一条件下,超声又会使液体中的固体悬浮颗粒增大。这种颗粒增大,在一些特定情况下,可表现为简单的聚集;而在另外一些情况下,表现为晶体生长。

在某些工业生产中,经常需要加工出特别微小而均匀的物质颗粒。大量事实证明,超声是加工这类微粒十分有效的工具。例如,在制药厂,为生产口服或皮下注射悬浮液药剂,就需要加工很细小而均匀的物质颗粒,一则可以得到稳定的悬浮液,二则又易于人体吸收。例如,在生产普鲁卡因盘尼西林时就采用了超声处理方法,先把普鲁卡因溶液与盘尼西林合在一起,进而置于超声化学反应器中,用 100 kHz 的超声波辐照,即可获得细小而均匀的晶体沉淀物[18],粒度分布为 5~15 μm。而采用通常方法获得的粒度分布为 10~200 μm。

1985 年,Mason 等[19]设计了超声辅助的碳镁化合物加工系统,这一过程的化学反应如下:$Mg(OH)_2 + CO_2 \longrightarrow Mg(HCO_3)_2 \longrightarrow MgCO_3$。即首先把 CO_2 注入 2%的氢氧化镁溶液中,形成二碳化物,再对其进行过滤,除去残存氢氧化物,最后将空气注入碳镁化合物。采取这种方法生成碳化物,例如,在第二步骤中采用 40 kHz 的超声处理,可使其产量至少提高一倍。

对工业规模生成而言,超声辅助结晶(或沉淀)的一个重要好处是,固体沉淀物不会在降温冷却管上沉积,因此可保证系统的冷却速率是均匀的。

功率超声在冶金过程的金属浇铸和结晶过程中能发挥重要作用。在熔融金属冷却过程中作用于超声可以带来两个好处,即除气和获得较小的晶粒。晶粒变小是由于超声能量打断了金属中正常发育的枝状晶体,每断裂一次,就增加两个新的成核位置。对碳钢的超声处理表明,它可以使晶粒尺度从 200 μm 减小到 25~30 μm,从而使碳钢的延展性增加 30%~40%,机械强度提高 20%~30%。

有关超声影响金属结晶生长的研究早在 20 世纪 60 年代就已经开始。在一般情况下,金属结晶的生长是在其熔融状态冷却过程中慢慢形成的;而在功率超声波作用下,金属晶粒一旦出现,它自身即进入振动状态,从而加速了生长过程。在这种条件下形成的金属材料,其性能亦得到改善。对金属锌的研究结果表明,超声处理可以使其临界切变应力强度提高 80%。而且,在频率为 25 kHz,强度为 50 W/cm² 的超声波作用下,金属锌的结晶由圆柱形改为均匀的六角形。

3. 超声雾化

传统的喷雾方法是使液体高速通过小喷口,例如,家庭生活常见的喷洒香水就是一例。工业上也经常采用这种喷雾工序,如喷雾涂层及喷雾干燥等。一般喷雾设备的最大缺点是喷口不能过大,因此它只适用于低黏度液体,即便如此,其喷口也经常会阻塞。现在市场上有多种超声喷雾器。其中,有的在结构上很类似于一般简单的超声设备,喷雾器本身就是一个超声变幅杆,液体由中间的一个导管供给,并使其浸没过变幅杆的振动端面。这种设备一般也只适用于较低黏度的液体,但强烈的超声波作用经常会使受辐照的液体黏度降低。此外,超声喷雾的原理也不同于传统方法中小喷口处的液体由高喷速引起,因此在超声喷雾中不存在喷口堵塞问题。

超声喷雾在喷镀工业应用中还有另外的优点。常规的射流喷雾法喷出的高速雾滴,当它们与镀件表面撞击时会发生反弹,特别是当镀件表面对雾滴的附着力不强时,反弹现象更容易发生。为此,在常规喷雾法中还不得不采用静电方法,以减少反弹现象。超声喷雾不产生高速雾滴,因而不存在反弹现象,从而可使涂敷效果得到改善。此外,使用超声喷雾时,通过改变超声频率或功率可以对雾滴大小的分布进行较为精确的调节,从而可对喷雾质量进行有效的控制。

超声雾化器还可对熔融玻璃及金属进行雾化,而且产生的雾滴有如下优点[20]:雾滴为球形;雾滴大小分布集中;通过改变选用的超声频率,可以对雾滴大小进行控制。

超声雾化是利用超声波的高能分散机制。先将超细粉末目标物前驱体溶解于特定溶剂中配成一定浓度的溶液,然后经过超声雾化器产生微米级的雾滴,前驱体被载气带入高温反应器中发生热分解,从而可以得到均匀粒径的超细或纳米级粉体颗粒,材料颗粒的大小可以通过母液浓度调整得到控制[21]。

Xia 等[22]将含有 NH_4OH 和 NH_4HCO_3 的 0.3 mol/L 的 $NiCl_2 \cdot H_2O$ 溶液进行超声雾化热裂解实验。其实验装置见图 3-1。实验设置了三个加热区域:T_1(300 ℃)、T_2(600 ℃)和 T_3(600~1000 ℃),超声雾化器的频率为 2.5 MHz,陶瓷反应器长 1.0 m,内径为 13 mm,还有一个静电沉淀器。利用这套实验装置,他们进行了不同温度、不同氨镍比($R = NH_3 \cdot H_2O/Ni$)的实验。实验结果表明:当 $H_2:Ni = 1:10$;$R = 9$,$c(NH_4HCO_3) = 0.3$ mol/L 时,在小心控制下,可获得粒径为 0.5 μm、分布均匀的球形 Ni 颗粒。配料中的 NH_4OH 和 NH_4HCO_3 改变了直接裂解反应($NiCl_2 + H_2 \rightleftharpoons Ni + 2HCl$)的途径,而且它们的添加量显著影响颗粒形貌。$NH_4OH$ 可改善 $[Ni(NH_3)]_6^{2+}$ 络合离子的雾化稳定性。若反应温度低于 1000 ℃,制备的 Ni 颗粒含有 $NiCl_2$,会影响产品质量。不过,可将其 Ni 颗粒在 N_2 中加热除去 $NiCl_2$ 而得到纯 Ni 颗粒。

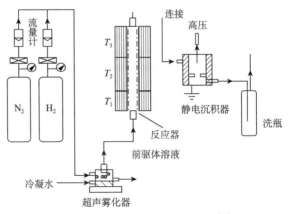

图 3-1　超声喷雾热解设备流程[22]

Janackovc 等[23]比较研究了超声雾化和气流喷嘴雾化,由硝酸铝喷雾热解制得 Al_2O_3 的实验效果:由超声雾化热解制得的 Al_2O_3 为粒径为 0.64 μm 的表面光滑的球形颗粒,而气流喷嘴雾化热解制得的 Al_2O_3 的平均粒径为 10 μm 的海绵结构颗粒。粒内微观结构的差别是因为超声雾化的雾滴细小,表面积大,在水沸腾之前已完成水的蒸发;而喷嘴雾化的雾滴大,蒸发慢,是在沸腾状态下蒸发的。

声波是由物体受到扰动时分子在平衡位置上的振动所引起的。在流体中声波以纵波形式传递,流体发生周期性的压缩和膨胀,这时伴随密度和温度等性质的变化,像其他波动一样,声速 v、频率 f 和波长 λ 之间的关系为

$$v = f\lambda \tag{3.1}$$

频率 f 的单位为 Hz,即每秒振动的次数。声强度是指每秒向垂直于声波前进方向的单位表面上传递的能量,其单位为 W/cm^2。通常使用的超声频率 $f=20000\sim10^6$ Hz,强度为 $1\sim1000$ W/cm^2。$f=10^6$ Hz,强度为 1000 W/cm^2 的超声通过水时,$\lambda=0.15$ cm,对水中质点的加速可达到 1×10^9 cm/s^2(即重力加速度的 100 万倍);峰压可达 6 MPa,峰谷可达 6 MPa;在峰谷时就形成空穴,水中溶解的气体和部分水都汽化成微小气泡,瞬时又受到压缩,水又冷凝,而永久气体则部分再溶解。膨胀对相邻介质的瞬时冲击力,则远大于 6 MPa,可达几百 MPa。正因为超声传递过程中的这些作用,所以它可用于乳化和雾化等。

在超声雾化时,首先要产生超声波。产生超声波需要使用超声能量转换器,把电能转换成声能。最广泛使用的超声能量转换器的工作原理基于逆压电效应。某些各向异性的晶体的压电轴方向受到压力时,由于晶体受到扭曲,就在受压的相对的两面产生电位差,这是压电效应。反之,例如,在晶体的压电轴方向施加高频交变电场,晶体就发生高频振动(压缩和膨胀),传递给相邻介质就是超声波。当使用的电频率等于晶体的自然机械共振频率时,晶体的振动和产生的超声能量最大。对于石英,这个自然机械共振频率 f 与厚度 d(cm)的关系为

$$f = \frac{0.287\times10^6}{d} \tag{3.2}$$

由此可知要获得高频、高强度的超声,所用压电材料的厚度是很薄的。石英作为超声能量转换器的压电材料的优点是频率极其稳定,而且具有化学惰性;但是其阻抗大,即需要很高的驱动电压,而且价格贵,大片石英少,且很脆。后来发展了可以模铸的钛酸钡压电材料,其成本低,驱动电压低(约为石英的十分之一)。但是,其声电能量转换效率低,压电热稳定性差,仅可用于 80 ℃以下。加入 4% 的铅代替钡制成的钛酸铅钡,热稳定性有改进。后来制成的钛锆酸铅,热稳定性更是显著提高,能在 320 ℃保持其压电性。钛酸盐类的转换器的可用频率为 $10\sim10^6$ Hz,如欲达到 10^9 Hz 的范围,则需要用硫化镉、氧化锌、砷化镓、铌酸锂等的薄膜作为压电材料。

1) 超声毛细管波雾化[24]

超声毛细管波雾化的机理是:一个以超声频率 f 振动的固体表面上,覆盖连续或不连续的低黏度液体的薄膜时,液体薄膜就被激发成毛细管波。这种波在液膜表面上形成棋盘格式的分布,如图 3-2 左下方所示;其频率为原激发超声频率的一半($1/(2f)$)。其振幅不断增大,液滴就从波峰脱离成为雾滴。雾滴直径为毛细

管波 λ_k 的 $1/4$；被气流带走就形成气溶胶。这种毛细管波形成多峰雾化与喷泉式单峰雾化，如图 3-2 右上方所示。

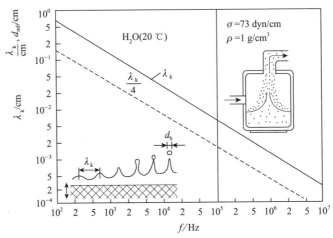

图 3-2　水的毛细管波长 λ_k 及计数中值直径 d_{m0} 与超声频率 f 的关系
左下：毛细管波；右上：喷泉雾化，$1\ \mathrm{dyn/cm}=10^{-3}\mathrm{N/m}$

　　Stamm 针对水、水-甘油、硅油、轻油等液体进行研究，得到毛细管波 λ_k 与起激发作用的原超声波频率 f、液体的表面张力 σ 及密度 ρ 的关系：

$$\lambda_k = 2 \left(\frac{\pi \sigma}{\rho f^2} \right)^{1/3} \tag{3.3}$$

正因为 λ_k 与表面张力 σ 的这种关系而称为毛细管波。图 3-2 表示了 λ_k 及 d_{m0}（即 $\lambda_k/4$）与 f 的关系。

　　Stamm 发现，雾滴的"计数中值直径"（按颗粒从小到大计数，数目达到 50% 时的直径）d_{m0} 约为 $\lambda_k/4$；雾滴大小按对数正交分布；几何标准偏差为 $\sigma_g=1.4$；如因雾滴在飞行行程中聚并，σ_g 可增大到 1.8。超声雾化雾滴大小分布比气流喷嘴雾化窄。水在 $20\ \mathrm{kHz}$ 雾化时的 d_{m0} 约为 $42\ \mu\mathrm{m}$。对其他液体，可按式（3.3）计算，大多数液体的 $(\sigma/\rho)^{1/3}$ 校正与 1 偏离不大，d_{m0} 与水的差别不大。因为"质量中值直径"d_{m3} 与 d_{m0} 之比为

$$\frac{d_{m3}}{d_{m0}} = \exp(3\ \ln^2 \sigma_g) \tag{3.4}$$

所以雾滴的"质量中值直径"（按颗粒质量从小到大积累，质量积累达 50% 时的直径）d_{m3} 应在 $0.35\lambda_k$ 到 $0.7\lambda_k$ 之间。雾滴从毛细管波峰抛出的速度为 $1\sim2\ \mathrm{m/s}$，远比气流喷嘴的小。因此，雾化及干燥（或热解）装置的尺寸可以减小。

　　毛细管波雾化器的单位表面积的雾化体积流量（$(\mathrm{d}V/\mathrm{d}t)/A$，$A$ 为能量转换器的有效面积）可达 1 到几个 $\mathrm{L}/(\mathrm{h}\cdot\mathrm{cm}^2)$。对于水，在 $20\ \mathrm{kHz}$ 时，$(\mathrm{d}V/\mathrm{d}t)/A$ 的最

大值为 5.7 L/(h·cm^2)。雾化能耗相当低,在总雾化量为 1~100 L/h 时,约为 1 W·h/L。超声毛细管波雾化器,可以连续改变产量而不致明显影响雾滴尺寸分布;可以在常压或减压下工作;液体进料不需要加压;操作不当,可能吸入气体,形成气泡及爆裂,从而形成粗雾滴飞溅。超声毛细管波雾化器只适用于低黏度的液体($\eta<20$ mPa·s)的雾化。对于某些低熔点(<350 ℃)低黏度的金属熔融液的雾化,则需注意熔融液接触部分的防腐问题。

2)超声喷泉雾化[24]

超声喷泉雾化的原理是利用超声密度振荡器,把超声振动均匀(聚焦)传给容器中的液体。由于高频的声能辐射压力,就在振荡器上方表面形成喷泉,喷泉可使声能强度集中到 50 W/cm^2 以上。喷泉不断地从它周围吸入气体,通过液体的对流运动把微气泡传递给液体各部。正是喷泉中的微气泡起雾化促进作用。气泡很容易压缩,在超声振荡压力的影响下,气泡形成更大的径向脉冲振荡,并在气泡表面形成持续的毛细管波共振,毛细管波振幅增大到泡的断面延伸到自由相界面时,气泡就被撕裂而释放出雾滴,数百万的气泡产生和破裂,就在喷泉上方汇成一股气溶胶流。喷泉雾化的滴径仍符合毛细管波雾化规律,d_{m0} 约为式(3.3)λ_k 的 1/4,仍为对数正交分布,而几何标准差 σ_g 在 1.4~1.8。在气溶胶的移送过程中,随着出口直径、管径、管长和载气流速的不同,雾滴发生不同程度的聚并,雾滴尺寸可能改变。此时,大的雾滴首先消失。因此,人们可以以减小气溶胶含量为代价而减小雾滴的平均直径。对于水,气溶胶密度最大可达 10^{-4}(水/空气)。在超声频率 $f=1.75$ MHz时,雾滴的"质量中值直径"约为 3 μm,单位体积的雾滴数约为 10^{17} 滴/cm^3。

对于水,超声喷泉雾化的能耗约为 100 W·h/L,即约比毛细管波雾化高 100 倍。随着液体黏度的增高,工作效率急剧下降。因此超声喷泉雾化只适用于低黏度液体。

对于医疗上最常用的超声喷泉雾化器,其频率 $f=1.3$ MHz,研究表明,为使气溶胶输出量最大,对于一定能量输入的超声喷泉雾化器有最佳的能量转换直径和最佳的液体高度,例如,在输入能量为 20 W/cm^2 时,能量转换器最佳直径为 11.7 mm,容器内的最佳液体高度为 15 mm。从雾化器输出的气溶胶量,随出口直径减小、输入管的直径减小和长度增大而减小。横向输出不如垂直输出有利。

3)分离与过滤

在化学研究与化工生产过程中经常要把悬浮在液体中的固体粒子清除,为此需要相应的分离技术。传统的方法是使用各种类型与规格不同的过滤膜,以剔除粒子,纯化试剂。但是这种传统方法经常出现过滤阻塞,因此经常要更换过滤膜。如能避免过滤阻塞和保持连续工作,将会带来明显的经济效应。事实上,应用功率超声可为解决这个问题提供理想途径。超声辐照用来改善过滤过程主要表现在两个方面:一是超声辐照会使过细的颗粒发生凝聚,从而使过滤加快;二是超声辐照向系统提供足够的振动能量,使部分粒子保持悬浮,为溶剂分离提供了较多的自由通道。

这些效应的综合影响已经被成功地用于工业混合物的真空过滤,如煤浆。过滤煤浆曾经是一件困难而耗时的工作。当把功率超声用于过滤,即采用所谓声过滤时,含量达到50%的煤浆可以很快减少到25%,而通常的过滤方法只能减少到40%,由于30%水分的煤浆是易燃的,所以当把这一技术连续用于传输干燥过程时,其潜力将是十分巨大的。

对声过滤技术的一个改进,是在进行声过滤时再引入一个电位,使之穿过煤浆,为此将过滤器本身作为阴极,而在煤浆上置一阳极,其作用是吸引大多数带负电的物质,从而引起附加运动,这种过滤技术称为"电-声过滤",它可以使煤浆的干燥效率进一步提高10%。

3.2.6　功率超声在有机污染物降解的应用

水资源是人类赖以生存和社会经济发展的最重要资源。我国水资源遭受来自工业废水中有机或无机物的污染,且呈迅速扩展趋势。研究工业废水处理的新技术及相关基础理论,极为迫切。水体污染物中,有相当大一部分为有机物质,如酚类、有机染料、硝基化合物、除草剂和杀虫剂、卤代烃等。它们有毒、生物难降解,为水体持久污染物。显然,在废水排放之前需要对此类污染物进行降解矿化处理。目前处理废水有机污染物的高级氧化技术主要有半导体光催化氧化、湿式氧化、Fenton氧化、电催化氧化和声化学氧化等。

近年来,声化学法处理难降解有机废水成为环境技术研究领域的前沿之一。20世纪90年代以来,国外针对采用传统的物理化学方法和生物化学方法难以降解的有机物,如芳香族化合物、脂肪族含氯碳氢化合物及其衍生物进行了不同条件下的声化学降解实验,并对声化学降解机理及其影响因素做了一定程度的探索[25-27]。我国在20世纪末开始了超声空化降解有机废水的研究,研究内容主要包括超声波对低浓度单一物质的降解机理及其影响因素的研究或是对低浓度模拟有机废水降解效果的研究[28,29]。目前利用声化学技术降解有机物的种类非常广泛,表3-1总结了声化学降解有机物种类。

表 3-1　声化学降解有机物种类

污染物类型	典型污染物
芳香烃	苯、甲苯、乙苯、苯乙烯、氯苯、硝基苯、邻氯甲苯、多环芳香烃(联苯、蒽、菲、芘)
酚类	苯酚、2-氯酚、3-氯酚、4-氯酚、5-氯酚和2,4二氯酚、对硝基苯酚
氯代脂肪烃	CCl_4、$CHCl_3$、CH_2Cl_2、CH_3Cl、1,1,1-三氯乙烷、氯氟代烃
炸药	TNT、RDX
农药	氯苯胺灵、3-氯苯胺、对硫磷、甲胺磷、乙酰甲胺磷
醇类	甲醇、乙醇
染料	偶氮染料(酸性黄5、酸性黄52、直接蓝71等);三苯甲烷类染料(甲基紫);杂环类染料(罗丹明B、亚甲基蓝)等

1. 声化学氧化理论

超声波对有机物的声化学氧化基于空化理论和自由基理论。

1）空化理论

超声波对有机污染物的降解不是声波的直接作用（因为超声在液体中的波长为 10～0.015 cm（相当于 15 kHz 至 10 MHz），远大于分子的尺寸），而是与液体中产生的空化泡的崩溃有密切关系，其动力来源是声空化。足够强度的超声波通过液体时，当声波负压半周期的声压幅值超过液体内部静压强时，存在于液体中的微小气泡（空化核）就会迅速增大，在相继而来的声波正压相中气泡由绝热压缩而崩溃，在崩溃瞬间产生极短暂的强压力脉冲，气泡周围微小空间形成局部热点，其温度高达 5000 K，压力达 5.065×10^7 kPa，持续数秒之后，热点随之冷却，冷却速率达到 10^9 K/s，并伴有强大的冲击波和时速达 400 km 的射流（对非均相介质）。这就为有机物的分解反应创造了一个极端的物理环境，可以极大地加速与促进氧化还原分解反应，使一些需要在较高温度和压力等条件下的反应可在常态下顺利进行。

2）自由基理论

空化过程中伴随着的高温可导致自由基·OH、HO_2·、H·、H_2O_2 和超临界水的形成。自由基由于含有未配对电子，所以其性质活泼，很容易进一步和其他有机物起反应，引起有机物的降解。

2. 声化学引起有机物降解反应发生的位置

声化学引起有机物降解反应主要包括热解反应和氧化反应两种类型，近几年的研究结果表明水溶液的声化学作用发生在三个不同的区域。溶液中声化学反应的位置如图 3-3 所示。

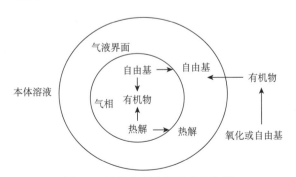

图 3-3　溶液中声化学反应的位置

第一个区域是气泡向内溃陷时，在气泡内的气相中产生几千 K 的温度和几百个大气压的压力,有机物在空化泡内直接发生类似燃烧的反应。在这种条件下,蒸气中的水分子裂解成 H·(氢自由基)和·OH(氢氧自由基)。在超声波作用下,通过顺磁共振谱和自旋捕集器相结合的技术,可以观察到具有很高活性的自由基产生。

第二个区域是气泡向内溃陷时,气泡内外的气液界面上。在这个区域内的温度比气泡内部相对较低,但是在界面上较高的能量使聚集在这里的非挥发性溶液产生热解。同样,通过顺磁共振谱可以观察到热解反应生成的高浓度的自由基。有机物在空化泡气液界面同空化产生的氧化剂 H_2O_2 和具有高度化学活性的游离基·OH 发生氧化反应。

第三个区域是体系的本体溶液中,在气泡内部和气泡交界的区域所产生的自由基扩散到这个区域来,与溶液中的介质反应。从大量的文献报道看到,科学家用电子顺磁共振和自旋捕集器的方法所观察到的自由基充分表明,以上所描述的三个超声化学反应区域的理论是符合实际的。

因此,超声空化在溶液中形成局部高温、高压区,还生成局部高浓度的氧化性物质(如·OH 和 H_2O_2)以及形成超临界水。这样,超声空化降解化学物质有三种主要途径:①自由基氧化;②高温热解;③超临界水氧化。降解途径与污染物的物化性质有关,反应区域主要在空化气泡及其表面层。一般而言,非极性、憎水性、易挥发有机物多通过在空化气泡内的热分解中进行降解;极性、亲水性、难挥发有机物则多通过在空化气泡表层或液相主体中的·OH 进行氧化降解反应。

3. 影响声化学降解污染物的主要因素

超声波使化学反应的溶液体系发生了空化作用,而空化作用使水溶液体系产生自由基。因此,空化作用是声化学反应的基础,而声场中的自由基是化学反应的有力中介。由于空化作用与介质、压力、温度和频率等有关,因此,这些因素也必然会对超声化学效应产生影响。所以,在进行超声化学研究和应用时必须要考虑超声波频率和强度、反应温度、外加压力、溶剂特性、气体种类及其含量等因素。

1)频率的影响

超声波的频率增加,液体介质中的空化气泡减少,空化作用强度下降,超声化学效应也相应地下降。当超声波频率很高时,膨胀和压缩循环的时间则非常短,膨胀循环的时间太短,以致不能等到微空泡长到足够大来引起液体介质的破裂和形成空化气泡。即使在膨胀过程中产生了空化气泡,这些空化气泡溃陷所需要的时间比压缩半循环的时间要长得多。因此,当超声波的强度一定时,其频率越高,空化作用越小。然而,当超声波的频率在 16 kHz 以下时会发出令人不适的噪声。故通常采用频率高于 16 kHz 的超声波。

2) 强度的影响

一般地,当超声波的频率一定时,超声波的强度增加,声化学效应增强。由于膨胀循环的时间较短,在较高频率的超声波作用下,当超声波的强度较低时(即小于空化阀声压)较难产生空化作用,但超声波的强度增加到一定的程度,即达到或超过空化阀声压时,容易产生空化气泡,且空化气泡的溃陷也更为猛烈。声强不一定是越大越好。这是因为液体介质中空化气泡的最大半径(R_{max})与压力振幅有关:

$$P/P_0 = 1 + \left[\frac{R}{3\left(\frac{R}{R_m}\right)}\right]\left[\left(\frac{R_{max}}{R}\right)^3 - 4\right] - \left[\frac{R^4}{3\left(\frac{R}{R_{max}}\right)^4}\right]\left[\left(\frac{R_{max}}{R}\right)^3 - 1\right] \quad (3.5)$$

该式表明,随着压力振幅的增大,膨胀时空化气泡可以长得很大,以致没有足够时间崩溃。通常认为在低声强($<10\ \mathrm{W/m^2}$)环境中,往往发生稳态空化,即需要几个声周期,方可使空化泡破裂,其空化强度往往比较小。而当声强较高时($>10\ \mathrm{W/m^2}$),往往发生瞬时空化,空化过程在一个声周期内完成,其空化活性物种的产率比较高,声化学效应明显。超声波的强度越大不一定越有利于促进化学反应,一般只要求超声波的强度能够在液体介质中引起足够强的空化作用即可。

3) 反应温度

反应温度对声化学效应的影响也很大。一般来说,反应温度升高,液体介质的蒸气压增大,在较低的超声波强度下就可以产生空化气泡,温度升高,液体介质的蒸气压则越大,保证超过表观静压($P_h - P_A$)所需的超声波振幅(P_A)越小,由空化气泡溃陷所引起的声化学效应也相应地减小。此外,反应温度上升,P_v增大,而$P_m(=P_h + P_A)$则减小,T_{max}和P_{max}变小,声化学效应也随之削弱。因此,为了更有效地利用超声波,在声化学实验中一般都尽可能地在较低的温度下进行。这一点与通常的化学反应有所不同。

4) 外压

外压(P_h)增大,空化阀和空化气泡溃陷的强度增大,声化学效应增强。增大外压能使$P_h - P_A > 0$,使超声波的负压相压力发生改变,所以不能产生空化气泡,更谈不上气泡溃陷。若要在液体介质中形成空化气泡,并使之不在压缩循环中溃陷,必须增大超声场的强度,产生较大的P_A,使得$P_h - P_A < 0$。只有这样才能形成空化气泡,发生空化气泡的溃陷,产生声化学作用。空化气泡溃陷瞬间气泡内的压力(P_m)可近似地看成$P_h + P_A$,P_h的数值增加将会引起更加迅速和猛烈的溃陷,有利于声化学反应的进行。要在液体中形成空化气泡,膨胀区域的负压必须能够克服介质分子间的引力或自然黏合力。在黏液或具有较大表面张力的液体中更难形成空化气泡,分子引力越大,黏性越强,要产生空化气泡所需要的超声波的振幅或强度就越大,声化学效应也越强。由于空化气泡溃陷开始时的压力很

大,一旦在液体介质中产生了气泡,则由空化气泡溃陷所引起的温度(T_{max})和压力(P_{max})将会更大。

5）溶剂的蒸气压(P_v)

溶剂越易挥发,其 P_v 越高,在该溶剂中越易形成空化气泡,空化作用也就越弱,从而声化学效应也越弱。所以,为了利于声化学的顺利进行,一般选择不易挥发(即蒸气压较小)和表面张力大的溶剂作为声化学反应介质。声化学中的溶剂效应与通常所指的溶剂效应是相当不同的,在声化学中并不是以溶剂的酸碱性、偶极矩和溶剂化作用等术语进行解释,而是考虑溶剂的挥发性以及其他直接涉及空化气泡的形成和能量的参数,即黏度和表面张力强度等。

6）气体种类及其含量

液体介质含有气体及所含气体的量及种类等,对空化作用及声化学的影响较大。一般地,体系中气体越多,越容易产生空化气泡,因而声化学效应相对就要弱一些;含有较大 γ 值(绝热系数)的气体的空化气泡能够引起较大的声化学效应。单原子气体分子的 γ 值比双原子和多原子气体(如 N_2、O_2 和空气等)更优先采用。另外,声化学作用的程度还取决于气体的热传导。一般地,气体的热传导率越大,就有越多的热量(即空化气泡在崩溃过程中所释放出来的热量)传给周围的液体介质,使得空化温度降低,声化学效应被削弱。

3.2.7　声致发光

声致发光,是指液体中声空化过程伴随发生的一种光的弱发射现象。

1933 年,Marinesco 和 Trillat 就曾发表过研究报告,他们使用压电石英换能器向水中发射超声波,几个小时后发现水中的照相底片已感光,从而首次发现了声致发光现象。但声致发光(sonoluminescence)这个术语却是后来由 Frenkel 和 Schultes 于 1937 年开始引用的。

迄今,对液体的声致发光现象已进行了相当广泛的研究。研究的液体包括无机液体、有机液体、血浆以及液态金属等。对于声致发光的检测亦采用了多种方法,例如,用肉眼直接观察,照相底板感光[30]、光电倍增管接收[31,32]及图像识别技术[33]等。如果使用鲁米诺溶液(每千克水中溶进 0.2 g 鲁米诺及 5 g 碳酸钠),其声致发光强度要比纯水增大许多倍。

出于对声空化本身的研究兴趣,或许还为了声致发光能成为一种新型的检测技术,半个多世纪以来,人们对声致发光现象的研究兴趣不减。尽管已做了大量工作,且有众多的研究论文及评论性论文发表,但对这一复杂现象物理机理的了解与解释,至今仍不能统一。

大多数液体的声致发光光谱从红外区一直扩展到紫外区。利用高速摄影技术直接观测发现,在低频超声空化下,发光主要发生在空化泡崩溃的后期。有关实验研究还表明,声致发光强度不仅取决于所使用的液体,而且还与液体的温度及其中溶解的气体有关,表3-2及表3-3中的数据说明了这点。

表3-2 三种不同温度下各种液体中声致发光的相对强度

液体	25 ℃	40 ℃	55 ℃
二甲基钛酸盐	16	6.6	2.4
乙二醇	12	3.4	0.5
自来水	3.6	1.0	…
氯苯	0.84	0.43	0.20
异戊醇	0.54	0.28	0.18
o-二甲苯	0.36	0.24	0.14
异丁醇	0.30	0.17	0.086
正丁醇	0.21	0.10	0.030
正丙醇	0.21	0.076	0.038
甲苯	0.15	0.074	0.050
苯	0.23	0.060	0.010
特丁基醇	…	0.050	0.025
异丙醇	0.054	0.028	0.012
2N NaCl	25		
2N KCl	20		
2N MnCl$_2$	5		
1N NaCl	10		
海水	10		

注:详见 Jarman P. Proc. Phys. Soc. ,1959,723:68.

表3-3 溶于水中的气体对声致发光强度的影响

气体	声致发光的相对强度
氙 *	28.5
氪 *	8.5
氧 *	0.15
氙	540
氪	180
氩	54
氮	45
氧	35
空气	20
氖	18
氦	1

注:详见 Prudomme R O,等. The. J. Chim. Phys. ,1957,54:336.
含 * 号气体的测定,详见 Gunther P,等. Electrochem,1957,61:188.

在2.5.1节讨论温度对空化效应的影响时,我们曾得到如下结论:为获得尽可能大的空化效应,应该在尽可能的低温条件下工作,如果我们把声致发光也看成是声空化效应的一种表现形式,那么表3-2中的数据为上述结论提供了明显的支持。我们已知,超声频率和超声强度对空化过程有重要影响,因此,它们自然也应该对声致发光有重要影响,早在 20 世纪 60 年代,Alfredsson[34] 和 Gabrielli 等[35] 曾先后使用不同强度的频率为 200 kHz、700 kHz 及 2 MHz 的超声波,研究了水与其他若干有机溶液的声致发光与声空化噪声,发现声致发光和声空化噪声都与超声频率、超声强度有着密切关系。频率增高,发光强度减弱,而且光的发射与熄灭特征也不同。其他作者还对连续波超声与脉冲波超声,在不同频率与强度下的声致发光进行了研究与对比。自 70 年代以后,对声致发光光谱的观测研究取得了重大的进展。

例如,文献[36]对水,含金属离子(K^+、Na^+ 等)的水溶液及溶有惰性气体(氩、氖、氙)的蒸馏水进行了声致发光研究,观测到从 240 nm 一直扩展到近红外区的连续光谱,且在 310 nm 处出现峰值。光谱分布随辐照声波频率而变化,使用较低频段的超声辐照时,310 nm 处的峰值增强,并且在 270 nm、290 nm 及 340 nm 附近伴生三个弱带。310 nm 处峰值的起伏大小还与所溶解惰性气体的分子量有关,分子量增大,起伏减小。为解释上述的光谱分布及变化机制,研究了若干有机溶液对声致发光与熄灭、发射光谱的截止波长等的影响;观测了瞬态空化与稳态空化不同的发光特征,研究了在液体中溶进单原子和双原子气体的发光差别,以及气体的比热比、热导及不同电解质对声致发光的影响等。

声致发光作为一种新型的检测技术,早已用于对二相介质的性质的研究[37]。Gerskii 等把人体血浆的声致发光用于早期癌症诊断研究。他们使用 500 kHz、$0.05\sim0.2$ W/cm^2 的超声辐照人的离体血浆(只需要 0.45 mL),研究发现,当超声波在血浆中产生空化时,血浆即开始有光脉冲发射,而且单位时间内发射的光脉冲次数(N)随时间(t)经过极大值而后下降,而下降速率 $\left(\dfrac{dN}{dt}\right)$ 即可用于作为诊断参数,作者利用这个参数对 150 个有占位性病变的患者进行了临床诊断,其中 79 个癌症患者被正确检出者为 65 人,占 82.3%;另对 71 个非癌症患者的正确诊断为 65 人,占 91.5%。这一研究报告展示出声致发光现象可以用于医学诊断。对声致发光的具体物理机制,已有许多研究者做了大量和长期的研究,大体上可以把他们提出的发光机制归纳为两大类,即电学机制与热学机制。

1. 电学机制

电学机制的理论模型认为,在声空化过程中产生的电荷在一定条件下通过微放电而发光。例如,1940 年 Frenkel 提出[38],在声波的负压相作用下,液体中开始形成空腔时,空腔呈透镜形状,且离子在空腔壁上呈不均匀分布,遂使两侧腔壁带有不同的电荷,由此导致的空腔内部电场强度 E 为

$$E = \frac{4e}{R}\sqrt{\frac{N}{d}} \tag{3.6}$$

式中,e 为电荷,R 为空腔半径,N 为单位体积内解离的分子数目,d 为两个分裂液面之间的距离。有关数字计算表明,当 $d=0.5$ nm,即超过水分子直径(0.2 nm)时,$E=60$ kV/m;当空腔半径为 $R=1$ μm 时,电击穿就会发生。Harvey[39] 认为,电击穿(即放电)不是发生在空腔形成时,而是发生在空腔崩溃时。Degrois 等[40]在他们的假设中提出,液体中溶有的气体会被吸附在空腔内表面上,而且吸附的图案分布不对称,致使每个气体分子发生形变,从而产生诱导偶极子。进而认为,每个气体分子都把它的全部电荷转移给空腔壁。那么在声波正压相内,电荷密度增大到某一临界值时,放电即行发生,即表现为声致发光。对于各种不同气体算得的偶极子电能 E_d 数据,如表 3-4 中所列。

表 3-4　空腔壁内不同气体偶极子电能 E_d 值

气体	E_d/(kJ/mol)
He	2.38×10^5
Ne	22.18×10^5
Ar	5.36×10^7
Kr	41.18×10^7
Xe	11.40×10^8
H_2	1.17×10^5
N_2	22.05×10^7
O_2	34.68×10^7
Br_2	17.66×10^8
I_2	32.63×10^8

Degrois 的理论结果虽然解释了实现观测到稀有气体声致发光强度的次序,He<Ne<Ar<Kr,即 E_d 值大,则发光强,但其 E_d 理论值(表 3-4)却比对化学吸附类的预期值(~480 kJ/mol)大出几个数量级,这就使得人们不能不对他提出的有关声致发光的假设提出质疑。此外,依据表 3-4 中 E_d 值的大小比较,声致发光强度应该按如下顺序进行排列:H_2<He<Ne<Ar<N_2<O_2<Kr<Xe<Br_2<I_2,然而实验结果却并非如此,实验观测的声致发光强度的次序为:H_2<He<Ne<O_2<N_2<Ar<Kr<Xe。

还有,具有一定偶极子的气体,应该比稀有气体更容易被吸附,因而给出较强的声致发光;然而实验却表明,含有 NO 与 NO_2 的溶液,发光强度要比含 Ar 的溶液的发光强度弱[33],这又与 Degrois 的假设相矛盾。1984 年,Margulis 为声致发光现象发展了新的微放电理论[41]。用于解释以前难于解释的一些实验结果。例如,空腔内温度较低时也有声致发光现象、恒稳电场致发光现象的突增,以及声波收缩或膨胀相的声致发光等。Margulis 提出,当声场中空化泡变形分裂成小空化泡的瞬间形成一段细颈部分时(图 3-4),在紧靠细颈处出现一种双电荷层,通过细颈周围的液流每秒钟引起的转移电荷为

$$I_e = \frac{\varepsilon \varepsilon_0 Z \tau}{\eta} \int_0^\infty x \frac{\mathrm{d}^2 \Phi}{\mathrm{d}t^2} \mathrm{d}x \tag{3.7}$$

式中,ε 为液体的介电常数,$Z=2\pi r$ 为细颈周长,τ 为切断张力,η 为动态黏滞系数。

与此同时液体对积蓄电荷 Q 的传导电流为

$$i_e = \frac{\pi Q}{\lambda \varepsilon_0} \left(\frac{r}{R_2} \right)^2 \tag{3.8}$$

式中,λ 为液体的电阻率,由此可见,在小空腔分离瞬间细颈处的充放电之差为 $\mathrm{d}Q=(I_e-i_e)\mathrm{d}t$,故有

$$Q = \int (I_e - i_e)\mathrm{d}t = \frac{A}{B}[1 - \exp(-Bt)] \tag{3.9}$$

其中,A 和 B 分别为

$$A = \frac{\pi \varepsilon \varepsilon_0 \zeta \tau}{\eta L} \left(\sigma + \frac{16}{3}\pi^2 f^2 a_0 \rho \frac{R_2^3}{r} \right)$$

$$B = \frac{\pi}{\varepsilon_0 \lambda} \left(\frac{r}{R_2} \right)^2$$

式中,f 和 a_0 分别为声波频率与振幅;σ 和 ρ 分别为液体的表面张力系数与密度;ζ 为沿 x_s 坐标(滑面)的表面势(图 3-4),对于蒸馏水来说,$0.05v \leqslant \zeta \leqslant 0.064v$;$L$ 为细颈长度,根据计算,$Q \approx 8 \times 10^{-12}$ C。由于小空腔分离时与细颈破裂极快,所以该电荷可以看成是细颈截面(πr^2)上未补偿掉的积蓄电荷,其法线场强 $E_n = \dfrac{Q}{2\pi \varepsilon_0 r^2}$ 可达到 10^{11} V/m。这样即使气压相当高,腔内放电引起雪崩电离也完全可能,因为在大气压下干燥空气的电击穿场强 $E_{cr}=3 \times 10^6$ V/m。尽管 Margulis 的空化放电理论较以前的电学理论,可以更为满意地解释一些实验结果,但声致发光的热学理论目前在学术界似乎为更多的人所接受。

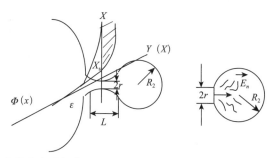

图 3-4　小空腔分离瞬间靠近细颈处的势函数(由泊松-玻尔兹曼方程描述),
液体速度-空间分布及电场强度 E 示意图

2. 热学机制

在热学机制基础上发展起来的热点理论,其主要内容包括黑体辐射模型及化

学发光模型。

1）黑体辐射模型

根据黑体辐射模型的观点，声致发光只不过是绝热崩溃的空化泡内气体的黑体辐射。根据 Noltingk 与 Neppiras[42] 的研究工作，空化泡在崩溃过程中的初始温度（T_i）、最后温度（T_f）与其初始半径（R_i）、最后半径（R_f）之间存在着如下的关系：

$$T_f = T_i \left(\frac{R_i}{R_f}\right)^{3(\gamma-1)} \tag{3.10}$$

式中，γ 为气体的比热比，Sinivasan 针对单原子气体 Ar 与 He 算得的等效黑体辐射温度为 11000 K，对于双原子气体 O_2 与 N_2 为 8800 K。Young[43] 在计算到气体热扩散之后，对上式进行了修正。他得到的空化泡崩溃时的最后温度为 T_f^1：

$$T_f^1 = T_f \cdot \exp\left\{ -\frac{5\alpha}{4n\left(\frac{2P_n}{3\rho}\right)^{1/2}R_i^{3/2}} \left[\frac{T_f^{1/2}R_f^{1/2}}{\left[3\ln\left(\frac{R_f}{R_i}\right)+1+\frac{P_A}{P_h}\right]^{1/2}} + \frac{T_0^{1/2}R_i^{1/2}}{\left(1+\frac{P_A}{P_h}\right)^{1/2}} \right] (R_i - R_f) \right\} \tag{3.11}$$

$$\alpha = 0.92 \left(\frac{3R^1}{M}\right)^{1/2}$$

式中，R^1 为气体常数，M 为气体分子量，P_h 为环境压力，ρ 为流体密度，n 为产生热转移的腔壁处的气体薄层厚度（以平均自由程计数），P_A 为声压幅值，T_0 为液体温度。

设在频率为 20 kHz，声压幅值为 6.08×10^5 Pa 的超声波作用下，$n=3$，空化泡半径从 1 μm 变到 0.33 μm 时完成崩溃，则由式（3.11）算得的最后温度比预期的要低，处于 850 K（对氦气）到 2000 K（对氙气）之间，它们与 Young 实验测得的声致发光强度关系如图 3-5 所示。

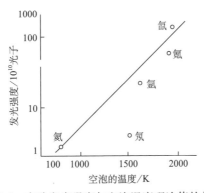

图 3-5　声致发光强度与空泡温度理论值的关系

Vaughan 和 Leeman[44]还把这个修正公式用于氮气和氢气空化泡,其计算值与 Young 实验值相符。根据 Vaughan 等的计算,在频率为 20 kHz、声压幅值为 6.08×10^5 Pa 的超声波辐照下,含不同饱和气体的空化泡崩溃时的温度如表 3-5 所示。

表 3-5　不同饱和气体空化泡崩溃时的最后温度(T_f^1)

气体	氙	氮	氩	氖	氧	氮	氢
T_f^1/K	2000	1890	1600	1420	800	815	350

从另一方面讲,如果 Young 的修正公式很完美,那么它应该可以预测声致发光的声压阈值,如取 $\dfrac{R_f}{R_i}=\dfrac{1}{3}$,$n=3$,则式(3.11)可以写成

$$\frac{0.7}{\left(\dfrac{P_A}{P_h}-2.3\right)^{1/2}}+\frac{1}{\left(\dfrac{P_A}{P_h}+1\right)^{1/2}}=\frac{M^{1/2}\left[3.3(\gamma-1)-\ln(T_f^1/T_0)\right]}{2.68} \quad (3.12)$$

很明显,如果把上述含氢空泡的最后温度 $T_f^1=350$ K 看成是声致发光的阈值温度(在此条件下 Young 也可观测到非常弱的光发射),那么式(3.12)就可以用于计算声致发光的阈值声压。Vaughan 等通过这样的计算得到了如下一些含气空泡产生声致发光的阈值声压,按其大小次序排列如下:$H_2>He>N_2>Ne>Ar>Kr>Xe$;$O_2>Ar$。然而他们有关阈值声压的实验结果却不尽如此,实验得到:$N_2<Ar$,$O_2<Ar$。

这表明,实验结果并没有完全支持 Young 的修正公式。于是他们认为,Young 的修正公式还应考虑声致发光的激波作用机制。即认为当收缩空腔的腔壁速度大于腔内气体声速时,崩溃空腔内将形成激波阵面,从而伴生发光,这便是声致发光的力热理论。该理论认为声致发光的始发条件应是 $\left(\dfrac{dR}{dt}\right)_{max}\geq c$,$c$ 为气体中的声速,即空腔壁的最大速度等于或大于腔内气体的声速。

Neppiras[42]推导的 $\left(\dfrac{dR}{dt}\right)_{max}$ 表达式为

$$\left(\frac{dR}{dt}\right)_{max}=\frac{2P_m(\gamma-1)}{2P\gamma}\left[\frac{P_m(\gamma-1)}{P\gamma}\right]^{\frac{1}{\gamma-1}} \quad (3.13)$$

$$P_r R_r^{3\gamma}\approx PR_m^{3\gamma} \quad (3.14)$$

式中,P_m 为空腔崩溃时液体中的压力,P 为空腔在最大半径 R_m 时内部的压力,P_r 为空腔为谐振半径 R_r 时内部的压力,且 $P_r=P_h+\dfrac{2\sigma}{R_r}$,$R_m\approx2.3R_r$,$P_h$ 为环境压力,σ 为表面张力系数,根据式(3.13)与式(3.14),Vaughan 与 Leeman 作出如图 3-6 所示的曲线。

由此针对不同气体计算得到的阈值声强虽高于实验测量值,但却可以得到定性上的符合,见表 3-6 的数据。

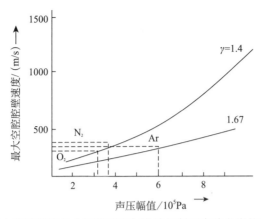

图 3-6　含气空腔崩溃时最大腔壁速度与激波机制下声致发光的声压阈值曲线

表 3-6　不同气体空腔内激波机制声致发光的阈值比

比较的气体	声强阈值比	
	计算值	实验值
Ar/N$_2$	2.6	1.7
Ar/O$_2$	3.3	1.2

Vaughan 根据他的这种理论和有关实验结果指出,声致发光是由空腔内的激波传播引起的,而且在较高声强下较为常见的热点机制和液体激波传播,对于产生声致发光而言,可能都是起重要作用的。

2）化学发光模型

化学发光模型认为,声致发光可能通过如下两种途径实现。其一是,声致空化泡崩溃时产生离子或自由基,它们在重新复合时伴随发光,这种过程有时也称热化学过程;其二是,在声致空化泡崩溃时形成的氧化物(如 H$_2$O$_2$)溶解到液体中,随后将进一步发生若干反应,而其中的反应具有化学发光的性质。

3.3　高频小振幅超声波在化学研究中的应用

前面在超声被动应用中,已经简单介绍了高频小振幅超声波用于工业检测、分析及医学超声诊断等方面的情况,这一章我们将进一步讨论高频小振幅超声波在化学研究中的应用。使用高频,是因为高频声波的波长短,容易获得平面波,在测量中便于控制,并可达到较高的测量精度;使用小振幅,是因为超声波在此只作为探测和分析的工具。也就是说,在此只利用它作为信息载体的特性,而不需要(甚至尽量避免)利用它的能量特性去产生某种效应。

在化学研究中,主要是通过测量声速和声衰减两个变量来研究超声所引起的化学反应。当研究介质的平衡性质时,把它看成是理想介质的情况,完全忽略它可能导致能量损耗的一切过程,从声速参量的测量以及声速与介质系统的物理、化学之间的关系中,对介质的结构、组分及状态等进行分析研究。测量声速时,一般使用 1 MHz 的超声波。当研究介质的分子动力学过程时,一般要在较宽的频段内测量超声衰减和声速随频率的变化关系,特别是当研究的对象是聚合物时,为获得有关聚合物分子全面的运动信息,经常要把测量频段扩展很宽,如 100 kHz~1000 MHz,即跨越了四个量级。

3.3.1 用于化学研究的几种典型超声测试方法[1]

1. 超声干涉仪

超声干涉仪,一般是指定频变距式的超声驻波干涉仪,它是由 Pierce[45] 于 1925 年提出的。它是测量液体声速比较精确的方法。它的工作原理是:在被测的液体中,由超声波换能器 T(通常采用 X——切石英片)辐射连续平面波,在它的对面装一个与其同轴的金属平面反射板 R,当使 R 相对于 T 移动时,它们之间的距离便周期地满足 1/2 声波波长(λ/2)整数倍(n)的条件,这时的前进波与反射波便通过叠加形成驻波,与此相应,换能器的阻抗和流过换能器的电流也发生周期变化。测出移动 nλ/2 距离的 L 值,由 n 与 L 便可得到 λ 值,超声频率 f 已知(如 f= 1 MHz),即可得到液体中的声速 c=fλ,如图 3-7 所示。

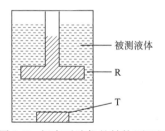

被测液体

R

T

图 3-7　超声干涉仪的结构原理图

因为超声频率 f 可以控制得很稳定(在电振荡器中使用稳频石英原件),而且其值可测得很准确,所以测声速 c 的精度主要取决于反射板 R 移动量值 L 的测试精度,一般使用测微螺旋,读数可到 1 μm。此外,要求在移动反射板 R 时,其表面要与换能器表面保持严格平行,否则,在电流周期变化曲线的峰点处会产生畸变,而使测量误差增大。一般在 1 MHz 频率下,液体声速的测量值误差可小于 0.01%。当然,超声干涉仪亦可用于高频,但精度会下降。20 世纪 60 年代中期,我们曾报道过一种简易式超声干涉仪[46]。

2. 共振法

所谓超声共振法,实际上是指定距变频式超声驻波干涉仪,它是 1968 年由

Eggers[47] 提出的。它适于测量 200 kHz～10 MHz 频段内液体的声速与声衰减。它的结构原理图如图 3-8 所示。

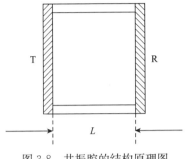

图 3-8　共振腔的结构原理图

两个频率相同的 X——切石英片分别作为超声波的发射器(T)与接收器(R)，它们之间是一长度为 L 的有机玻璃圆环，当发射换能器 T 由一频率 f 连续可变的频综信号源的信号激励时，在一系列谐振频率 f_n(与此 f_n 对应的液体中的声波波长为 λ_n，且满足 $L=n\lambda_n/2$)下，接收换能器 R 的输出电压会显示出明显的共振峰值。这些相邻的谐振频率间隔取决于被测液体的声速；而共振峰的半功率(−3 dB)点带宽则与液体中一个声波波长距离上的声衰减($\alpha\lambda$)有关。

在具体测量中，经常与一选定的声速接近的参考液体进行比较测量。声速由下式确定：

$$\frac{\Delta c}{c}=\frac{\Delta f_n}{f_n} \tag{3.15}$$

式中，c 为在谐振频率 f_n 下参考液体的声速，Δf_n 为被测液体与参考液体的共振频率差值，Δc 为被测液体与参考液体的声速差。c 已知，测出 f_n 与 Δf_n 值即可确定 Δc 值。

被测液体相对参考液体在一个声波波长距离上的过量超声衰减传值($\alpha\lambda$)ex，则由下式确定：

$$(\alpha\lambda)ex=\pi\left(\frac{\Delta f_s-\Delta f_r}{f_n}\right) \tag{3.16}$$

式中，Δf_s 与 Δf_r 分别为被测液体与参考液体在第 n 个共振频率 f_n 峰上的 −3 dB 带宽。

不久前，我们研制出一套在微机控制下的共振法全自动化测试系统[48]，如图 3-9 所示。

该系统可在 0.5～10 MHz 频段内对液体样品的声参数进行快速自动测量，利用它我们已完成了一系列研究工作[49,50]。当研究样品为水溶液时，该系统的声速测量精度为 0.02%，声吸收为 3%，所需测试样品量约为 5 mL。

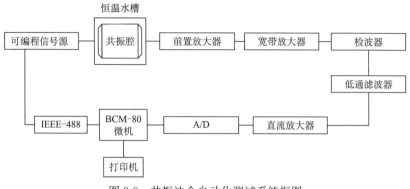

图 3-9　共振法全自动化测试系统框图

3. 超声脉冲干涉仪

超声脉冲干涉仪也是一种可同时对液体声速和声衰减进行研究的测试系统，我们曾利用它针对明胶水溶液和血红蛋白水溶液等的超声性质，在 5～30 MHz 频段内进行过研究[51-53]。测试系统的方框图及其工作原理如图 3-10 所示。

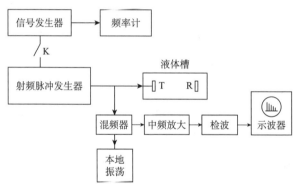

图 3-10　超声脉冲干涉仪测试系统框图

测量超声衰减时，K 键断开，由自调制射频脉冲发生器给出频率、宽度及重复周期可调的射频脉冲，它激励置入被测液体中的超声换能器 T，使之发射出脉冲平面声波，当声波在传播途径上遇到金属平板 R 时被反射，反射声波又作用到 T 上，被转换成一射频电脉冲，经混频（差频取 4 MHz）、中放与整流后由示波器屏幕显示。由于一束超声脉冲会在 T 与 R 之间往返传播，直到完全被衰减为止，所以，在示波器屏幕上显示的是一幅度按指数衰减的脉冲序列。改变 T 与 R 的相对距离 ΔL，并测出距离变化前后的第一个反射脉冲幅度为 H_1 与 H_2，则不难由下式得到样品的超声衰减系数 α 值（示以 dB/cm）。

$$\alpha = \frac{1}{2\Delta L} \cdot 20\log \frac{H_1}{H_2} \tag{3.17}$$

测量声速时,K 键闭合,调节标准信号发生器的频率,使之等于自调制射频脉冲信号的频率,这时射频脉冲的频率与相位完全受标准信号控制,因此,标准信号与脉冲反射信号将发生干涉。每当使 R 相对 T 摆动 1/2 声波波长时,第一个反射脉冲信号相对标准信号的相位就变化 2π,第二个反射脉冲与标准信号相位变化 4π……。如适当调节反射脉冲与标准信号的幅值,就可以在示波器屏幕上观察到第一个反射脉冲与标准信号干涉后的合成信号从极大值开始,变化到极小值又升到极大值——即翻一个跟头,第二个反射脉冲则相应翻两个跟头等。如果使第一个反射脉冲连续翻 50 个跟头,即表明 R 相对 T 移动了 25 个声波波长,由此测得波长 λ,再乘以声波频率 f,即可得到声速 $c = f\lambda$。声速测量精度可达 0.05%,衰减达 5%。

4. 脉冲技术

1) 一般脉冲传输法

这是在研究介质的超声传播特性时常使用的方法,早在 1946 年,Pellam 和 Galt[54] 在雷达技术启发下就提出了这种方法。典型的测试系统方框图如图 3-11 所示[55]。

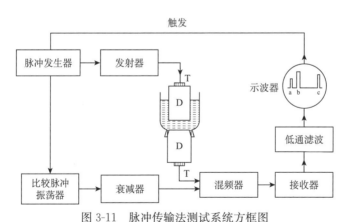

图 3-11　脉冲传输法测试系统方框图

T:换能器;D:延迟棒;a:感应电脉冲;b:直达声脉冲;c:三次行程声脉冲

宽度约 10 μs 的直流脉冲调制射频信号源,给出幅度约为 100 V 的射频脉冲,用它来激励超声发射换能器 T,T 的发射表面连接一长为 5 cm 的熔融石英延时棒(D),如果电脉冲的频率对应于换能器的某奇次谐频,就有超声脉冲发射出。超声脉冲经过延时棒进入液体,而后又进入第二个延时棒(D),与其另一端相耦合的接收换能器 T,又把声脉冲转换成射频电脉冲,进而放大与解调。解调后的脉冲幅值与一幅度为已知的脉冲(它由参考脉冲发生器和可调衰减器提供)相比较。这个比较可以在目测下或自动进行[56]。接收脉冲幅度是两个延时棒间距离的函数,由此来确定液体样品中的超声衰减系数。亦可把可变衰减器串联接入接收电路中,例如,声波在液体中的传播距离增大,接收的脉冲幅度要下降,这时可减小衰减器的衰减量;或者使声波在液体中的传播距离减小,相应地增大衰减器的衰减量,以补偿接收脉冲的幅度变化,使接收脉冲幅值不变,由衰减器的衰减值变化量,即可确定液体样品的超声衰减系数。

改变超声在液体中的传播距离(由移动第一个延时棒来完成),并测出超声脉冲传输时间的相应变化,即可确定液体的声速值。

对于衰减系数很小的液体,两个换能器前的延时棒可以略去,为防止在液体中形成驻波,要使两个换能器之间的距离不小于 3 cm。对于高声衰减的液体,特别是当超声频率较高时,附加延时棒是必要的,由它引入附加声程,以确保脉冲波列之间不致发生重叠。

调节延时棒位移的机械系统。应满足如前述的超声干涉仪及脉冲干涉仪同样的要求,即保持两个延时棒端面的严格平行及对位移量的精确测量。为避免衍射问题的干扰,一般脉冲技术用于 5 MHz 以上的频段,高频可到 300 MHz。声速测试精度可达 0.2%,衰减系数为 2%。早在 20 世纪 60 年代后期,Tabuchi 就研制出自动化脉冲测试系统。例如,采用脉冲叠加法或脉冲回波重合法,可使声速测量精度大大提高[57]。

2) 脉冲传输插入取代法[58]

图 3-12 中,容器 C 内为恒温除气水 W,T_1 与 T_2 分别为发射与接收换能器。射频脉冲发生器的频率、幅度、脉宽及重复频率均可调,它通过谐振激发使 T_1 向 W 中发射超声脉冲,此脉冲被 T_2 接收并重新转换成电信号,并经过放大和衰减后显示在示波器上。当在 T_1 与 T_2 之间的声路上,插入一厚度为 D 的样品 S 时(样品为液体时,则置入样品盒中,在声路方向上盒的两侧封以透声薄膜),则一般来说,由于样品的声速、声特性阻抗及衰减与水不同,声波在 T_1 与 T_2 之间的传播时间及 T_2 接收的声压幅值,均将发生变化,依此即可确定样品中的声速及声衰减。

设样品插入后,引起 T_1 与 T_2 间的超声传播时间变化 Δt,且 c_w 与 c_s 表示水与样品的声速,则有 $D/c_w - D/c_s = \Delta t$,整理后得

$$c_s = \frac{Dc_w}{D - \Delta t c_w} \tag{3.18}$$

式中,当 $c_s > c_w$ 时,$\Delta t > 0$;反之 $\Delta t < 0$;由 c_w 及 D 与 Δt 测值即可确定 c_s。

为了获得 Δt 的准确测值,具体调试与测量过程详见文献[59]所述。分析表明,当 c_s 接近 c_w 时,声速测量具有较高的准确度。

样品(如厚度为 D_1)插入将引起 T_2 接收声压的变化,这一变化在示波器的屏

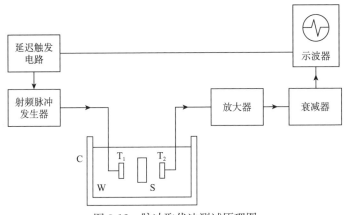

图 3-12　脉冲取代法测试原理图

幕上显示,由调节接收电路中的衰减器予以补偿,补偿量即样品的总插入衰减(损耗),示以 IL_1(dB)。显然,IL_1 中包含样品的传播衰减、两端面反射衰减及窗口薄膜的附加衰减,确定后两部分衰减是较麻烦的事情。一个简单的解决办法是改变样品盒的长度为 D_2(如令 $D_2 > D_1$),测出相应的 IL_2,则有

$$\alpha_s = \frac{IL_2 - IL_1}{D_2 - D_1} + \alpha_w(D_2 - D_1) \tag{3.19}$$

脉冲传输插入取代法具有简单、方便的特点,在进行声速频散等研究中均已取得满意的结果[60,61]。

在 300 MHz 以上的高频段测量液体的超声传播参数时,一般的脉冲方法因衰减大而遇到困难。这时可采用垂直反射技术,其工作原理和测试过程是:把一薄层待测液体,置于固体延迟棒的端面上,延迟棒中的声波从其另一端面处引入,或由端面的表面激发直接产生。声波在延迟棒与液体界面上反射幅度的变化(与未加液体时相比)取决于液体的声特性阻抗 z,由 z 值及密度(ρ)值即可得到液体样品中的声速 $c = z/\rho$。Stewart 等[62]已把这一技术扩展到 10^{10} Hz。

频率为 2×10^9 Hz 的高频超声波在液体中的衰减系数的测量技术,由 Breyer 等[63]及 Weis 等[64]提出,把压电石英超声换能器浸入被测液体中,并向液体发射超声波脉冲(脉宽为 0.1 s),然后采用微型热电偶的热电效应测出声程上不同点的声强变化,从而确定液体的超声传播衰减系数。

5. 光学法

在 1～100 MHz 频段内采用光衍射法,其工作原理如图 3-13 所示。

由换能器 T 发射频率为 f 的超声波,它在液体中造成周期疏密状态(构成空间光栅),当细缝光源 A 通过透镜 L_2 后的平行光束通过此液体之后,便在透镜 L_3

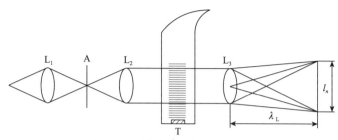

图 3-13　测声速的光衍射法原理图

的焦面 B 上,产生一系列对称分布的衍射条纹。对于第 n 级衍射条纹,应满足条件:

$$n\lambda_L = \lambda \sin\theta_n \qquad (3.20)$$

式中,λ_L 与 λ 分别为光波波长及声波波长;θ_n 为第 n 级条纹的衍射角。一般 L_3 为长焦聚距(F)透镜,则有 $\sin\theta_n \approx l_n/2F$,$l_n$ 为两侧第 n 级衍射条纹间距离(图 3-13),则有

$$\lambda = 2nF\lambda_L/l_n \qquad (3.21)$$

λ_L 与 F 为已知,则实验只需测出 l_n,即可由上式求出 λ,进而由 $c = f\lambda$ 得到样品声速。声速测量精度可达 0.05%。

有关光衍射法测声吸收的理论证明,当声强很小只呈现一级衍射条纹时,条纹强度与声强成正比,因此只要测量出光线通过声路各点上的一级衍射条纹的强度变化情况,即可按下式计算出声压吸收系数:

$$\alpha = \frac{1}{2(x_2 - x_1)} \ln \frac{I_{x_1}}{I_{x_2}} \qquad (3.22)$$

式中,I_{x_1} 与 I_{x_2} 分别表示光线通过距离换能器 x_1 和 x_2 时的一级衍射条纹强度。

实验装置分框图,如图 3-14 所示[65]。

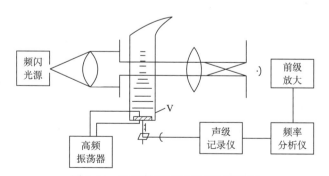

图 3-14　光衍射法测超声吸收原理图

用光电倍增管接收一级衍射条纹,经前置放大后输入频分仪滤波,消除光源

之外的杂散光干扰,再接声级记录仪。记录仪的同步马达带动液体容器 V 移动,同时记录条纹强度,从记录纸上画出的直线斜率,即可算出液体的声吸收系数 α(dB/cm)。测量精度为 $3\%\sim5\%$。光学法只适于测量透明液体。

此外,适于测量液体超声传播参数的还有声流法(100 kHz~10 MHz)、混响法(10 kHz~1 MHz)、回鸣法及相位比较法等。

3.3.2　声速测量用于化学分析

现在我们举例说明如何把高频超声波的声速测量用于化学分析。图 3-15 给出对金属管道中流体进行超声分析的示意图。

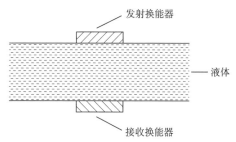

图 3-15　对金属管道中流体进行超声分析的示意图

超声波的发射与接收换能器,分别相对置于金属管道的外壁上(亦可采用一个换能器,它发射超声脉冲之后,再接收来自对面管内壁的反射回波)。由于两个换能器之间的距离一定,且管壁厚度也固定不变,所以对于换能器所发射的频率一定的超声波,其传播到接收换能器的时间仅随管内的流体声速而变化。不同的液体有不同的声速。例如,甘油的声速为 1860 m/s,水的声速为 1500 m/s,醋酸的声速为 1170 m/s,四氯化碳的声速为 940 m/s。因此,很明显,倘若管道中流体为二元混合液,那么该混合液组分的任何变化都将会导致声速的变化,亦即超声脉冲自发射换能器传播到接收换能器所需时间的变化,而时间的任何微小变化,利用现代电子技术都可以精确测定。

如果管道中流体组分与声速的关系曲线(即校准曲线)为已知,那么,通过对该系统传声时间的精确测定,即可监测流体组分的变化情况。倘若管道内流体正在进行某种化学反应,那么通过声速检测也可确定反应的进展情况。

从以上简单例子的讨论中不难看出,超声分析方法在化学与化工应用方面具有很大潜力。此外还应指出,超声分析方法具备如下一些特有的优点:

(1)因为用于分析、检测的超声波都是小振幅的,属被动应用,因此不会对被检测流体产生任何影响,即属于无损检测。

(2)超声方法为非接触式检测,检测时无须将任何检测元件置入液体样品中,超声波的发射与接收均可由容器外的超声换能器来完成。

（3）测得的超声波传播时间可由计算机处理,并在校准曲线上找到其对应的流体状态。这个过程几乎是瞬时完成的,故可对流体的反应过程进行连续的实时监测。

（4）因为超声分析是非接触式的,所以不存在任何对被分析流体的污染问题。

超声方法最适合用于分析均匀混合液,通过对声速的高精度测量可以严格判别化学制品的一致性。事实上,最常应用的是测定混合液或溶液的浓度。例如,我们可以利用声速的测量精确地测定水与乙醇混合液中乙醇的含量[66],因为不同温度(t)下,混合液中的乙醇含量（%）与混合液的声速（c）之间,存在着严格的定量关系：

$$c = c_0 + At + Bt^2 + Ct^3 \qquad (3.23)$$

式中,c_0为混合液 0 ℃时的声速值；A、B、C 为常数,它们的具体数值由表 3-7 给出。

表 3-7　不同乙醇含量时式(3.23)中 c_0、A、B、C 的数值

乙醇含量/%(质量百分比)	c_0	A	$B/\times 10^2$	$C/\times 10^4$
15	1587.527	0.712	−1.2418	−0.58192
20	1635.701	−0.665	−0.38708	−0.74471
30	1662.811	−2.371	0.28386	0.35913
40	1610.077	−2.356	−0.51310	0.16872
70	1425.211	−2.961	−0.16765	−0.08115
100	1230.514	−3.515	4.18672	0.22648

分析乳状液,也是声速检测技术重要的应用领域之一（除非乳状液本身的声衰减过大,以致声波在其中难以传播）,而且发现乳状液的浓度与声速间呈线性关系。特别是当这种检测技术被用于诸如涂料、聚合物及食品等轻工业生产部门时,人们不难发现它显示出的巨大经济价值。如 1987 年,英国 Norwich 的 AFRC 食品研究所,为悬浮液与乳状液系统研制了一种快速评价沉淀速率及提取奶油速率的超声检测方法[67],该方法的核心部分很类似于上述对管道中流体声速的连续监测。辅助的计算机处理系统可以迅速指示出乳状液的浓度变化,进而判知乳状液中不稳定相的分离情况。

声速检测技术用于气体分析已有多年历史[68],其中一个有趣的应用是在气液层析法中用于测定运载气体中的示踪物,这一检测具有很高的灵敏度[69]。有关研究表明,声速检测技术可与现在大多数通用的气液层析仪相媲美,并且它较少受到背景噪声的干扰,而背景噪声干扰正是许多高灵敏度检测技术的棘手问题[70]。

还值得一提的是,在进行气液层析处理之前,还可以使用功率超声（不是检测超声）来加速少量物质的析出[71]。

3.4　超声波应用总结

综上所述,超声波的被动应用与主动应用范围总结于表 3-8。

表 3-8　超声技术的应用

被动应用	水下定位与探测:声呐、保卫领海、导航、开发海洋资源
	工业超声检测:探伤、测厚、流速与流量、黏度、组分、应力等
	超声测井:石油、煤田勘探及工程地质、水文地质评价等
	超声诊断:A 型、B 型、M 型、D 型、双功能及彩超
	超声用于研究物质结构:分子声学、量子声学
主动应用	工业上的应用:洗涤、焊接、加工、冷拉管及除气
	医学中的应用:理疗、治癌、外科、体外碎石、牙科等
	生物学中的应用:剪切大分子、破坏细胞、处理种子等
	化学中的应用:声化学用于促进均相化学反应、乳化反应及其他多相反应
	化工等方面的应用:电镀、沉淀、结晶与雾化、分离与过滤等
	环境处理中的应用:降解各种水体污染物(芳香烃、酚类、氯代脂肪烃、农药、醇类、染料等)

参 考 文 献

[1] 冯若,李化茂. 声化学及其应用. 合肥:安徽科学技术出版社,1992.

[2] 曲钦岳. 当代百科知识大词典. 南京:南京大学出版社,1989:556-558.

[3] Nomoto O. Molecular Acoustics. Tokyo,1940.

[4] 冯若. 超声与超声医学. 自然杂志,1983,6(2):119-123.

[5] Rule M. The Mary Rose. London:Conway Martimes Press,1982.

[6] 赵惠田,顾德骥. 超声波处理钢液. 上海:上海科学技术出版社,1960.

[7] 冯若. 超声医疗及其最新进展. 自然杂志,1987,10(5):346-349.

[8] 冯若. 生物医学超声(论文选集). 南京:南京大学出版社,1987:133-137.

[9] Mark H. Some applications of ultrasonics in high-polymer research. J. Acoust. Soc. Am. ,1945,16(3):183-186.

[10] Elpiner I E. Ultrasound Physical,Chenmical and Biological Effects. New York:Consultants Bureu,1964.

[11] Fry A J,Herr D. Reduction of α,α'-dibromo ketones by ultrasonically dispersed mercury in protic solvents. Tetrahedron Lett. ,1978,19(20):1721-1724.

[12] Margulis M A. Modern views on the nature of acoustochemical reactions. Russ. J. Phys. Chem. ,1976,50:1-11.

[13] Rich S R. Improvement in electroplating due to ultrasonics. Proc. Am. Electropl. Soc. ,1955,42:137-141.

[14] Dereska J,Yeager E,Hovorka F. Effects of acoustical waves on the electrodeposition of chromium. J. Acoust. Soc. Am. ,1957,29(6):769-802.

[15] Namgoong E,Chun J S. The effect of ultrasonic vibration on hard chromium plating in a modified self-regulating high speed bath. Thin Solid Films,1984,120(2):153-159.

[16] Topare L,Eren S,Akbulut U. Electroinitiated cationic copolymerization by direct electron transter. Polymer Communications,1987,28:36-40.

[17] Osawa S,Ito M,Kuwano J. Electrochemical polymerization of thiophene under ultrasonic field. Synthetic Metals,1987,18(1-3):145-150.

[18] Umbdenstok R R. 1955. US Patent,2,277,892.

[19] Mason T J,Lorimer J P. Sonochemistry:Theory,Applications and Uses of Ultrasound in Chemistry. London:Ellis Horwood Ltd,1988.

[20] Pohlman R,Heister M,Cichos M,et al. Powdering aluminium and aluminium alloys by ultrasound. Ultrasonics,1974,12(1):11-15.

[21] 张昭,彭少方,刘栋昌. 无机精细化工工艺学. 北京:化学工业出版社,2005.

[22] Xia B,Lenggoro I W,Okuyama K. Preparation of Ni particles by ultrasonc spray pyrolysis of NiCl$_2$ • H$_2$O precursor containing ammonia. J. Mater. Sci. ,2001,36(7):1701-1705.

[23] Janackovc D J. Int. Ceramic Monograph,Proceeding of 2nd. International Meeting of Pacific Rim Ceramic Soc. ,1996.

[24] Lieke E G. Techniken und Anwendungen der ultraschall-zerstäubung-ein rückblick auf 35 jahre forschung und entwicklung. Chem. Ing. Tech. ,1998,70(7):815-826.

[25] Torres-Palma R A,Nieto J I,Combet E,et al. An innovative ultrasound,Fe^{2+} and TiO$_2$ photoassisted process for bisphenol a mineralization. Water Res. ,2010,44(7):2245-2252.

[26] Madhavan J,Grieser F,Ashokkumar M. Combined advanced oxidation processes for the synergistic degradation of ibuprofen in aqueous environments. J. Hazard. Mater. ,2010,178 (1-3):202-208.

[27] Yuan S A,Yu L,Shi L Y,et al. Highly ordered TiO$_2$ nanotube array as recyclable catalyst for the sonophotocatalytic degradation of methylene blue. Catal. Comm. , 2009, 10 (8): 1188-1191.

[28] 徐金球. 超声空化及其组合技术降解焦化废水的研究. 昆明:昆明理工大学,2002.

[29] 闫烨. 染料废水的声化学降解及其强化途径研究. 西安:西安理工大学,2006.

[30] Finch R D. Sonoluminescence. Ultrasonics,1963,1(2):87-88.

[31] Seghal C,Steer R P,Sutherland R G,et al. Sonoluminescence of argon saturated alkali metal salt solutions as a probe of acoustic cavitation. J. Chem. Phys. ,1979,70(5):2242-2248.

[32] Sehal C,Sutherland R G,Verrall R E,et al. Optical spectra of sonoluminescence from transient and stable cavitation in water saturated with various gases. J. Phys. Chem. ,1980, 84(4):388-395.

[33] Crum L A,Reynolds G T. Sonoluminescence produced by "stable" cavitation. J. Acoust. Am. ,1985,78(1):137-139.

[34] Alfredsson B. A study of sonoluminescence in ultrasonic induced cavitation. Acta Acust United Ac. ,1965,16(3):127-133.

[35] Gabrielli I, Iernetti G, Lavenia A. Sonoluminescence and cavitation in some liquids. Acta Acust United Ac. ,1967,18(3):173-179.

[36] Verrall R E,Sehgal C M. Sonoluminescence. Ultrasonics,1987,25(1):29,30.

[37] Margulis M A. Fundamentals of Sonochemistry(in Russian). Moscow:Vysshaya Shkola,1984.

[38] Frenkel Y I. The electrical phenomena associated with ultrasonic cavitation in liquids. Russ. J. Phys. Chem. ,1940,14(3):305-308.

[39] Harvey E N. Sonoluminescence and Sonic Chemiluminescence. J. Am. Chem. Soc. ,1939,61 (9):2392-2398.

[40] Degrois M,Baldo P. A new electrical hypothesis explaining sonoluminescence, chemical actions and other effects produced in gaseous cavitation. Ultrasonics,1974,12(1):25-28.

[41] Marglis M A. Sonoluminescence and sonochemical reactions in cavitation fields. A review. Ultrasonics,1985,23(4):157-169.

[42] Neppiras E A. Acoustic cavitation. Phys. Rep. ,1980,61(3):159-251.

[43] Young F R. Sonoluminescence from water containing dissolved gases. J. Acoust. Soc. Am. , 1976,60(1):100-103.

[44] Vaughan P W,Leeman S. Some comments on mechanisms of sonoluminescence. Acta Acust United Ac. ,1986,59(4):279-282.

[45] Pierce G W. Piezoelectric crystal oscillators applied to the precision measurement of the velocity of sound in air and CO_2 at high frequencies. Proc. Am. Acad. Arts Sci. ,1925,60 (5):271.

[46] 冯若,胡恕道. 简易超声干涉仪的安装. 声学学报,1966,3(1):43,44.

[47] Eggers F. A resonator method for the determination of sound velocity and attenuation with small quantities of liquid. Acta Acustica united with Acustica,1967,19(6):323-329.

[48] 乔文伟,冯若. 小容量生物样品超声参量的共振自动测试系统. 声学技术,1986,5(1):26-31.

[49] Wang J,Feng R. Ultrasonic velocity of aqueous solutions of amino acids. Ultrasonics,1990,28(1):37-39.

[50] Wang J,Feng R,Chen Z H. Ultrasound investigation of human blood coagulation. Chinese Science Bulletin,1990,35(1):48-51.

[51] 冯若. 聚丙烯酰胺水溶液的超声研究. 物理学报,1980,29(7):940-944.

[52] 叶式公,冯若,陈兆华,等. 牛血红蛋白的声学性质. 应用声学,1984,3(2):23-26.

[53] Ruo F. Study of ultrasonic properties of the aqueous solution of gelatin. Chin. J. of Acoustics,1984,3(4):317-322.

[54] Pellam J R,Galt J K. Ultrasonic propagation in liquids:I. application of pulse technique to velocity and absorption measurements at 15 megacycles. J. Chem. Phys. ,1946,14(10):608.

[55] Matheson A J. Molecular Acoustics. New Jersey:Wiley-Interscience,1970:35.

[56] Anderson G P,Chick B B. High-sensitivity logarithmic recorder of ultrasonic attenuation. J.

Acoust. Soc. Am. ,1969,45(6):1343-1351.

[57] 王寅观,魏墨盒. 超声波速度和衰减的综合测量装置. 应用声学,1989,8(2):1-5.

[58] 冯若,陈兆华,朱正亚,等. 用脉冲插入取代法研究物质的超声性质. 声学技术,1983,2(4):
28-31.

[59] Kremkau F W. Ultrasonic attenuation and propagation speed in normal human brain. J.
Acoust. Soc. Am. ,1981,70(1):29-38.

[60] 冯若,戴焕平. 近似的定域声学 Kramers-Kronig 关系式对哺乳动物软组织适应性的研究.
生物物理学报,1985,1(1):15-20.

[61] 冯若,戴焕平. 关于动物组织声速频散的进一步研究. 生物物理学报,1988,4(3):268-269.

[62] Stewart E S,Stewart J L. Acoustical measurements with 3-and 10-Gc/sec quartz-cavity re-
sonators. J. Acoust. Soc. Am. ,1963,35(7):975-981.

[63] Dunn F,Breyer J E. Generation and detection of ultra-high-frequency sound in liquids. J.
Acoust. Soc. Am. ,1962,34(6):775-778.

[64] Kelpin H,Weis O. Measurement of the nonlinear sound response of aluminium with the aid
of rayleigh waves. Acta Acustica United with Acustica,1967,18(2):105-109.

[65] 魏荣爵,张淑仪. 超声波在乙酸乙酯和乙酸甲酯中的弛豫吸收. 物理学报,1962,18(6):
298-304.

[66] Emery J, Gass S. Relaxations ultrasonores dans les mélanges aqueux de methanol et
d'éthanol. Acta Acustica United with Acustica,1979,43(3):205-211.

[67] Hibberd D J. Ultrasonics International 87. Conference Proceedings,1987:76754.

[68] Crouthamel C E, Diehl H. Gas analysis apparatus employing velocity of sound. Anal.
Chem. ,1948,20(6):515-520.

[69] Hartmann C H. Gas chromatography detectors. Anal. Chem. ,1971,43(2):179-183.

[70] Skogerbore K J,Yeung E S. Quantitative gas chromatography without analyte identification
by ultrasonic detection. Anal. Chem. ,1984,56(14):2684-2686.

[71] Gholson A R,Stlouis R H, Hill H H. Simultaneous ultra sonic extraction and silylation for
determination of organic acids, alcohol and phenols from airborne particulate matter. J.
Assoc. Off. Anal. Chem. ,1987,70:897-902.

第4章　声化学反应器

4.1　声波与介质的相互作用机制[1-10]

一般小振幅超声波在介质中传播时,声波与介质的相互作用可导致声波的相位与振幅等发生变化,而介质本身并未发生任何明显变化,或者说声波不会对介质产生任何明显效应。

但当声强增大时(即作为功率超声使用时),情况则不同,声波传播将会对介质产生一定的影响或效应,诸如使介质的状态、组分、功能或结构等发生变化,这类变化统称为超声效应。事实上,声化学亦可广义地理解为超声的化学效应。

超声波既然是一种物理过程,那么人们从物理观点出发来揭示和讨论超声效应的相互作用机制(即物理原因或原理)则是很自然的。

通常把超声与介质相互作用归结为热机制与非热机制两种。在非热机制中又可分为机械(力学)机制与空化机制。

4.1.1　热机制

超声波在介质中传播时,其振动能量不断地被介质吸收转变为热能而使其自身温度升高。如果此声波还对介质产生某种效应,而且用其他加热方法获得同样温升并重现出该效应时,那么我们就有理由说,产生该超声效应的原因是热机制。

当强度为 I 的平面超声波在声压吸收系数为 α 的介质中传播时,单位体积介质中超声波作用 t 秒产生的热量为 $Q = 2\alpha I t$,即与介质的吸收系数、超声强度及辐照时间成比例。超声的热机制经常用于医学临床对患者的病变部位加热,以期获得理疗效果。

4.1.2　非热机制

1. 机械(力学)机制

在某些情况下,超声效应的产生并不伴随发生明显的热量(如频率较低、吸收系数较小、超声作用时间短等),因此不能把超声效应的原因归结为热机制。这时人们自然想到,表征声场的某些力学量可能会对超声效应做出重要贡献。

超声波既然是机械能量的传播形式,那么与被动过程有关的力学量,如质点位移、振动速度、加速度及声压等都可能与超声效应有关。例如,我们讨论一下 20 kHz,1 W/cm² 的超声波在水中的传播情况,取水的密度 $\rho = 1000$ kg/m³,声速 = 1500 m/s,由下式:

$$I = \frac{P_A^2}{2\rho c} \qquad (4.1)$$

式中,I 为声强,声强定义为声波在单位时间内通过单位面积所携带的能量,其单位是 W/m²(或 J/(s·cm));P_A 为声压;c 为声波速度。

对应的声压幅值 $P_A = (2\rho c I)^{1/2} = 1.37 \times 10^5$ N/m²,这意味着声压值在每秒钟内,要在 173 kPa 到 −173 kPa 之间变化 2 万次(即 20 kHz);由式

$$V = \frac{P_A}{\rho c} \qquad (4.2)$$

和

$$V = \frac{dx}{dt} = V_0 \cos 2\pi ft \qquad (4.3)$$

其中,V 为质点振动速度,可分别求出最大质点振动速度 $V_0 = P_A/(\rho c) = 0.115$ m/s 及最大质点位移 $X_0 = V_0/(2\pi f) = 0.93$ μm。进而还可以求出最大质点加速度(微分式(4.3))$a_0 = 2\pi f V_0 = 1.44 \times 10^4$ m/s²,即大约为重力加速度的 1500 倍。显然,这样激烈而快速变化的机械运动完全可能对超声效应的产生做出一定的贡献。

2. 空化机制

广义而言,空化是指声致气(汽)泡各种形式的活性表现,如振荡、生长、崩溃等。在一些情况下,气(汽)泡的活性是较为缓和可控的;而在另外一些情况下,又可能是激烈和难以控制的。但是,不论哪一种形式,空化机制所产生的超声效应都是可以检测与研究的。这种效应可以是物理的、化学的或生物的。空化机制是声化学的主动力。

4.2　超声波的发生与接收

频率大于 20 kHz 的声波,因超出人耳可闻的上限而被称为超声波,超声波因其波长短而具有束射性强和易于通过聚焦集中能量的特点。超声波是一种波动形式,因此它可以作为探测与负载信息的载体或媒介;同时超声波又是一种能量形式,当其强度超过一定值时,就可以通过它与传声介质的相互作用,去影响、改变以至破坏后者的状态、性质及结构。

在超声波上述特点的基础上发展起来的超声技术,半个多世纪以来已在科学

技术、社会生产与生活中取得了十分广泛的应用。

　　作为信息载体,超声技术已用于研究物质结构、水下定位与通信、地下资源勘查、工业检测与控制、声电与声光器件、医学诊断及盲人探路等。作为能量形式,超声技术已用于工业处理与加工、加速化学反应、超声医疗及种子处理等。

　　工业上的超声检测与加工是超声技术应用最广泛的领域。超声检测是通过声学参量(如声速、声衰减等)与其他物理量间的相互关系,以及对声学量的检测来获取工业上的许多非声学量或信息。例如,超声用于检测工件缺陷、液位高度、流体流速、组分分析、溶液浓度及介质的温度、压力和黏度等。超声加工则包括清洗、焊接、钻孔、粉碎、凝聚、除气、乳化、雾化及金属成型等。

　　近十几年来,超声技术在医学领域的广泛渗透已对现代医学诊断与治疗做出了重大贡献,在此基础上形成的超声医学正处于蓬勃发展之中。

　　超声波通常由超声换能器产生。所谓换能器,顾名思义,是一种能够实现不同形式的能量转换的器件。例如,收音机上的喇叭就是一种电声换能器,它把电能转换为声能。超声换能器就是实现机械能量或电磁能量与超声振动能量相互转换的器件。主要有两种类型的超声换能器,即机械型与机电型。

4.2.1　机械型超声换能器

1. 气动式超声换能器[11,12]

　　一种最简单的气动式超声换能器是气哨,它是 Galton[13] 于 1883 年在研究人耳可闻频率上限时提出的。这种气哨可产生频率高达 50 kHz 的超声波。Galton 借助这种气哨确定人耳可闻的频率上限为 16 kHz。它的工作原理如图 4-1 所示。

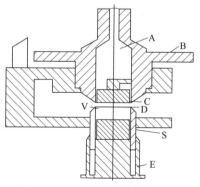

图 4-1　Galton 气哨的纵剖面图

　　气流通过哨嘴 A 至环形狭缝 C,并经过其出口遇到圆柱形尖刀刃口 D,在刃口上产生周期涡旋,激发空气共振腔 V 发生共振。涡旋频率取决于气流流速与 C 到 D

的间距之比,而共振腔 V 的大小可利用侧位螺杆的圆鼓 E 和可动活塞 S 来改变。

另一种气动式超声换能器是超声汽笛。Allen 等[14]研制的超声汽笛频率可达 34 kHz,其纵剖面图如图 4-2 所示。

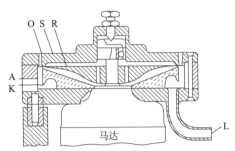

图 4-2　超声汽笛的纵剖面图

在气动式超声换能器上部的定子 S 上,沿直径为 15 cm 的圆周上钻有 100 个锥形孔眼 O,定子下面是一个装在马达轴上的转子 R,转子中心厚而边缘薄,在其上周边上也分布有 100 个孔眼。压缩空气通过转子与定子的小孔眼由下而上喷出。空气先经过管子接头 L 进入环形室 K,再通过环形狭缝 A 进入小孔 O。当转子在马达带动下转动时,定子上面即形成声波,其频率由马达的转速决定。当压缩空气的压力升高到 2.02×10^5 Pa 时,声功率可达到 2 kW,效率达 20%,这时,根据测量数据可知,自由场中的声强为 100 W/cm^2。

图 4-3 是一种可获得较大声功率的 Hartman 气动式超声换能器原理图。如图所示,当过剩压力超过 $0.9 \times 1.01 \times 10^5$ Pa(此时气流速度超过声速)的空气流经喷嘴 D 时,在喷嘴前面的气流具有周期性压力分布,此处置谐振腔 H,则在周围的介质中即可产生声波辐射。声波频率由谐振腔长度 l 及腔口直径 d 决定。声波波长 λ 近似等于:

$$\lambda = 4(l + 0.3d) \tag{4.4}$$

当 $l = d = 1$ mm 时,$\lambda = 5.2$ mm,对应频率 $f = 63$ kHz。

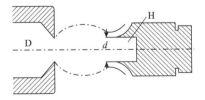

图 4-3　Hartman 气动式超声换能器原理图

2. 液哨式超声换能器

为了在液体中激发超声波,1948 年,Janovski 等[15]提出了一种称为液哨的超声波换能器,其结构原理如图 4-4 所示。

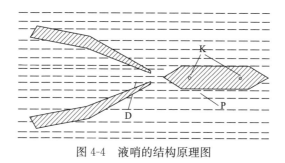

图 4-4　液哨的结构原理图

将一个做成狭缝形状的喷嘴 D 和具有刃口的矩形板 P 放入液体中,当液流通过喷嘴 D 喷射出来时,便在板 P 上激发固有振动。板支撑在振动节点 K 处,通过恰当地选取液流流速和喷嘴到板之间的距离,板就能发生谐振而发生强烈振动,并有效地向四周辐射出频率高达 32 kHz 的超声波。

4.2.2　机电型超声换能器

有两种机电型超声换能器,它们分别基于所谓的压电效应和磁致伸缩效应。机电型超声换能器虽比机械型换能器成本高,但它们便于控制与使用,因而获得了十分广泛的应用。

1. 压电式超声换能器

1) 压电效应与反压电效应

目前,最常用的产生于检测超声波的方法是压电晶体。1880 年,法国物理学家 Curie 等[16]发现某些不具有中心对称的晶体,当受到一定方向外力作用时,其表面上会呈现电荷,这种现象称为压电效应,具有这种效应的晶体叫压电晶体。随后又发现,压电晶体也同时具有反压电效应,即在外电场作用下晶体产生变形。

压电效应的产生是由于晶体内部的离子在外力作用下产生不对称位移,即产生新的电偶极矩,从而导致晶体表面呈现电荷。而反压电效应则是由于在外电场作用下,晶体内部的离子产生相对位移,从而产生内应力,导致晶体宏观变形。

最早发现的压电晶体是石英单晶,它属于三角系六面菱形结构,如图 4-5 所示。

石英单晶的 Z 轴称为光轴,三个 X 轴称为极化轴,与 XZ 面相垂直的是三个 Y 轴。X 轴与 Y 轴方向都具有压电性,故亦称它们为电轴。

设想我们从垂直于任一 X 轴方向切割一片石英晶片,称为 X 切片,并用它来说明压电效应的产生。石英单晶的化学结构是由一个硅原子与两个氧原子结合而成的,图 4-6 表示 X 切片在厚度方向的剖面图及其产生压电效应的过程。

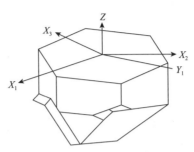

图 4-5　石英单晶的结构图

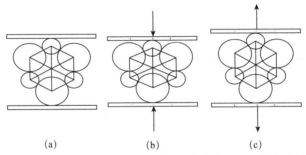

(a)　　　　　　　　(b)　　　　　　　　(c)

图 4-6　石英单晶 X 切片的剖面图及其产生压电效应的过程

(a)晶体不受力；(b)晶体受压力；(c)晶体受拉力

　　图 4-6 中的大圆表示带正电的硅原子,小圆表示带负电的氧原子。当晶体不受外力作用时,其内部电学性质呈中性;当晶体受到外压力作用时,处在上下两端的硅原子和氧原子同时被压向内移,使晶体内部的电学中性被破坏,遂使上下表面呈现过剩电荷;当晶体受到外拉力作用时,上下表面积累的电荷变号。

　　反之,当石英单晶 X 切片的上下表面作用以电场时,由于外电场与晶体内带电原子相互作用,晶体变形,即产生反压电效应,亦称作电致伸缩效应。

　　如果在 X 切片上作用以交变电场,那么晶片本身即进入振动状态,振动频率与交变电场频率相同,频率大于 16 kHz 时,就构成了超声源。同样,这样的压电片亦可用于接收超声波,通过压电效应把超声波能量转变成电的能量,以供检测分析。

　　石英压电晶体的优点是稳定性好;缺点是机电耦合系数小、价格高,故它多被用于实验室科学研究中,作为工业用超声换能器则较少使用。

　　使用较广的工业超声源,是近几十年来相继研制出的各种人造压电陶瓷。其中较为常用的是锆钛酸铅(PZT)、钛酸钡($BaTiO_3$)及偏铌酸铅($PbNb_3O_6$)等。这些陶瓷都是按照一定的材料配方,经研磨、成型、焙烧而成。焙烧好的陶瓷开始还不具有压电性,只有经过极化处理后才显示出压电性,成为压电体。刚焙烧好的陶瓷因粒子位移而形成自发极化,一些自发极化方向一致的区域称为电畴,而陶瓷内部许许多多的小电畴排列杂乱无章、方向不一,故称为多畴体。多畴体的电性相互抵消,如图 4-7(a)所示。

如对这种多畴体作用以直流电场,即进行极化处理(每毫米厚的陶瓷作用以 $1\sim3$ kV 的电压),电畴即会转向外电场方向,使多畴体变为单畴体。由于电畴在其极化方向上往往比其他方向长,故极化会使陶瓷的宏观长度在外场方向上伸长,如图 4-7(b)所示。当去掉极化电场后,电畴基本上仍处在原方向,且保留着较强的剩余极化强度和相应的宏观剩余伸长,如图 4-7(c)所示。极化处理后的陶瓷即获得了压电性,这时只要再施以较小的交变电场作用,陶瓷即会做与外交变电场频率相同的振动。压电陶瓷的剩余极化不会轻易消失,除非强烈振动或施以较强的与极化方向相反的电场。

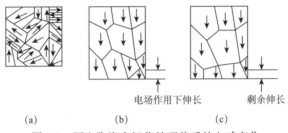

图 4-7　压电陶瓷在极化处理前后的电畴变化

压电陶瓷具有换能效率高、成本低、易于成型及适应性广等优点,所以它的应用得到迅速普及与推广。

2) 描述压电晶体的几个重要参数

(1) 压电系数 d 与 g。当压电换能器作为超声源发射超声波时,我们关心的是在单位电场作用下厚度形变的大小,此时有

$$S=dE \tag{4.5}$$

式中,E 为外加电场强度(V/m),S 为厚度方向应变(即相对形变,无量纲),所以 d 的量纲为 m/V。d 值越大,发射超声越强,故亦称 d 为压电发射常数。

当压电换能器用于接收声波时,我们则关心它在单位应力作用下引起的电场强度变化,即

$$E=gT \tag{4.6}$$

式中,T 为应力(N/m²);g 越大,在同样声压作用下产生的电信号越强,故 g 亦称作压电接收系数,g 的量纲为 V·m/V。

(2) 机电耦合系数 K。它是表征压电材料的机械能与电能相互耦合程度的一个常数。定义为

$$K^2=\frac{由反压电效应转换的机械能}{输入的总电能} \tag{4.7}$$

　　K^2 只表明在输入的总电能中有多少转变为机械能,未转变的部分并不意味着损耗掉,因此 K^2 不同于一般意义下的换能效率。例如,压电石英的换能效率高(即换能时的能量损耗小),但其 K^2 值低;而压电陶瓷的换能效率低,但其 K^2 值高。

　　(3) 谐振频率与频率常数。对于超声换能器,只有当其压电晶片的固有振动频率与外交流变电场(或声压)的频率一致,发生谐振时,它才能最有效地发射或接收超声波。这就是为什么一般超声设备上都标以确定的工作频率。

　　对于厚度为 t 的压电晶片,其固有振动频率 f 应满足:

$$t = \frac{\lambda}{2} = \frac{c}{2f} \tag{4.8}$$

式中,λ 为声波波长,c 为声速。通常把晶片的固有振动频率与其对应的厚度乘积 ft 定义为频率常数 N

$$N = ft \tag{4.9}$$

式中,f 单位取 MHz,t 单位取 mm。频率常数 N 是压电材料的一个常数。为产生(或接收)一定频率的超声波,N 值越大,晶片厚度 t 亦应越大。

　　(4) 居里点。居里点定义为压电材料的压电性能可承受的最高环境温度值。当温度高于居里点时,压电性能即行消失。因此居里点越高越好。表 4-1 中列出了几种常用压电材料的一些重要物理参数。

表 4-1　几种压电材料的物理参数

材料	切割或极化方向	参数				
		$d/(10^{-12}\,\mathrm{m/V})$	$g/(10^{-12}\,\mathrm{V\cdot m/V})$	K	$N/(\mathrm{MHz\cdot mm})$	居里点/℃
石英	X 切	2.13	5.0	0.1	2.87	550
PZT-4	Z 向极化	289	2.6	0.51	2.0	328
PZT-5	Z 向极化	374	2.48	0.49	1.89	365
PZT-8	Z 向极化	190	1.8	0.38	2.6	115
钛酸钡	Z 向极化	190	1.8	0.38	2.6	115

　　3) 压电式超声换能器的结构

　　(1) 圆片式:厚度振动模式,工作在晶片的基频或谐频上,因此一般适用于几百 kHz 以上的高频段,如用在化学的超声研究、分析和检测中。这种换能器结构简单,机电转换效率高。有时为防止银层电极的腐蚀,可在圆片辐射面上加一透声板。

　　(2) 夹心式:适用于低频超声段,即 15 至数十 kHz。其典型的结构如图 4-8 所示。在前后两个金属块之间夹压电陶瓷片,通过中心孔用螺钉旋紧。为便于高压绝缘,常用的夹心式换能器多采用两个压电片按极方向并联结构,中间的电极片视散热需要可薄可厚。

　　夹心换能器的总长度取 1/2 声波波长(或其整数倍),即与外加交变电场频率

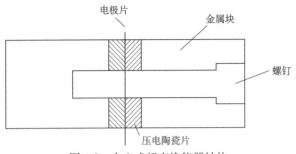

图 4-8　夹心式超声换能器结构

处于谐振状态；但其压电片本身处于强迫振动。因此在设计时，对换能器的整个系统长度需进行精确计算，而压电片的体积则依其负载的功率大小而确定。用于声化学等功率超声中的压电材料，其功率容量一般取 $0.5 \sim 1$ W/(cm^3 · kHz)。夹心换能器由于有夹紧预应力(约 300 kg/cm^2)，因而增大了换能器的机械强度，且有较好的温度特性。夹心式超声换能器在声化学即工业功率超声的其他领域中也得到了广泛的应用。

2. 磁致伸缩式超声换能器

1947 年，Joule[17] 发现，与压电效应相对应，一些铁电材料(如镍、铁)具有压磁效应，即在外应力作用下，晶体中会产生磁场；反之，加外磁场会引起晶体形变。磁致伸缩效应的显示与测定可按如下方式进行：将棒状磁致伸缩材料置于磁场中，且使棒长方向沿磁场方向，于是棒长发生变化。磁致伸缩的原理是：在这些材料中有自发磁化区，称为磁畴。在通常情况下，磁畴的取向是无序的；而在外磁场作用下，磁畴有转向与外磁场方向一致的倾向，外磁场越强，转向越厉害，由于磁畴在各个方向上长度不一致，转向就要导致材料在磁场方向上宏观长度的变化。

已经发现和研制出多种磁致伸缩材料，如镍、镍合金(镍铁、镍钴及镍钴铬等)、铁合金(铁铝合金、铁钴钒合金)等。金属材料的优点是机械强度大、性能稳定；缺点是换能效率低。

其后发现的非金属铁氧体材料(化学式为 MFe$_2$O$_4$，其中 M 为二价金属，如 Ni、Zn 或 Pb)，由于它的涡流损耗很小，可略而不计，已成为非常重要的磁致伸缩材料。铁氧体的优点是换能效率高、价格低廉；缺点是机械性能差。

与压电式超声换能器相比，磁致伸缩式超声换能器可以提供更大的功率；其缺点则是只限于用在 100 kHz 以下的低频段超声设备中。

磁致伸缩式超声换能器是由磁致伸缩材料做成的铁芯外面绕以线圈而成。一种适合于中、小功率(约几十瓦到一千瓦左右)的单窗式换能器结构原理如图 4-9 所示。当线圈中通以一定直流电流 I_0，产生最佳偏磁场 H_0 后，再通以交流

电流 I 以产生交变磁场 H，H 重叠于 H_0 上，于是铁芯中的磁场将以 H_0 值为中心上下变化。在交变磁场 H 的作用下，由于材料的磁致伸缩效应，换能器的上下两端面即产生与交流电频率相同的交替伸缩。当交变电流频率与换能器的共振频率一致时，换能器端面振动最强烈，则从换能器两端面向外辐射超声波。表 4-2 给出各种机电型超声波换能器的部分性能及其适用范围。

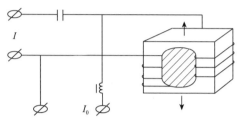

图 4-9　磁致伸缩式超声换能器

表 4-2　机电型超声波换能器的部分性能及其适用范围

换能器种类	压电式换能器			磁致伸缩式换能器	
	石英（片状）	压电陶瓷		镍铁钴合金铝铁合金	铁氧体
		片状	夹心式		
使用频段	>1 MHz	200 kHz~1 MHz	几--几十 kHz	<50 kHz	<100 kHz
电声频率	~80%	~80%	70%~90%	20%~50%	~50%
应用频率	超声检测 化学研究	清洗　雾化 检测　理疗	加工　清洗 焊接　声化学	清洗　焊接 加工　水声	清洗　焊接 加工

4.3　声化学反应器

声化学反应器是指有超声波引入并在其作用下进行化学反应的容器或系统，它是实现声化学反应的场所。迄今已采用的声化学反应器大体可归纳为四种。一种是液哨反应器和水力空化器，它是利用机械办法产生功率超声的，另外三种全是利用机电效应来产生超声波的，它们是超声清洗机反应器、声变幅杆浸入式反应器及杯形反应器等。现分别介绍如下。

4.3.1　非机电效应声化学反应器

1. 液哨式声化学反应器

这类声化学反应器主要用于乳化和均化(homogenisation)处理，它与其他三种反应器之间的最重要区别在于，它是在介质内由机械喷流冲击簧片产生超声，而不是从外部把换能器产生的超声波引入介质内。使用液哨对非均相介质进行超声处理时，所追求的声化学效应主要是产生理想的乳状液。

虽然早在 1927 年 Wood 等[18]就使用石英压电换能器发射超声波辐照烧杯中的油和水,并获得了油水混浊液,但由于石英超声换能器难以在工业规模上应用,所以这项技术在长时间内不能推广。直到 20 年之后,Janovski 等[15]才指出,利用液哨进行超声乳化和均化具有效率高与成本低的优点。从那时起,采用液哨进行超声乳化和均化的工作才得到了迅速发展。1960 年,Singiser 等[19]曾采用多种不同的超声源分别对矿物油与水、花生油与水及红花油与水进行乳化处理,并对乳化结果做了对比。结果表明,用液哨处理的效果,比用石英及钛酸钡压电晶体超声换能器处理的效果都要优越。自此以后,液哨就被认为是进行超声均化处理的理想方法。不久前,Davidson 等[20]还用液哨技术来增强脂肪和蜡的水解。

液哨技术的一个显著优点是可用于处理流动介质,因而可以在生成流程中进行在线(on-line)处理,这种方法已用于在诸如果汁、番茄酱等加工厂中进行大容量生产加工。像前面讨论的一样,空化可以在流体中让流体穿过振动的叶片而原位产生。根据这个原理可以设计如图 4-10 所示的液哨式声化学反应器。叶片产生超声波的频率取决于流体的速度,因此流体的速度要调节到足以产生空化作用。液哨式声化学反应器价格比较便宜,在食品技术中的乳化具有广泛的运用[21]。

液哨式声化学反应器可以在线安装在工艺流中,且能够处理大体积的物料流。同时该反应器还可以运用于液-固反应体系。但是液-固反应体系可能会引起叶片的腐蚀。另外这种方式产生的空化效应的强度可能达不到某些应用的要求,例如,化学反应需要很高的空化强度才能达到预期效果。

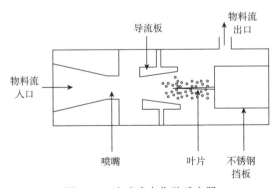

图 4-10　液哨式声化学反应器

2. 水力空化器

空化效应也可以压迫流体通过小孔而产生,这种空化反应器称为水力空化器[22,23],其结构如图 4-11 所示。流体通过小孔时产生压力降。当压力降低到低于流体的蒸气压时,空化效应就产生了。压力降低的程度取决于流体的流速和小孔的孔径。当气体溶解在流体中时,空化效应也可以在体系压力大于流体蒸气压时产生。

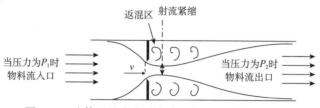

图 4-11　流体通过小孔时水动力产生空化效应示意图

人们对使用的水力空化器通常用无量纲空化数 C_N 来描述。空化数 C_N 定义为

$$C_N = \frac{P_2 - P_v}{\dfrac{\rho v^2}{2}} \tag{4.10}$$

式中,P_2 是流体通过孔的压力,P_v 是流体蒸气压,ρ 是流体密度,v 是流体在孔道处的速度。C_N 和管道中流体的速度没有关系,但是随孔径对管道直径的比值而呈线性增加[24]。

该公式表明当 C_N 的取值在 1.5～2.5 范围时,空化效应开始产生。

4.3.2　机电效应声化学反应器

1. 超声清洗槽式声化学反应器[25]

图 4-12 是人们最常用的普通超声清洗器示意图。图 4-12(a)是超声换能器,固定在不锈钢清洗槽的底部。这种超声清洗机结构比较简单,超声从底部发出。图 4-12(b)是在前一种超声清洗器的基础上稍微做了改进的一种超声清洗器,这种超声清洗器的超声换能器直接浸入液体中。这种改进的超声清洗器也具有同样效果。槽式超声清洗器是一种价格便宜、应用普遍的功率超声设备,很多声化学工作者都是从利用超声清洗机来开始他们的实验工作的。

图 4-12　超声清洗器示意图

(a)换能器装在超声清洗槽底部;(b)换能器浸入液体中

超声清洗器的一个重要参数是功率密度,它被定义为超声换能器吸收的电功率与换能器的辐射面积之比。低功率密度的超声清洗机通常为 $1 \sim 2$ W/cm²。小型超声清洗器的工作频率和所用换能器的数目决定了它们不同的型号与功率。

使用超声清洗器进行声化学反应的通常方法是,把反应容器直接放入清洗槽中接收超声辐照,为此,要求超声波有足够大的强度,以确保超声波在穿过反应容器底壁之后,仍可在反应液体内引发空化。应该指出,并非所有实验室用的超声清洗机都有足够的功率,并适于作为声化学,因此,在决定是否用它作为声化学反应器之前,应对它的功率情况进行检查,注意这一点是至关重要的。这里我们介绍一种可供选用的、最简单易行的检查方法,即把一小片普通铝箔置入清洗槽的洗涤液中,约 30 min 后取出并仔细查看,如铝箔上呈现微孔,则表明该设备能发射足够的声强以引发空化,适于作为声化学反应器。

超声清洗器一经选定之后,正确地设计或选择反应器亦十分重要。对于一般情况下的化学反应而言,特别当涉及热反应时,经常使用球形底烧瓶,但是,当我们利用超声清洗机作声源,并在清洗槽内进行声化学反应实验时,则应使用平底烧瓶,即锥形烧瓶(图 4-13)。这是因为声波是从槽的底部向上发射并穿过烧瓶底部作用于反应液体,当烧瓶取平底时,声波垂直入射;当烧瓶取球形底时,声波是斜入射的。已知垂直入射进行反应液体中的声波能量要比斜入射时有效得多。

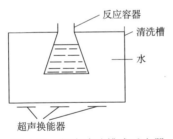

图 4-13　超声清洗槽式反应器

当使用间接式的超声槽式反应器时,超声到达反应容器的功率相比其他超声发生系统(比如探头式超声发生器)的功率较低。使用超声清洗槽进行声化学反应时,还有一个重要问题需要注意,即有必要对反应液体进行机械搅拌,以使反应液体得到最大可能的超声辐照。特别是当进行固液二相化学反应时,机械搅拌尤为重要,因为只靠超声辐照不足以保证固体反应物受到充分的扰动和分散,而且就整个反应液体而言,它总是只有一部分受到直接的超声辐照。辅助以机械搅拌,即可保证二相反应物受到最大可能的超声辐照并使它们之间进行最有效的反应。

尽管清洗机这类简单的超声设备有许多优点,但当我们使用它进行有关声化学反应实验时,还有些问题应该清楚,做到心中有数。

（1）反应液体中实际消耗的电功率无法定量确定,因为这取决于清洗槽的大小及反应烧瓶在清洗槽中的位置等,至于反应液体中消耗的声功率就更无法确定,因为这还取决于换能器的机电耦合系数,以及换能器与清洗槽底部的声学匹配等情况。这就使化学反应通常很难获得具有很好重复性的实验结果,因为到达反应体系的功率与反应容器所处的位置密切相关。

（2）清洗槽内的温度难以控制,一般来说,超声清洗机在工作过程中,槽内水温会逐渐升高,特别是工作时间长时尤为明显。当然,如采用加热办法使槽内水温升高,并使其平衡在高于室温的某一温度上,控温问题可以解决,但这会得到不同于室温下的结果。此外,还有两种办法可供选用:一是使清洗机只工作较短时间,槽内水温上升可略而不计;二是在清洗机槽内的水中附加冷水循环系统或添加冰块以随时抵消槽内水的温升。倘若采用加冰块的办法,则必须注意防止冰块影响槽内水中的声波传播。不管采取哪种办法,着眼解决的都是控制槽内的水温,但事实上对声化学反应产生直接影响的,则是烧瓶内反应液体的温度,在通常情况下,烧瓶内反应液体的温度要低于槽内的水温,因此,需对反应液体的温度予以检测。

（3）一般来说,各种不同型号的超声清洗机,其工作频率亦不尽相同。而频率不同会影响到声化学反应产量,因此在写实验报告时应注明所使用的超声频率,在比较不同文献的研究报告时,亦需注意使用超声频率的差异。此外,在进行化学反应时要选择同一型号的反应器,清洗槽的形状也会影响超声波的传播方式。

2. 连续搅拌釜式声化学反应器

下面对一些典型的声化学反应器进行介绍。在1996年,Berger等[26]设计了可以连续搅拌的声化学釜式反应器。在这个连续搅拌的釜式反应器中,有6～8个超声换能器安装在反应釜壁,另外还有3～5个超声换能器安装在反应釜底部。反应器的结构如图4-14所示。这个反应器装有一个机械搅拌器和一个外部温控套用于等温控制。多个反应进出口允许反应器进行间歇式、半间歇式和连续反应。超声换能器被外面的盖子很好地保护起来,以防止大气的干扰,这些超声换能器能够进行单独操作。这种超声反应器的设计希望能克服其他超声反应器面临的一些问题,例如,清洗槽式超声反应器面临的效率低,实验重复性差;探头式超声反应器面临的只在超声探头附近区域具有有效空化效应的问题。这种超声反应器可以对进行液-固反应的体系进行超声辐照。

3. 六角盆式声化学反应器

图4-15为六角盆式声化学反应器。这种声化学反应器对反应容器提供的是间接式超声辐照方式。它的设计类似超声清洗槽。这个反应器的外壳是六角形,

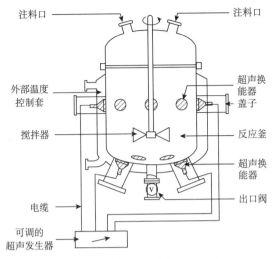

图 4-14　连续搅拌釜式声化学反应器

在每一个面的中心都装有一个超声换能器。六角状有利于安装超声换能器,而圆形则很难安装超声换能器。每个换能器的功率为 100 W,超声辐照的能量集中于反应容器的中心。这个声化学反应器可以进行间歇式或连续反应。

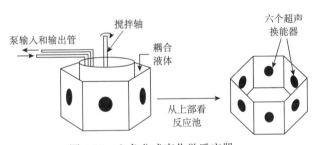

图 4-15　六角盆式声化学反应器

4. 循环回路声化学反应器

在传统的反应容器中,添加外部循环回路,可以方便地实现对反应液体进行局部超声辐照。图 4-16 给出两种可以对局部反应区域进行超声辐照的超声反应器。通过用安装固定位置的超声换能器和超声探头可以实现对小体积的液体进行超声辐照。另外,操作者可以控制液体通过超声辐照的保留时间。外部流动回路通常进行模块化,这样可以加速设备的维修。在反应器外部安装外部流动回路的一个缺点是,在外部回路对反应物质进行超声辐照活化后只具有短时间的活性,即当活化后的反应物质达到主反应器时又失去了被超声活化的某些性质。

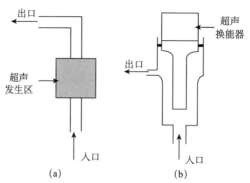

图 4-16　在外部装循环回路的声化学反应器
(a)固定式换能器;(b)探头式

　　1990 年,来自不同行业的 19 家公司(包括英国石油公司等)联合设计了 Harwell 声化学反应器。该反应器结构如图 4-17 所示。这是一个 20 L 间歇式反应器,装有外部循环回路。在外部循环回路中实现对小体积的反应液体进行超声辐照,超声辐照后的液体返回主反应釜中。在声化学反应器模块中包含三个超声换能器。这三个超声换能器均匀分布在还有隔离流体的直径为 13 cm 的管道间[27]。超声换能器不直接接触反应流体,这样可以避免超声换能器的腐蚀,有利于设备的维修。热交换器安装在超声换能器的前端来降低反应混合物的温度,从而强化超声辐照效果。

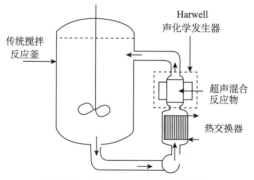

图 4-17　Harwell 声化学反应器

5. 管式声化学反应器

　　管式声化学反应器可以对反应物质流进行直接或间接的超声辐照[28]。目前已经有不少的管状声化学反应器设计的例子。其中一些也是在外部设置循环回路,实现对反应物质流的辐照。有一种管状声化学反应器叫作 Branson 声化学反应器。这种反应器由 Branson 超声波公司制造。它由几个模块单元组成,这些模块单元可以互相组合,形成如图 4-18 所示的声化学反应器。每一个模块单元装有两个超声探头,每一个超声探头和一种耦合流接触,从而减小探头的腐蚀。利用间接式超声辐照可以防止超声探头由于发生腐蚀或损坏而产生的碎片污染反应物料。

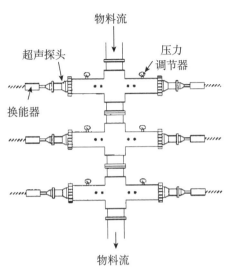

图 4-18　Branson 声化学反应器(管状构型)

6. 三相催化声化学反应器

Ragaini[29]在 1992 年设计了两个用于促进多相反应的声化学反应器。第一个反应器的构造如图 4-19 所示。这种三相声化学反应器能将进入的物料在到达固定床三相催化剂前进行乳化。相转移催化剂固定在固定床的聚合物载体上。在固定床的每一端都有隔离网防止催化剂的流失。这个反应装置还有气体入口,可以保证反应气体在接触催化剂前进行充分混合。这种构造的反应器可以加速多相反应物之间的反应,因为超声作用可以增加反应物之间的界面接触面积。这个声化学反应相比较于典型的液-液-固悬浮反应器具有明显的优点,因为催化剂在每一个循环反应中不要从反应物中分离出来,这就使那些半连续或连续反应更加容易或经济效益更高。

7. 近场声化学处理器

Lewis 近场声化学处理器在一些文献中又称作反射超声混合系统。在这个声化学反应器中,超声换能器面对面地安装在不锈钢板的两侧,见图 4-20。工作时两侧的超声换能器发出不同的频率(15 kHz 和 20 kHz),这样可以强化对反应的物料流的空化作用,即超声空化作用要大于单侧超声空化作用之和。

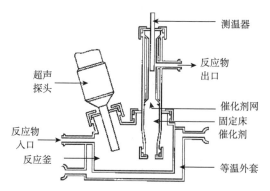

图 4-19　Ragaini 三相催化声化学反应器

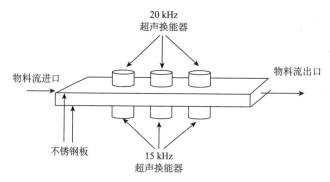

图 4-20　Lewis 近场声化学处理器

8. 柱状管式声化学反应器

柱状管式声化学反应器可以对反应物料流进行间接的超声辐照。图 4-21 是柱状管式声化学反应器示意图。这个反应器可以进行水冷,有利于对反应维持等温条件。这种柱状管式声化学反应器的一个缺陷是在管状反应器的弯曲表面很难安装声化学换能器。为了解决这个问题,将管式反应器设计成五角或六角状,在每一个面安装一个声化学换能器。五角和六角形管式反应器的截面示意图见图 4-22。每一个声化学换能器产生的超声空化能集中于反应器的中心。

9. 推拉式声化学反应器

Martin Walter 推拉式声化学反应器研发于德国施特劳本哈尔特。其构造如图 4-23 所示。在金属钛棒的两端安装有相反的压电式能量转换器。金属钛棒的长度等于超声产生半波长的倍数。这两个转换器的电通过金属钛棒连接。两个能量转换器的工作方式为推拉式,沿着金属钛棒的纵向产生类似拉风琴式的效

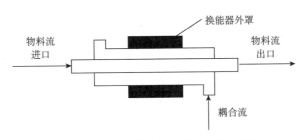

图 4-21　柱状管式声化学反应器示意图

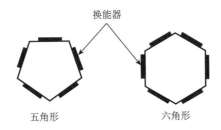

图 4-22　五角和六角形管式反应器的截面示意图

果。这种形式的声化学系统可以适用于现成的管道而且可以产生相当长的距离效果,从而可以对很大体积的反应流体产生超声辐照的作用。

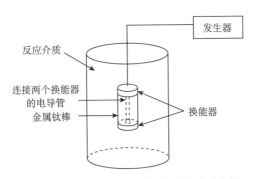

图 4-23　Martin Walter 推拉式声化学反应器

10. 壳/管式声化学反应器

图 4-24 是具有中心冷却管的圆柱状声化学反应器。该声化学反应器是 Ragaini[29] 在 1992 年提出的壳/管式声化学反应器。该声化学反应器安装在整个长度的催化剂床上,目的是对不能混溶的反应物在与催化剂接触时进行超声辐照。Ragaini 提出的壳/管式声化学反应器具有的优点有:造价便宜,因为它只有

一个声化学探头而不是多个声化学换能器;当超声探头受到损坏后可容易更换,但是若超声换能器成为催化剂床壳壁的一部分就很难进行更换;另外三相催化剂不会暴露在超声辐照中,因为在超声辐照中容易引起聚合物隔膜的降解同时降低三相催化剂的催化效果。虽然这种壳/管式声化学反应器主要用于三相催化反应,但其他类型的化学反应同样可以使用,另外这种反应器的中心提供了冷却管,可以对反应体系进行冷却,从而有利于维持等温条件。

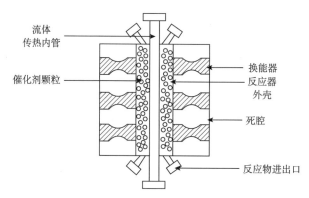

图 4-24　壳/管式声化学反应器(超声换能器嵌入在壳壁中)

　　1992 年,法国 Sodeva 公司设计了一种称为 Sonotube 的超声管式系统,其构造如图 4-25 所示。在该反应器中,环状联轴附着在超声换能器上作为柱状超声共振器,增强超声辐照效果。当使用一个长度为 1.2 m,内管直径为 42 mm 的工艺管道单元时,超声辐照的功率可以达到 2 kW,效率为 80%[30]。超声最大的辐照功率位于工艺管道的长度中心位置。该工艺管道的两端为管道接口,这样就可以方便地把这个超声管式系统和其他现存的管道连接进行工作。

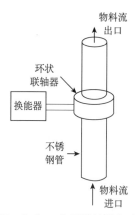

图 4-25　Sodeva 公司设计的超声管式系统

11. 声变幅杆式声化学反应器

1) 声变幅杆浸入式反应器

为避免超声清洗机用于声化学反应时的缺点,声化学工作者又开始试用超声细胞粉碎机。这种设备是把发超声波的"探头"直接浸入反应液体中,这里所谓的探头,确切地讲,是由超声换能器驱动的声变幅杆(亦称速度变换器)的发射端。由换能器发射的超声波,经过它的发射端面直接辐射到反应液体中。声变幅杆端面的质点振动幅度或声强,由改变输入换能器的电功率来控制。每个这类超声设备上都设有功率输出控制的按钮。还有另外一种控制辐射声强的办法是调换所使用的探头,目前多数用于声化学反应的超声辐照系统,都备有一些直径不同、可随时装卸的金属探头。

图 4-26 是这种反应器系统的示意图。十分明显,这种声变幅杆浸入式的声化学反应系统,是把超声能量传送到反应液体中的一种最有效的方案。

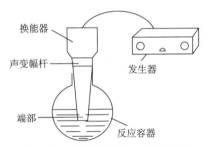

换能器

声变幅杆

发生器

端部

反应容器

图 4-26　声变幅杆浸入式反应器

声变幅杆的设计在超声工程中是一个重要的问题。我们知道,压电晶体本身的振动幅度一般很小,如把它直接耦合到化学反应液体中,可能不足以在其中引发空化现象。声变幅杆的作用则好比是振动的放大器,声变幅杆形状的精确设计则决定了机械振动放大的具体增益量。正因为如此,声变幅杆有时也叫速度变换器。用于加工声变幅杆的金属材料,应具有高动力学强度、低声学损耗、高化学惰性及抗空化腐蚀等特点。目前制作声变幅杆的最佳材料是钛合金。

下面简单介绍一下有关声变幅杆的设计原理。

长度　我们知道声波波长(λ)等于声速(c)除以频率(f),即 $\lambda = c/f$,对于钛合金材料,$c = 5200$ m/s,如取 $f = 20$ kHz,则得到 $\lambda = 26$ cm,声变幅杆的长度(L)应取为声波半波长的整数倍,即 $L = n\lambda/2 (n = 1, 2, 3, \cdots)$,通常 $n = 1$。但是,当换能器到处理的反应液体距离过长时,n 的取值可适当增大,以满足实际需求。

形状　通常选用的声变幅杆形状有如图 4-27 所示的三种。

阶梯形　如果声变幅杆形状取 13 cm 长度的均匀柱状体,并使它的一端受到

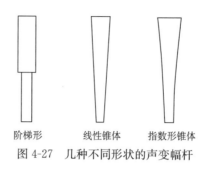

图 4-27　几种不同形状的声变幅杆

20 kHz 的超声振动驱动,那么它的另一端也必然要进入同样的振动状态;但此柱状体中间点却无任何振动发生,因为它正处于波的节点。如果该柱状体的直径从中点处起开始陡然减小,使减小的一端柱体截面为原截面的一半,那么当振动能量作用于大截面时,它将全部再现在小端面上,使小端面上相应得到二倍的能量密度。即声强将增加一倍,振动频率不变,仍为 20 kHz,这意味着小端面的振动幅度将增大。正因为如此,变幅杆的作用就如同质点振动速度放大器。对于这种最简单的阶梯形设计,其放大系数等于截面之比。使用这类声变幅杆很容易得到 16 倍的增益。

对于阶梯形变幅杆而言,阶梯位置的选定具有重要意义,通常总是选在变幅杆的节点处,因为这一点振动为零,没有应力作用。如果阶梯位置选择不准确,那么这一点就会出现应力,这对变幅杆的工作寿命是很不利的,即便是使用具有较高抗张强度的钛合金材料,对此亦应予以足够的重视。

线性锥体与指数形锥体声变幅杆的设计,完全避免了在阶梯形声变幅杆设计中在阶梯点出现应力的可能性。此外,锥体形声变幅杆的放大系数等于两个端面的直径比,而不是阶梯形声变幅杆中的面积比。

在这两种锥体形声变幅杆中,线性锥体的加工较容易些,但其最大放大系数一般不大于 4;而指数形锥体则可获得更大的放大系数,此外,由于它可把端面做得很小,长度较长,所以特别适合应用于微型加工操作。

利用声变幅杆系统,在其辐射端面上可以获得上百 W/cm^2 的高功率密度。工作频率一般取在 20～40 kHz。

市场上早已有声变幅杆式的功率超声设备出售,只是在声化学迅速发展之前,它在实验室中只被用于作为细胞破裂机。大多数都工作在 20 kHz 频率上,且经常使用各种不同的金属探头。这种声变幅杆浸入式系统的主要优点是:

（1）在处理液体中可获得高得多的超声功率密度。与超声清洗机相比,它完全消除了超声波在穿过水槽与烧瓶底部时引起的能量损耗。

（2）可为化学反应液体提供较大的功率密度变化范围,以便于从中寻求与确定最佳超声辐照条件。

（3）超声强度与辐照液体容量之间可以达到较好的匹配，以期取得最佳效果。

声变幅杆浸入式反应器与超声清洗槽有一点类同，即都难以对反应液体进行温控。但是，如果采用脉冲模式的超声波，会使这个问题得到一定程度的缓和，因为在脉冲间歇时间内反应液体热量会消散而使温升得到抑止，如取脉冲周期为 1 s，脉宽为 0.5 s，这意味着超声波持续发射 0.5 s，然后间歇 0.5 s，如此反复作用。对于频率为 20 kHz 的超声波，其周期为 $5×10^{-5}$ s，因而每个脉冲（0.5 s）内包含有 10000 次超声振动，在此应特别注意，切勿把超声波周期与脉冲周期相混淆。为了解决控制反应液体的温度问题还可以对反应容器进行改进。例如，把反应容器设计成可以通循环冷却液体的双层玻璃反应容器，见图 4-28；还可以在声变幅杆换能器的位置设计小型电风扇，在换能器工作时把产生的热量散去，见图 4-29。通过这些改进，基本可以达到对反应液体进行温控。

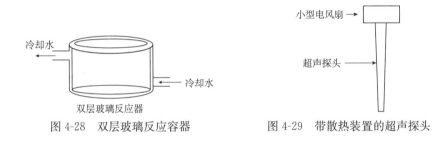

图 4-28　双层玻璃反应容器　　　　图 4-29　带散热装置的超声探头

2）杯式声变幅杆声化学反应器[31]

从上面的讨论中我们已知道，声变幅杆超声系统的探头发射功率是可调的，倘若把这一点与超声清洗槽相结合，我们即可得到如图 4-30 所示的杯形结构。

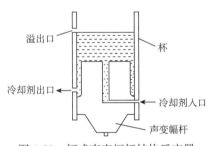

图 4-30　杯式声变幅杆结构反应器

杯式结构的上部，可以看成是温度可控的小水槽，装反应液体的锥形烧瓶置于其中，并接收自上而下传播的超声波辐照。这种结构原本是为破坏细胞而设计的。很明显，利用这种复合系统，比起清洗槽式或探头式任一独立系统，在研究声化学效应时都会取得较好的定量重复结果，与探头浸入式系统相比，这种复合系统还有一个重要优点，即探头表面强烈振动时可能被空化腐蚀掉的微小颗粒不会污染反应液体。杯式结构的主要缺点是:发射的超声功率密度没有探头浸入式那么强;另外盛反应液体的烧瓶大小受到杯内容积的局限。

综上所述,我们可将三种机电型声化学反应器的优缺点作一比较,见表 4-3。

表 4-3　三种机电型声化学反应器优缺点一览表

清洗槽式	优点	实验室普遍备用的超声设备
		对反应液体容器除平底外无特殊要求
		不存在因空化腐蚀探头表面而污染反应液体的问题
	缺点	反应液体中的声功率密度不如探头浸入式的强
		温度难于控制
		反应液体中的声强与反应容器在水槽中的位置有关
探头浸入式	优点	反应液体中可获得较高的声强
		探头辐射的声功率可调到最佳工作状态
	缺点	温度难以控制
		探头表面受空化腐蚀可能污染反应液体
杯式	优点	反应液体中的辐照声强可调
		反应液体中的温度可以控制
		不存在因空化腐蚀探头表面而污染反应液体的问题
	缺点	反应液体中的声强不如探头浸入式的强
		反应液体容器的大小受到一定的限制

3) 玫瑰花形声变幅杆浸入式反应器

1987 年,Mason[32]采用了玫瑰花形反应器,如图 4-31 所示。

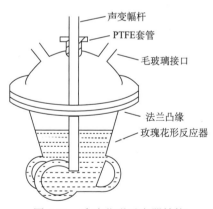

声变幅杆
PTFE套管
毛玻璃接口
法兰凸缘
玫瑰花形反应器

图 4-31　玫瑰花形反应器结构

这种玻璃玫瑰花形反应器带有一磨口盖子,盖子中间采用 PTFE 固定声变幅杆。反应器上的玫瑰花形环形管道设计,是为了使超声波经底部反射后,可更好地对反应液体进行搅拌,此外还可以使反应液体降温(它会因超声辐照而升温)。

4) 增压型声变幅杆浸入式反应器

1984 年,Suslick 等[33]提出了一种增压型反应器,其结构如图 4-32 所示。

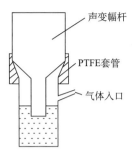

图 4-32　增压型反应器结构

5）流动型声变幅杆浸入式反应器

上述各种反应器有一个共同的缺点，即它们都只适于对一次投料进行处理，如图 4-33 所示的流动型反应器则解决了这个问题。

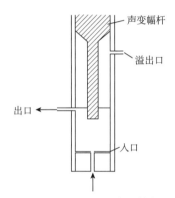

图 4-33　流动型反应器结构

6）有机金属参与反应的声变幅杆浸入式反应器

Luche 等[34]提出了一种专供有机金属参与声化学反应的反应器，它可以使金属与液体进行直接反应，其结构如图 4-34 所示。

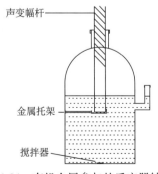

图 4-34　有机金属参与的反应器结构

4.4　大型声化学反应器

　　毫无疑问,任何声化学基础研究的成果,都终将希望最大限度地走向生产规模,因此,解决生产规模的大型声化学反应器就成为十分重要的问题。首先,生产规模要求处理的反应液体容量大大增加;其次,不同的反应液体与反应过程也经常需要对反应器的设计提出某些特定的具体要求。或许我们按如下考虑来分类是适宜的,即有些声化学反应可以在较低辐照声强下发生,而另一些反应则要求有较高的辐照声强。

4.4.1　低强度反应器

　　对于某些只需低辐照声强的化学反应,可以直接使用大容量的超声清洗槽作为反应容器,只是应该注意,制造清洗槽的材料要具有化学稳定性,即要求它不与槽内处理液体发生化学反应。为此,常常选用某些特种不锈钢或塑料。当采用塑料反应槽时,需把超声换能器牢牢固定在不锈钢或钛金属板上,并把它们一并置入反应槽内,如图 4-35 所示。

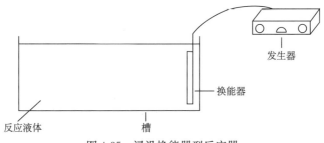

图 4-35　浸没换能器型反应器

　　实际上,图中的换能器都是密封的。当使用这类声化学反应系统时,附加的机械搅拌总是必不可少的。

　　这种槽式声化学反应器亦可用于流动系统,这时,反应液体应该连续地进入反应器内,同时被处理过的液体又从另一出口不断地流出,进入下一步流程。当然,如果需要,可采用循环式或在线接力式使处理反复进行,以增强处理效果。

4.4.2　高强度反应器

　　1. 混响系统

　　高强度处理并不一定采取声变幅杆浸入式辐照系统,如美国 Lewis 公司发展了一种"混响式超声混合系统",用以分散液体中的固体微粒。这种系统的结构示意图如图 4-36 所示。

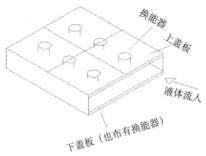

图 4-36　混响型声化学反应器

　　该系统由一矩形空间构成,它的上下两块金属板上都镶嵌有超声换能器阵,恰如两个相对而置的超声清洗槽底部。两块金属板之间的距离只有几厘米,被处理的液体从右边流入从左边流出。当液体流经上下两块金属板间的空间时,即会受到超声波辐照,这时超声波的强度要超过由单一金属板发射超声的两倍。这个矩形空间是一个超声混响室,它使超声强度增大。这种混响系统早已用于粉碎固体颗粒和从油母岩中提取油料,后来才开始作为声化学反应器使用。

　　2. 径向阵型反应器

　　前面的图 4-33 介绍了适于处理小容量液体的流动式反应器,而图 4-37 所示的系统,则更适用于高强度处理大容量液体的流动式反应器。这种反应器是把四个同样的声变幅杆等距相间地安装在流动液体的金属管道外壁上,这样可以在管内的流动中获得很强的超声功率。

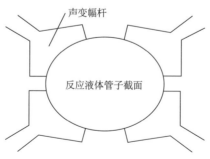

图 4-37　径向阵型声化学反应系统

　　3. 液哨系统

　　前面讲过,液哨系统早已用在食品加工中的均化处理中。尽管人们曾经担心,当这种系统用于处理固/液非均相介质时,可能会发生类似喷沙效应那样的对振动叶片的侵蚀。但事实表明,这种系统用于工业上的大规模处理是牢固、耐用且行之有效的。例如,Scott Bader 有限公司采用液哨系统分散液体树脂中的高温硅石,处理量为每小时 12000 L,连续工作数年,振动叶片完好,无须更换[9]。

经过近十来年声化学技术的迅速发展,可以说,有关声化学反应器结构的一些重要技术问题,都已基本上获得解决,这就为声化学技术向工厂规模发展奠定了必要的基础。

4.5　声化学反应的放大

当考虑是否对一个利用超声辐照进行强化或加速的反应进行放大时,主要考虑以下几点。第一点,要清楚超声对增强反应的作用是什么。超声的主要作用是化学作用还是物理作用,化学作用比如超声空化产生自由基,自由基的生成,加速化学反应。如果是物理作用,哪一个物理因素是影响化学反应增强的最重要因素。如果超声辐照的作用只是粉碎颗粒,那么使用声化学反应器是没有必要的。因为把反应物颗粒放在传统反应器进行反应之前,就可以把反应物提前进行超声粉碎。然而,如果是其他非常重要的物理作用,比如超声物理作用,可以促进质量传递和更新反应物表面,那么在反应过程中使用超声辐照就非常有必要。

在某些反应中,使用超声辐照可以产生反应的中间产物,这些中间产物可以催化反应的进行,比如在环戊二烯和甲基乙烯基酮之间进行的 Diels-Alder 环加成反应[35]。但是如果超声辐照仅是产生那些反应的中间产物,那么直接加入中间产物促进反应的进行比使用超声辐照产生中间产物促进反应的进行的成本效益要更高。一旦我们得出为了增强化学反应而必需使用超声辐照的结论后,在进行声化学放大时,我们必须考虑以下几点因素。首先,流体的性质和溶解的气体对选择合适的声化学反应器类型和所需要的超声功率非常重要。其次,反应体系存在固体颗粒的性质,比如颗粒的种类、颗粒的尺寸和颗粒的结构都将影响反应器的选择。例如,当反应系统是液-固体系时,选择液哨式声化学反应器就不太好,因为所使用的叶片很快就会被反应体系的固体粒子所腐蚀。除了要清楚反应体系物质的特点和反应的动力学,还要了解最佳声化学反应体系和超声辐照所使用的条件,例如,反应环境的温度、反应系统的压力、超声频率、耗散功率、超声场及各条件的相互作用等。反应器内部的其他器件,如反应挡板、搅拌器、冷却管等也会由于声波的反射影响超声辐照的能量分布。对于声化学反应的放大需要考虑的因素如图 4-38 所示。

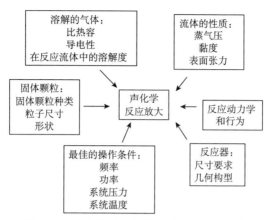

图 4-38　声化学反应的放大需要考虑的因素

参 考 文 献

[1] 曲钦岳. 当代百科知识大词典. 南京:南京大学出版社,1989:556-558.

[2] 赵逸云,冯若,鲍慈光,等. 声化学反应器研究进展. 应用声学,1994,(2):44-48.

[3] 范百刚. 超声原理与应用. 南京:江苏科学技术出版社,1985:1-93.

[4] 张樯,曾德平,冯若,等. 带孔聚焦超声换能器声场的理论研究. 中国超声医学杂志,2011,(6):571-573.

[5] 师存杰,刘岩. 声化学反应器设计理论进展. 化学通报,2010,(6):506-510.

[6] 杜功焕. 声学基础. 上海:上海科学技术出版社,1986:203-221.

[7] Fox F E,Rock G D. Ultrasonic absorption in water. J. Acoust. Soc. Am. ,1941,12(4):505.

[8] 李翔,刘忠齐. 超声诊断基础. 北京:人民卫生出版社,1979:36.

[9] 冯若. 超声医疗及其最新进展. 自然杂志,1987,10(5):346-349.

[10] 冯若. 科学技术社会辞典(物理). 杭州:浙江教育出版社,1991:32.

[11] 别尔格曼. 超声. 曹大文,等译. 北京:国防工业出版社,1964.

[12] Mason T L,Lorimer J P. Sonochemistry:Theory, Applications and Uses of Ultrasound in Chemistry. New York:Ellis Horwood,1988.

[13] Galton F. Inquires into Human Faculty and Its Development. London:Macmillan,1883.

[14] Allen C H,Rudnik I. A powerful high frequency siren. J. Acout. Soc. Am. ,1947,19(5):857.

[15] Janovski W,Pohlman R. Schall-und ultraschallerzeugung in fliissigkeiten furindus-trielle Zwecke. Z. Angew. Physik. ,1948,1:222.

[16] Curie J,Curie P. Development par pression de l'electricite polarise dans les crystaux hemiedries et fares inclines. Compt. Rend. ,1880,91:294-297.

[17] Joule J P. On the effects of magnetism,&c. upon the dimensions of iron and steel bars. Phil. Mag. ,1847,38(276):46-50.

[18] Wood R W,Loomis A L. The physical and biological effects of high-frequency sound-waves of great intensity. Phil. Mag. ,1927,3(14):417-420.

[19] Singiser R E, Beal H M. Emulsification with ultrasonic waves. II. Evaluation of three ultrasonic generators and a colloid mill. J. of Pharm. Sci. ,1960,49(7):482-487.

[20] Davidson R S,Safdar A,Spencer J D,et al. Applications of ultrasound to organic chemistry. Ultrasonics,1987,25(1):35-39.

[21] Mason T J,Paniwnyk L,Lorimer J P. The uses of ultrasound in food technology. Ultrason. Sonochem. ,1996,3(3):S253-S260.

[22] Moholkar V S,Pandit A B. Bubble behavior in hydrodynamic cavitation:Effect of turbulence. AIChE J. ,1997,43(6):1641-1648.

[23] Pandit A B,Moholkar V S. Harness cavitation to improve processing. Chem. Eng. Prog. , 1996,92(7):57-68.

[24] Yan Y, Thorpe R B,Pandit A B. Cavitation Noise and Its Suppression by Air in Orifice Flow//International Symposium on Flow-Induced Vibration and Noise: Acoustic Phenomena and Interaction in Shear Flows over Compliant and Vibrating Surfaces, New York:ASME,1988:25-39.

[25] 冯若,李化茂. 声化学及其应用. 合肥:安徽科学技术出版社,1992.

[26] Berger H,Dragesser N,Heumueller R,et al. Reactor for carrying out chemical reactions. U. S. Patent,5 484 573,1996.

[27] Mason T J,Berlan J. Ultrasound in industrial processes:The problems of scale-up//Price G J. In Current Tends in Sonochemistry. Cambridge: Royal Society of Chemistry, 1992: 148-157.

[28] Thompson L H, Doraiswamy L K. Sonochemistry:Science and engineering. Ind. Eng. Chem. Res. ,1999,38:1215-1249.

[29] Ragaini V. Method for conducting chemical reactions in polyphase systems. U. S. Patent 5 108 654,1992.

[30] Mason T J. Industrial sonochemistry:Potential and practicality. Ultrasonics,1992,30(3): 192-196.

[31] Mason T J,Lorimer J P. Sonochemistry:Theory,applications and uses of unltrasound on chemistry. Ellis Horwood Limited,1988:209-228.

[32] Mason T J. Ultrasonics International 87. conferrence proceedings,Butterworth,1987:767.

[33] Suslick K S,Johnson R E. Sonochemical activation of transition metals. J. Am. Chem. Soc. , 1984,106(22):6856-6858.

[34] Greene A E,Lansard J P,Luche J L,et al. Efficient syntheses of beta-cuparenone. conjugate addition of organozinc reagents. J. Org. Chem. ,1984,49(5):931,932.

[35] Reisse J,Caulier T,Deckerkheer C,et al. Quantitative sonochemistry. Ultrason. Sonochem. , 1996,3(3):S147-S151.

第 5 章　声化学制备纳米/微米多孔/空心微球

5.1　纳米/微米多孔/空心微球

纳米半导体氧化物粉体颗粒作为光催化剂,具有比表面积大、高光催化活性的优点,但又存在着诸如分散不均匀、易团聚、易失活、在液相反应难以沉降回收等缺点。粒径在纳米至微米级的半导体氧化物多孔微球不仅具有纳米粉体的高比表面和高活性,而且具有密度低、易沉降分离、流动性好、稳定性和吸附性好等特性。此外,与体相材料相比,空心微球材料具有密度低、高比表面积、过滤性好、容易沉降等一系列结构特性,且空心部分可容纳大量的客体分子或大尺寸的客体,可以产生一些奇特的基于微观"包裹"效应的性质,可以作为添装物、涂料、颜料、催化剂以及药物传递的载体、胶囊和支撑物,或作为能使反应在有限空间进行的"笼"。因此,多孔/空心微球在医药学、材料科学、生化工程、催化剂、微反应器和光、电材料等领域展示了广阔的应用前景[1]。纳米结构多孔/空心微球的设计和合成成为近年来纳米结构体系中重要的研究领域。空心微球的制备方法主要有:模板法[2,3]、微乳液法[4,5]、胶束自组装法[6,7]、喷雾干燥法[8,9]及声化学合成等。

5.2　纳米/微米多孔/空心微球的制备

5.2.1　模板法

模板法是制备空心微球的一种最常用和最普通的方法。先选用特定的物质作为模板(如聚苯乙烯微球(PS)、SiO_2 和碳微球等硬模板,以及胶束、乳液液滴等软模板),通过控制前驱体在模板表面组装、吸附、沉积反应,以及通过溶胶-凝胶法等物理和化学方法形成表面包覆壳层,然后借助溶解、加热或化学反应等方法除去内部的模板,获得所需材料的空心结构微球,整个合成步骤如图 5-1 所示。模板法合成空心微球具有操作简单,微球的粒径易于控制的特点。要合成特定大小的微球关键是选择适当的模板剂和合适的去核方法。

5.2.2　模板/溶胶-凝胶法

在模板/溶胶-凝胶法制备空心微球的过程中,前驱体通过溶胶-凝胶法形成

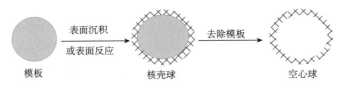

图 5-1　模板法制备空心微球示意图

无机纳米粒子,并在模板粒子表面形成壳层,这种核/壳结构复合微球,通过有机溶剂或高温煅烧除去模板粒子形成空心微球。在这种方法中,选用的模板粒子,通常为 SiO_2 或聚苯乙烯微球(PS),以及经表面修饰后的胶体粒子。通过对模板粒子尺寸大小的选择,以及选择不同的前驱体,借助溶胶-凝胶法和模板后处理过程,可以制备出不同成分和粒径大小的空心微球,如制备 SiO_2、TiO_2、ZrO_2、Fe_3O_4、ZnO 和 SnO_2 等空心微球。例如,Bourgeat-Lami 等[2]选用甲基丙烯酰氧基丙基三甲氧基硅烷(MPS)为共聚单体,通过与苯乙烯单体乳液共聚,制备出表面带有甲氧基功能基团的 PS。这种表面功能化的 PS,经离心处理后,分散于乙醇/水介质中,当前驱体正硅酸乙酯($Si(OC_2H_5)_4$,TEOS)在存在氨水的条件下发生催化水解后,在 PS 表面形成 SiO_2 壳层,制备出核/壳结构的 PS/SiO_2 复合微球。这些复合微球离心分离后,通过在 600 ℃下煅烧 4 h,除去模板 PS 微球,制备出空心 SiO_2 微球,其合成的整个过程如图 5-2 所示。

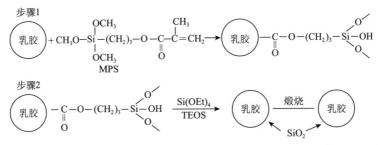

图 5-2　以甲基丙烯酰氧基丙基三甲氧基硅烷(MPS)和正硅酸乙酯(TEOS)等
为原料制备空心 SiO_2 微球的反应示意图

5.2.3　微乳液法

随着微乳液技术的发展,微乳液技术也被应用到制备空心微球。微乳液法制备空心微球,最早是由 Rohm&HasS 公司的 Kowalski 及其同事提出的。其基本原理是通过乳液聚合技术制备出带羧基的种子乳液,再通过种子乳液聚合,形成可渗透的硬壳。并在接近壳的玻璃化转化温度下,用挥发性碱中和核上的羧基,在这个中和过程中,介质水的深入导致核发生膨胀,降温以后壳层被定形,然后干燥得到空心微球。

5.2.4　胶束自组装法

嵌段聚合物等表面活性剂由于具有自身双亲性的分子链段,在选择性溶剂中,它们可以自组装形成囊泡状或球状胶束。自组装法制备空心微球过程,目前主要是利用囊泡状或球状胶束,在光引发聚合和外加交联剂的作用下使壳层结构发生交联,再通过臭氧氧化或光降解的方法除去核部分,形成稳定的空心微球。涂覆在聚二乙烯苯的内壁上,最终形成中空结构微球。Huang 等[10]选用聚异戊二烯-b-丙烯酸的嵌段共聚物,在水介质中自组装形成球形胶束结构,聚异戊二烯与聚丙烯酸链段分别组成两亲型胶束,成为核/壳部分。通过外加的交联剂对聚丙烯酸链段交联处理后,形成两亲性壳交联的纳米球体结构。再采用臭氧氧化降解处理聚异戊二烯链段部分,获得空心结构聚合物微球。

5.2.5　喷雾干燥法

喷雾干燥技术是目前工业上制备粉体的一种常用技术。利用喷雾干燥法制备空心微球材料的基本过程是:首先要将目标产物的前驱体溶解在相应的溶剂(水、乙醇或其他有机溶剂)中形成溶液,然后将前驱体溶液经过喷雾装置使其雾化,经过雾化处理后形成的液滴进入加热反应器中,在反应器中,液滴表面的溶剂被迅速蒸发,同时液滴中的溶质发生热分解或燃烧等化学反应,从而形成空心结构微球。目前,人们已经利用喷雾干燥技术,分别制备出了 SiO_2、TiO_2、Y_2O_3、CeO_2、ZrO_2 和 Al_2O_3 多种空心微球[8,9]。喷雾干燥法制备空心微球受雾化器效率、加热温度等多种因素影响。其优点是可以在很短时间内制备出大量空心微球,且具有过程连续、操作简单的优点,适合于工业化大规模生产,在制备空心微球方面具有特殊优势。

5.3　声化学制备纳米/微米球

利用声化学独特的物理化学效应可以合成多种无机纳米/微米球。在特定的超声辐照频率和超声强度条件下,超声波辐射还具有组装纳米颗粒的功能。超声辐照产生微射流使纳米溶胶颗粒发生碰撞聚集,组装成纳米球或微米球。同时超声"空化"效应产生的局部高温、高压的特殊的化学环境可以使无定形溶胶发生快速晶化。

5.3.1　声化学合成多孔 TiO_2 纳米球

Yu 等[11]利用声化学制备出约 50 nm 的 TiO_2 纳米球。其制备过程为,将 0.032 mol 钛酸异丙酯($(CH_3CH_3CHO)_4Ti$)、3.2 g 三嵌段非离子型模板剂 P123 ($PO_{20}EO_{70}PO_{20}$,$M=5800$)和 0.016 mol 冰醋酸(CH_3COOH)溶解在 20 mL 无

水乙醇中搅拌 1 h 后,形成透明溶液。将此溶液逐滴滴加到 100 mL 去离子水中,在滴加溶液的同时用超声探头(直径 13 mm)浸入反应液体,进行超声波辐照。超声波辐照条件:超声波的功率为 750 W,频率为 20 kHz,整个辐照时间为 3 h,超声发生方式为间歇式,即超声发射 3 min,然后停止 1 min。在超声辐照过程中,反应器中液体的温度通过反应器中的循环水冷却进行控制,使反应液体的温度控制在 40 ℃左右。超声辐照完成后,对反应后的样品进行离心分离,然后用去离子水洗涤、干燥,于 400 ℃煅烧 1 h。图 5-3(a)和图 5-3(b)为样品的扫描电镜(SEM)照片。该图表明合成的 TiO$_2$ 样品的颗粒比较均匀,分散性较好,整体形貌为球状颗粒。图 5-3(c)和图 5-3(d)为合成 TiO$_2$ 样品的透射电镜(TEM)照片,从该图可以看出,合成的 TiO$_2$ 为非常规则的球形纳米颗粒,其粒径分布均匀,为 50 nm 左右,具有良好的分散性。

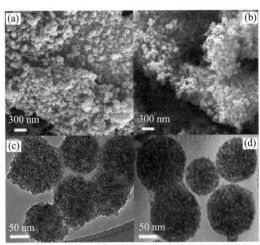

图 5-3　声化学合成的 TiO$_2$ 纳米球的扫描电镜和透射电镜照片[11]

(a)和(b)分别为煅烧前和煅烧后的扫描电镜照片;(c)和(d)分别为煅烧前和煅烧后的透射电镜照片

5.3.2　声化学制备介孔 TiO$_2$ 微球

国内外学者对多孔/介孔或空心 TiO$_2$ 微球的制备开展了很多有意义的研究工作,其中模板法最为经典。虽然模板法和逐层自组装法可以准确控制产物的形貌,但是这些方法需要通过高温煅烧或溶剂溶解等方式去除模板,煅烧容易导致微球破裂,比表面积流失。如果使用溶剂溶解模板,通常溶解时间较长,制备过程变得十分烦琐,而且使用的溶剂往往毒性很大,价格较高。因此,发展新的简单低耗的制备方法及相应制备机理的研究是该领域研究的重点和热点。Yu 等[12]利用声化学组装制备了直径为 1.5 μm 左右单分散的介孔 TiO$_2$ 微球和 F 掺杂的 TiO$_2$ 微球,发现声化学制备多孔 TiO$_2$ 微球具有低温和高效等特点。

声化学制备多孔 TiO$_2$ 微球的过程如下,将 9.6 g 钛酸异丙酯,3.2 g 表面活性剂 P123($PO_{20}EO_{70}PO_{20}$,分子量:5800)和 0.96 g 冰醋酸溶解在 30 mL 乙醇中。
搅拌 40 min 后,在超声波辐照下,将所得到的溶液逐滴加入 120 mL 去离子水中。
超声波辐照条件:使用钛合金探头(直径 2 cm,伸入反应溶液 5 cm),功率 800 W,
频率 20 kHz。在超声波辐照过程中,通循环水冷却反应液,控制温度为 25～
45 ℃。超声处理 2 h 后,加入 1.1 g NaF,继续超声辐照 1 h。将超声辐照后的悬
浮液转入水热反应釜进行后处理,水热处理温度为 180 ℃,时间为 10 h,处理完成
后进行离心分离,用去离子水和乙醇洗涤样品,在烘箱中于 100 ℃下干燥得到介
孔 TiO_2 微球和 F 掺杂的 TiO_2 多孔微球。

　　由图 5-4(a)和图 5-4(b)扫描电镜照片可见,纯的 TiO_2 和掺 F 的 TiO_2 都是由
大量单分散的微球组成的,其平均直径在 1.5 μm 左右。图 5-4(c)和图 5-4(d)为
高放大倍数条件下的 TiO_2 微球照片,这两个照片表明大的微球是由更小的微球聚
合组成的。为了测试这些声化学制备的微球的稳定性,对生成的微球在 400 ℃煅
烧 2 h。图 5-4(e)和图 5-4(f)表明,煅烧之后微球的尺寸变小了,但是产品基本还

图 5-4　声化学合成的 TiO_2 微球扫描电镜照片[12]

(a)和(b)为纯的和掺 F 的 TiO_2 微球;(c)和(d)为纯的和掺 F 的 TiO_2 微球的高放大倍数照片;
(e)和(f)为煅烧后纯的和掺 F 的 TiO_2 微球照片

是保留了球状形貌,说明超声辐射制备的多孔微球具有较好的热稳定性。

对合成的 TiO_2 微球的一次粒子进行透射电镜分析。图 5-5(a)和(b)为 TiO_2 微球和掺 F 的 TiO_2 微球的透射电镜照片。这两个透射照片表明,组成 TiO_2 微球的一次粒子的尺寸为 9～10 nm。图 5-6 为声化学合成掺 F 的 TiO_2 微球对应的能量色散 X 射线谱(energy dispersive X-ray spectroscopy,EDX),谱图表示,该微球含有 C、O、F 和 Cu 元素,其中,Cu 元素来自于用于样品支撑的铜网,这也证明了 F 成功掺进了 TiO_2 微球中。

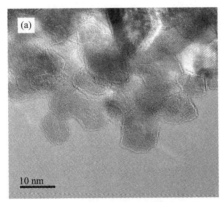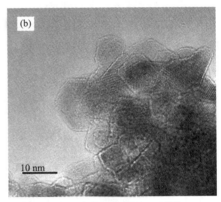

图 5-5　合成的 TiO_2 微球(a)和掺 F 的 TiO_2 微球(b)的透射电镜照片[12]

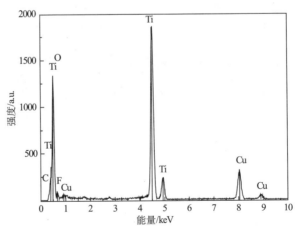

图 5-6　声化学合成掺 F 的 TiO_2 微球对应的 EDX 谱[12]

对声化学合成微球的孔道结构进行氮物理吸附和脱附测定和分析。图 5-7(a)～(d)为纯的 TiO_2 和掺 F 的 TiO_2 微球的 N_2 等温吸附和脱附线及相应的孔径分布曲线。两种微球均显示具有典型介孔特征的Ⅳ型吸附脱附等温线,表明微球具有较规则的介孔结构。利用 N_2 等温吸附线和脱附数据结合 BET(Brunauer-

Emmett-Teller)方程计算所得到的比表面积、孔体积和孔径尺寸数据列于表 5-1。纯的 TiO₂ 微球的比表面积是 180 m²/g,孔体积为 0.35 cm³/g,平均孔径为 6.4 nm,且孔径有着很窄的粒径分布。掺 F 的 TiO₂ 微球的平均孔径为 6.1 nm,比表面积为 148 m²/g。表 5-1 还表明,400 ℃煅烧处理使微球的比表面积和孔体积略有减小,孔径略有增大。

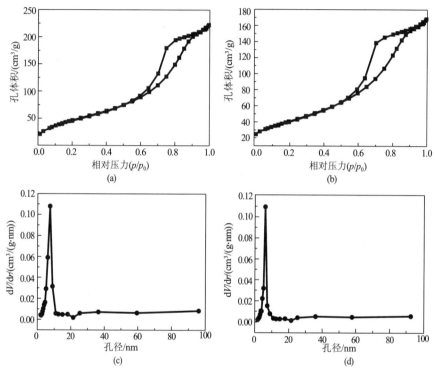

图 5-7　(a)和(b)分别为纯的 TiO₂ 和掺 F 的 TiO₂ 微球的 N₂等温吸附线;(c),(d)分别为纯的 TiO₂ 和掺 F 的 TiO₂ 微球的相应的孔径分布曲线[12]

表 5-1　声化学制备 TiO₂ 微球的比表面积(BET)、孔体积、孔径尺寸和平均晶粒尺寸

样品	比表面积/ (m²/g)	孔体积/ (cm³/g)	孔径/ nm	平均晶粒 大小/nm
纯 TiO₂微球(煅烧前)	180	0.35	6.4	9
纯 TiO₂微球(煅烧后)	158	0.34	7.2	13
F/TiO₂微球(煅烧前)	148	0.27	6.1	10
F/TiO₂微球(煅烧后)	131	0.25	8.4	11

对合成的 TiO₂ 介孔微球的晶型和结晶度进行 XRD(X 射线衍射)分析。在图 5-8 中可见,四个样品在 $2\theta=25.3°$、$38.2°$、$48.1°$、$53.5°$和 $55.6°$处显示了相同的衍射峰。这表明合成的 TiO₂ 微球是锐钛矿晶相(JCPDF84—1285),且具有很好的

结晶度。煅烧处理后,(101)晶面衍射峰的强度仅有略微的增加,说明超声合成的TiO₂微球已经具有很好的结晶度。

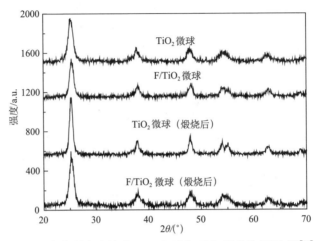

图 5-8　声化学合成的纯 TiO₂ 和氟化 TiO₂ 微球的 XRD 谱[12]

传统介孔 TiO₂ 的合成,一个主要的问题是模板剂的脱除。通常脱除模板剂的方法是进行高温煅烧,但煅烧容易导致催化剂比表面积和孔体积的损失。用傅里叶变换红外光谱(FT-IR)对声化学制备的多孔微球是否存在 P123 模板剂进行分析。图 5-9 表明,合成样品中表面活性剂 P123 对应的所有特征峰都消失了。这些特征峰包括 3000~2800 cm⁻¹ 对应的—CH₃、—CH₂—振动峰;1456 cm⁻¹ 和 1384 cm⁻¹对应的 C—H 和 C—O—C 的弹性振动峰。表明虽然没有经过焙烧处理,但 P123 在超声和水热处理过程中,已经脱除。

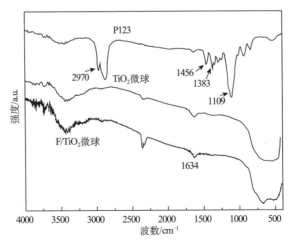

图 5-9　声化学合成的纯 TiO₂ 和氟化 TiO₂ 微球的 FT-IR

图 5-10 是声化学制备的 F/TiO$_2$ 微球中的 F1s 的高分辨率的 X 射线光电子能谱(X-ray photoelectron spectroscopy，XPS)。由该图可见一个非对称的 F1s 峰。这意味着掺杂的 F 原子以两种化学形式存在于 TiO$_2$ 微球中，可以高斯拟合为两个峰。一个位于 685.3 eV 处，该峰归为 TiOF$_2$ 中的 F 原子；一个位于 687.0 eV处，归为 TiO$_2$ 中的 F 原子，也就是 F 原子取代 TiO$_2$ 晶格氧的 F 原子。

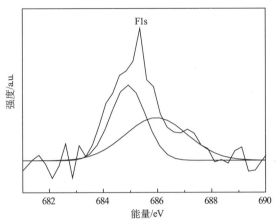

图 5-10　声化学制备的 F/TiO$_2$ 微球中的 F1s 的高分辨率的 XPS[12]

图 5-11 为不同 TiO$_2$ 微球样品的光致发光谱。F/TiO$_2$ 的光致发光谱的强度比纯的 TiO$_2$ 弱。TiO$_2$ 的光致发光谱可归为光生电子与空穴的复合发光[13,14]。因此，在氟化的 TiO$_2$ 中，光生电子与空穴的复合减少。

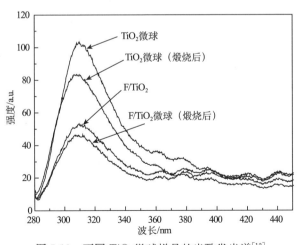

图 5-11　不同 TiO$_2$ 微球样品的光致发光谱[12]

对声化学制备的 TiO$_2$ 微球进行紫外线降解亚甲基蓝的活性测试。在光照之前,在黑暗处用磁力搅拌器进行搅拌 40 min 以达到 TiO_2 和亚甲基蓝之间的吸附/脱附平衡。图 5-12 显示了微球对亚甲基蓝的吸附作用和催化反应活性。我们发现,只有 0.7% 的亚甲基蓝被吸附在 TiO_2 微球上,而 F/TiO_2 微球对亚甲基蓝的吸附率达到 5%。合成的纯的 TiO_2 微球在光照 60 min 时,对亚甲基蓝的降解率仅为 11%。然而,F/TiO_2 微球对亚甲基蓝的降解率增加到 84%,是纯的 TiO_2 微球的 7.6 倍左右。经过煅烧之后,TiO_2 和 F/TiO_2 微球对亚甲基蓝的降解率仅略有增加。

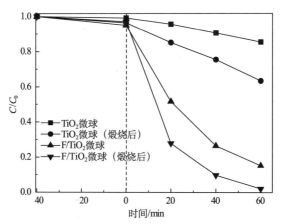

图 5-12　不同 TiO_2 微球对染料亚甲基蓝的降解性能[12]

　　声化学合成 F/TiO_2 多孔微球的形成机理如图 5-13 所示。钛酸异丁酯和 P123 溶解在乙醇中形成溶液。在超声波发生条件下,钛酸异丁酯溶液逐滴滴加到去离子水中,发生水解,生成 TiO_2 的前驱体。这种前驱体表面有很多的羟基（—OH）,羟基能与 P123 模板剂通过氢键形成无机/有机纳米溶胶粒子。在高强度的超声波辐射下,由于超声微射流的作用,纳米溶胶粒子发生碰撞聚集,产生大的球形颗粒聚集体,同时超声空化效应形成局部的高温、高压的特殊环境使非晶态 TiO_2 发生晶化。对比实验表明,在没有超声波辐射的实验中,不能产生这种微球。当 NaF 添加进去后,F^- 与 TiO_2 表面羟基发生交换。超声波可以加速 F^- 与 TiO_2 表面羟基的交换反应。在后期水热处理过程中,非晶态 TiO_2 微球进一步晶化,形成高结晶度的锐钛矿 TiO_2。与此同时,模板微粒从孔道中被释放出来,形成了介孔微球。

5.3.3　声化学制备 ZnS 空心微球

　　ZnS 作为一种重要的宽带隙半导体材料（禁带宽度为 3.6~3.8 eV）,具有一些独特的电学、荧光和光化学性能,在许多领域有着广泛的应用前景。ZnS 纳米材料的各种功能性质主要取决于其晶体结构、形貌和表面性能等[15,16],其空心微

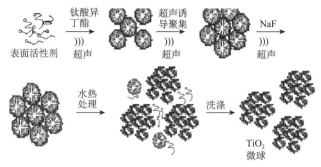

图 5-13　声化学合成 F/TiO$_2$ 多孔微球的形成机理[12]

球结构获得人们的重视。Zhou[17] 等利用嗜热链球菌乳杆菌（streptococcus thermophilus lactobacillus）作为模板结合超声辐射制备了 ZnS 空心微球。将 110 mg 醋酸锌（Zn(CH$_3$COO)$_2$）、37.5 mg 硫代乙酰胺（CH$_3$CSNH$_2$）和 1 g 嗜热链球菌乳杆菌分散在50 mL去离子水中，将混合物放在超声波清洗池中超声处理 6 h，然后离心分离，用去离子水和乙醇洗涤数次。其合成路径如图 5-14 所示。第一步，在声化学条件下，ZnS 纳米颗粒通过细胞表面的官能团和 ZnS 前驱体作用沉积在细胞表面，形成壳/核结构。接下来，在高强度的超声辐射下，细胞破损，细胞碎片从 ZnS 壳的孔道释放到溶液，形成空心的 ZnS 空心微球。图 5-15 表明 ZnS 空心微球的直径为 0.5～0.9 μm。

图 5-14　声化学合成 ZnS 空心微球示意图[17]

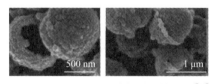

图 5-15　ZnS 空心微球扫描电镜照片[17]

声化学形成 ZnS 纳米颗粒的主要反应有：在超声辐射下，由于超声空化效应 H$_2$O 分解产生 OH·和 H·自由基，生成的 H·和硫代乙酰胺反应生成 H$_2$S。然后按照方程式(5.3)进行 S^{2-} 和醋酸根的交换，在细胞表面生成 ZnS 晶粒，生成的 ZnS 晶粒聚集成 ZnS 纳米簇，由于细菌细胞表面比 ZnS 纳米簇具有更大的比表面积，所以 ZnS 纳米簇在细胞表面互相碰撞融合覆盖在细菌表面。

$$H_2O+)))\longrightarrow OH·+H· \tag{5.1}$$

$$2H·+RS\longrightarrow H_2S+R·　（RS:硫代乙酰胺(TAA)）\tag{5.2}$$

$$H_2S + Zn(Ac)_2 \longrightarrow ZnS + 2HAc \qquad (5.3)$$

5.3.4　声化学制备 PbS 空心纳米球

Wang 等[18]利用相似的表面活性剂辅助声化学的方法合成了 $80\sim250$ nm 的 PbS 空心纳米球。将 0.2 g 十二烷基苯磺酸钠(SDBS)溶解在 100 mL 去离子水中形成透明的溶液,然后加入 1.5 g 醋酸铅(Pb(CH$_3$COO)$_2$)和 1.0 g 硫代乙酰胺,将混合溶液转入超声清洗池(上海,S-1200H 型,49 Hz,50 W)超声处理4 h。得到的沉淀进行真空抽滤,用水和乙醇洗涤数次,然后得到 PbS 空心纳米球。图 5-16 为合成的 PbS 空心纳米球的透射电镜照片,该图表明 PbS 的形貌为球形,且内部为空心,微球的直径为 $80\sim250$ nm。

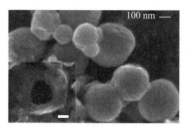

图 5-16　PbS 空心纳米球的透射电镜照片[18]

PbS 空心纳米球声化学合成路径见图 5-17。在超声辐射的作用下,十二烷基苯磺酸钠聚集成球状胶束,溶液中的 Pb^{2+}吸附在球状胶束表面。超声空化使 H$_2$O 分解产生 OH·和 H·自由基,生成的 H·和硫代乙酰胺反应生成 H$_2$S。H$_2$S 中的 S^{2-}和吸附在球状胶束表面的 Pb^{2+}发生反应生成 PbS,PbS 纳米颗粒互相聚集成球状粒子,在洗涤的过程中胶束被脱除,形成 PbS 空心纳米球。

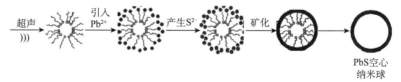

图 5-17　PbS 空心纳米球声化学合成路径示意图[18]

5.3.5　声化学制备 MoS$_2$ 空心纳米球

在氩气气氛下,Dhas 等[19]将 1 g Mo(CO)$_6$、0.3 g 硫八(S$_8$)、1 g 纳米 SiO$_2$ 分散在异杜烯中(isodurene),然后利用超声辐射得到 MoS$_2$/SiO$_2$ 复合微球,利用 10% 的 HF 进行洗涤,除去 SiO$_2$,得到 MoS$_2$ 空心纳米球。合成的 MoS$_2$ 空心纳米球的透射电镜照片见图 5-18。MoS$_2$ 空心纳米球的直径在 $50\sim150$ nm。

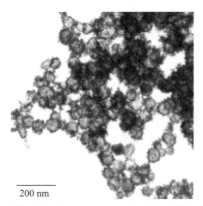

图 5-18　声化学合成 MoS_2 空心纳米球的透射电镜照片[19]

对不同形貌的 MoS_2 进行噻吩的加氢脱硫催化活性比较,结果见图 5-19。声化学制备的 MoS_2 纳米空心球(150 nm, 50 nm)的加氢脱硫活性明显高于商业 MoS_2(Aldrich 公司提供)和制备的 MoS_2 纳米粉体。说明纳米空心球在加氢脱硫中,具有优越性。

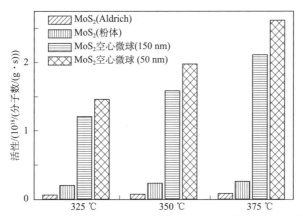

图 5-19　不同形貌的 MoS_2 进行噻吩的加氢脱硫催化活性比较[19]

5.3.6　超声雾化热解制备空心微球

超声雾化热解是制备空心微球的有效方法。Huang 等[20]利用超声雾化热解方法制备了 2 μm 左右的 Bi_2WO_6 空心微球。其制备的工艺为:将 20 mmol 柠檬酸铋($BiC_6H_5O_7$)和 10 mmol 钨酸(H_2WO_4)分别溶于浓氨水中。然后将钨酸的氨水溶液加入到柠檬酸铋氨水溶液中,搅拌半个小时。将混合溶液稀释到100 mL去离子水中,用超声雾化器对溶液进行雾化,超声波的频率为 1.7 MHz。利用空气流将雾化液滴带入 600 ℃的管式反应炉。当雾化液滴通过加热炉时,前驱体分解,产生微小颗粒。利用过滤器收集颗粒,然后离心分离,用去离子水和乙醇洗涤后,50 ℃干燥,在马弗炉中于 450 ℃焙烧 5 h,除去样品中含有的碳组分。600 ℃焙烧 5 h 获得的 Bi_2WO_6 空心微球的比表面积为 10 m^2/g。Bi_2WO_6 空心微球的扫描电镜照片见图 5-20,其直径大概在 2 μm 左右。超声雾化热解制备空心微球在可见光下降解 NO 的活性比在相同条件下制备的体相 Bi_2WO_6 的活性高 1.2 倍。

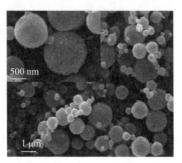

图 5-20　超声雾化热解制备的 Bi_2WO_6 空心微球的扫描电镜照片[20]

5.3.7　声制备 CdSe 亚微米空心球

硒化物半导体具有非常重要的用途,可以用作热电冷却材料、光学过滤、光记录材料、太阳能电池、超声材料和敏感元件及激光材料等。郑秀文[21]使用超分子模板法,在阴离子表面活性剂十二烷基硫酸钠(SDS)溶液里,以超声辐射乳化液,促进表面活性剂分子组装成囊泡,以囊泡为模板合成了硒化镉亚微米空心微球。其合成工业过程如下:

将 5.45 g 十二烷基硫酸钠(20 mmol)溶解在 100 mL 二氯化镉溶液(0.04 mol/L)中,将溶液装入锥形瓶。用低频超声波(18 kHz,6 W/cm^2)辐射溶液半小时后,向锥形瓶里滴加 10 mL 硒代硫酸钠溶液(0.4 mol/L)。然后继续用低频超声波(18 kHz,6 W/cm^2)辐射 3 h,同时把混合液的温度控制在 80 ℃。收集黄色沉淀,用蒸馏水、无水乙醇洗涤多次,以除去表面活性剂,然后在 40 ℃下真空干燥。

图 5-21 是声化学制备 CdSe 空心微球的 XRD 谱,全部的衍射峰可以依次归为立方相 CdSe 的(111)、(220)、(311)晶面,说明声化学制备的 CdSe 具有较好的结晶度。图上的衍射峰相当宽,有些相邻的甚至重叠,说明空心微球结构由小的纳米晶组成。利用谢乐公式($D=0.89\lambda/(\beta cos\theta)$)可以粗略估计出 CdSe 纳米晶的平均粒径大约是 3 nm。

图 5-22 为声化学制备 CdSe 空心微球的透射电镜照片,由该图可见,声化学制备的 CdSe 空心微球的直径为 100～200 nm。高分辨透射电镜分析表明,CdSe 亚微米空心微球是由平均直径在 3～4 nm 的 CdSe 纳米晶组成的。

制备条件的影响研究表明,体系中表面活性剂的浓度对于生成 CdSe 亚微米

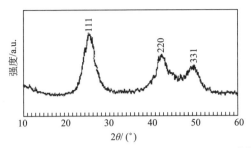

图 5-21　声化学制备 CdSe 空心微球的 XRD 谱[21]

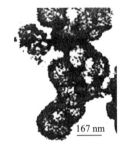

图 5-22　声化学制备 CdSe 空心微球的透射电镜照片[21]

空心球非常关键。当表面活性剂浓度低于 0.15 mol/L 时,得到的是团聚的 CdSe 纳米颗粒。温度对实验结果的影响说明,当在 25 ℃ 循环水浴中,而其他反应条件不变时,所获得的 CdSe 空心微球的结晶度很差。反应温度为 80 ℃ 有利于 CdSe 的矿化和结晶,所获得的空心微球质量好。为了验证超声波辐射对制备 CdSe 空心微球的重要性,利用一系列磁力搅拌代替超声辐射进行对照实验,同时保持其他条件不变。研究结果发现没有超声波辐射,所获得产物是分散的纳米颗粒。这说明超声辐射是生成 CdSe 空心微球的必要条件。郑秀文[21]提出的声化学合成 CdSe 空心微球的机理分为五步,如图 5-23 所示。

第一步,当表面活性剂十二烷基硫酸钠分子在水溶液中达到临界胶束浓度时(0.2 mol/L),首先自发形成双层平面结构。

第二步,随后超声辐射的强烈乳化作用和空化作用破坏了这一微结构,生成囊泡。囊泡壁由两层表面活性剂分子构成。溶液体系中的 Cd^{2+} 一部分分散在囊泡外,另一部分被包入囊泡。在实验过程中第一步和第二步是同步进行的。

第三步,由于在囊泡表面存在双电层和静电相互作用,溶液本体中的 Cd^{2+} 向囊泡外表面移动,并富集。

第四步,当加入 Na_2SeSO_3 溶液时,$SeSO_3^{2-}$ 和 Cd^{2+} 在囊泡外表面反应生成 CdSe,初步成核;$SeSO_3^{2-}$ 与囊泡双层之间存在静电斥力(阴离子表面活性剂)和表面活性剂双层分子的存在使得 $SeSO_3^{2-}$ 很难进入囊泡内部,所以被包入囊泡内的

Cd^{2+}不会和$SeSO_3^{2-}$接触,从而在囊泡内部不会生成CdSe。

第五步,生成的CdSe纳米颗粒沉积在囊泡外表面,经历矿化在囊泡外表面形成一层致密的CdSe。在此过程中十二烷基硫酸钠双层的外表面引导着CdSe的定向成核和生长。

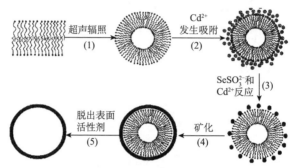

图5-23　CdSe亚微米空心微球可能的生长机理[21]

纳米结构多孔或空心微球在催化反应中具有比表面积大、孔结构丰富和活性位点多的独特优势。尤其在液相光催化反应中具有比纳米超细粉体催化剂更易分离、催化剂不易流失的特点。利用超声化学合成微球光催化剂是近年来发展起来的一种有效的方法。

参 考 文 献

[1] 邓字巍. SiO_2,ZnO空心微球及SiO_2/Ag复合微球的制备与性能研究. 上海:复旦大学,2008.

[2] Tissot I, Reymond J P, Lefebvre F, et al. SiOH-functionalized polystyrene latexes. A step toward the synthesis of hollow silica nano particles. Chem. Mater. ,2002,14(3):1325-1331.

[3] Zhong Z, Yin Y, Gates B, et al. Preparation of mesoseale hollow spheres of TiO_2 and SnO:By templating against crystalline arrays of polystyrene beads. Adv. Mater. , 2000, 12 (3): 206-209.

[4] Okubo M, Minami H. Control of hollow size of micron-sized monodispersed polymer particles having a hollow structure. Colloid. Polylm. Sci. ,1996,274(5):433-438.

[5] Okubo M, Ito A, Kanenobu T. Production of submicron-sized multihollow polymer particles by alkali/cooling method. Colloid. Polym. Sci. ,1996,274(8):801-804.

[6] Wang M, Jiang M, Ning F, et al. Block-copolymer-free strategy for preparing micelles and hollow spheres: Self-assembly of poly (4-vinylpydine) and modified polystyrene. Macromolecules,2002,35(15):5980-5989.

[7] Zhang Y, Jiang M, Zhao J, et al. Hollow spheres from shell cross-linked, noncovalently connected micelles of carboxyl-terminated polybutadiene and poly(vinyl alcohol) in water. Macromolecules,2004,37(4):1537-1543.

[8] Tartaj P,Gonzalez C T,Serna C J. Single-step nanoengineering of silica coated maghemite hollow spheres with tunable magnetic properties. Adv. Mater. ,2001,13(21):1620-1624.

[9] Bruinsma P J,Kim A Y,Liu J,et al. Mesoporous silica synthesized by solvent evaporation: Spun fibers and spray-dried hollow spheres. Chem. Mater. ,1997,9(11):2507-2512.

[10] Huang H Y,Remsen E E,Kowalewski T,et al. Nanocages derived from shell cross-linked micelle templates. J. Am. Chem. Soc. ,1999,121(15):3805,3806.

[11] Zhang L Z,Yu J C. A sonochemical approach to hierarchical porous titania spheres with enhanced photocatalytic activity. Chem. Commun. ,2003,16:2078,2079.

[12] Yu C L,Yu J C,Chan M. Sonochemical fabrication of fluorinated mesoporous titanium dioxide microspheres. J. Solid State Chem. ,2009,182(5):1061-1069.

[13] Yu Y,Yu J C,Yu J G,et al. Enhancement of photocatalytic activity of mesoporous TiO_2 by using carbon nanotubes. Appl. Catal. A. ,2005,289(2):186-196.

[14] Anpo M,Alkawan N,Kubokaway Y. Photoluminescence and photocatalytic activity of highly dispersed titanium oxide anchored onto porous vycor glass. J. Phys. Chem. , 1985, 89 (23): 5017-5021.

[15] 余长林,李鑫,周晚琴,等. Al^{3+} 掺杂 ZnS 纳米晶的合成、表征及其光催化性能. 人工晶体学报,2013,42(6):2620-2626.

[16] 李鑫,余长林,樊启哲,等. 溶剂热制备球状 ZnS 纳米光催化剂及其光催化性能. 有色金属科学与工程,2012,3(3):21-26.

[17] Zhou H,Fan T X,Zhang D,et al. Novel bacteria-templated sonochemical route for the in situ one-step synthesis of ZnS hollow nanostructures. Chem. Mater. , 2007, 19 (9): 2144-2146.

[18] Wang S F,Feng G,Lu M K. Sonochemical synthesis of hollow PbS nanospheres. Langmuir, 2006,22(1),398-401.

[19] Dhas N A,Suslick K S. Sonochemical preparation of hollow nanospheres and hollow nanocrystals. J. Am. Chem. Soc. ,2005,127(8):2368,2369.

[20] Huang Y,Ai Z H,Ho W K,et al. Ultrasonic spray pyrolysis synthesis of porous Bi_2WO_6 microspheres and their visible-light-induced photocatalytic removal of NO. J. Phys. Chem. C,2010,114(14):6342-6349.

[21] 郑秀文. 微尺度无机材料的超声化学与溶剂热制备、表征及反应机理研究. 合肥:中国科学技术大学,2004.

第6章　声化学制备介孔纳米材料

6.1　孔材料概述

无机多孔材料具有大比表面积和孔体积以及其他重要的物理化学性质,被广泛应用在各种领域中,如离子交换、吸附与分离、石油化工等。多孔材料同时是最重要的催化剂或催化剂载体[1-8]。因此,无机多孔材料是被人们所普遍关注的新型多功能材料。多孔材料分类及实例见表 6-1。

表 6-1　多孔材料分类及实例

种类	孔径范围	实例
微孔材料	<2 nm	沸石、类沸石、活性炭、硅钙石
介孔材料	2~50 nm	气溶胶、层状黏土、MCM-41、SBA-15
大孔材料	>50 nm	多孔玻璃、多孔陶瓷、气凝胶、水泥

微孔材料因其较小的孔道,能对一些材料进行分子级别的筛选,故微孔材料通常也被称为分子筛。传统微孔材料含有硅铝酸盐成分,具有较强的酸性,使得微孔材料可以直接应用在很多催化反应上。微孔的存在,使得该类材料往往具有较大的比表面积($300\sim1000$ m^2/g)、较多的活性位点,极大地提高了微孔材料在吸附与催化等方面的性能。实际上,天然沸石是最早被发现并且使用的分子筛材料。微孔材料经历了从最早利用天然沸石,到模仿天然沸石的合成环境合成沸石分子筛,再到后来的将有机模板剂引入微孔分子筛的合成。这样不仅能合成出与天然沸石结构相同的分子筛,还能合成出具有全新结构与多样化骨架的新型分子筛材料,以满足在不同催化与分离应用上的需要。目前,微孔材料被广泛应用于石化工业、气体分离和石油加工工业。

介孔材料是微孔材料的进一步发展。早期介孔材料多是单纯采用溶胶、凝胶等方法来制备的。由于制备过程难以控制,常导致合成的介孔材料孔道不规则,孔径分布也不均匀,直接影响到实际的应用效果。介孔材料研究高潮始于 1992年,由 Kresge 等[9]首次采用长链烷基季铵盐表面活性剂为模板剂,通过自组装的方法合成出了具有高度有序结构的介孔氧化硅材料 M41s 系列。与微孔材料不同的是,该类材料普遍具有 $2\sim10$ nm 的孔道与无定形的孔壁结构。该系列介孔材料不仅具有长程有序的孔道结构,还具有窄的孔径分布,高比表面积(~1500 m^2/g)和大孔体积(~1.2 cm^3/g)。介孔材料的这些特性,使其广泛被用于吸附、分离、催化、药物缓释、化学传感器与能源环境等领域。

大孔材料中的大孔有利于生物大分子与有机大分子的扩散与传递。有序的大孔材料也会有一些独特的光学性质,在光学器件上也有很好的应用。但正是由于大孔材料孔径过大,所以一般大孔材料的稳定性较差,且比表面积不会太大,也给应用上带来了一定的局限。

6.2 模板法合成介孔材料

传统介孔材料的合成都离不开模板剂,模板剂常采用表面活性剂,其合成过程主要包含以下三个方面:表面活性剂的自组装、表面活性剂与无机前躯体物种的相互作用和无机物种的水解与缩聚。表面活性剂通常是具有两亲性的有机分子,在水溶液中由于相似相容的原理,表面活性剂分子疏水端在里(排水部分),亲水端在外(与水有相互作用力)形成胶束,当胶束的浓度增加到其临界胶束浓度时,胶束能发生自组装形成具有一定排布的液晶构相。介孔的形成是由于表面活性剂的自组装结构导向生成的。表面活性剂与无机前躯体物种的相互作用是介孔形成的关键。这种相互作用一般包括:静电作用、氢键作用、共价键作用及配位键作用中的一种或是几种。无机物种的水解与缩合形成介孔材料的壁(骨架),是一种典型的溶胶-凝胶过程。介孔材料的模板除了软模板还有硬模板。硬模板通常是采用具有一定孔道结构的材料为模板,在模板材料的孔道中填满另一物种,在处理掉模板后,即得到与模板形貌一致,但孔道结构完全反相的材料。

6.3 声化学条件对合成介孔 TiO_2 的结构影响

介孔光催化剂的传统制备方法主要是采用有机模板剂。为了除去有机模板剂,并使半导体光催化剂具有固定晶型、良好的结晶度,减少光生电子与空穴的复合中心,催化剂通常需要在较高温度下进行焙烧。但高温焙烧往往使催化剂孔道的有序性遭遇破坏,并可能使其孔道发生塌陷,同时也易引起催化剂颗粒之间的烧结长大和表面脱羟基化反应,造成催化剂比表面积、孔体积的流失和表面羟基化程度的降低[10,11]。采用图 6-1 所示的探头式超声发生器可以低温合成介孔 TiO_2[12]。

声化学合成过程为:称取 9.6 g 钛酸异丙酯,3.2 g 三嵌段表面活性剂 P123 和 0.96 g 冰醋酸溶解在 30 mL 无水乙醇中,磁力搅拌 40 min 后,得到透明溶液。固定超声波频率为 20 kHz,在不同功率和不同间隔时间的超声发射条件下,将所得的醇溶液逐滴滴加到上述去离子水中。在超声波进行辐照的同时,反应器外套通循环冷却水将反应溶液的温度控制在 25~30 ℃。滴加完醇溶液后继续用超声波

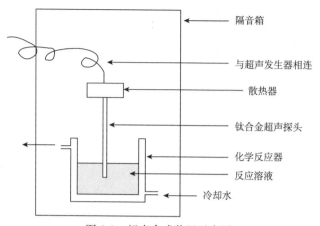

图 6-1　超声合成装置示意图

辐照 2 h。待超声波辐照完成后,用离心机分离出沉淀物,沉淀物首先用去离子水洗涤 3 次,然后用 95％乙醇洗涤 3 次,洗涤完后放入烘箱中,于 120 ℃干燥 10 h,得到超声波辐照制备的 TiO_2 样品。

6.3.1　超声波辐照条件对 TiO_2 的结晶度的影响

　　超声波发射采用间歇式,即辐照 3 min,然后停止 1 min,超声波功率对 TiO_2 的晶型和结晶度的影响见图 6-2。图 6-2(a)表明,虽然反应温度只有 30 ℃左右,但经超声波辐照 3 h 后,样品在 $2\theta=25.3°$、$38.2°$、$48.1°$、$53.5°$ 和 $55.6°$处出现了非常明显的 TiO_2 的特征衍射峰,这些特征衍射峰与数据库中的 JCPDF84—1285 卡对应的数据相一致,表明生成的 TiO_2 的晶型为锐钛矿晶相。对比样品在(101)晶面出现的衍射峰,观察到随超声波功率的增加,该衍射峰的强度逐渐增加,表明超声波功率的增加可以提高 TiO_2 的结晶度。超声波功率的增加可以增强超声空化现象,从而产生更强的局部高温、高压的物理化学环境,加速 TiO_2 从无定形态到晶态的快速转变。和图 6-2(b)对比 TiO_2 焙烧前后衍射峰的相对强度变化。对比分析表明,在 500 W 超声辐照下制备的样品,焙烧后衍射峰的强度增强明显,说明低功率下超声制备样品的结晶度较差。对于 800 W 和 1200 W 下制备的样品,焙烧后衍射峰的强度仅有略微增强,说明在此功率下制备的样品已经具有良好的结晶度。

　　固定超声波的功率为 800 W,辐照总时间为 2 h,超声波的间歇时间对 TiO_2 的晶型和结晶度的影响见图 6-3。可以看出,超声波发射时间的延长,可以略微增加 TiO_2 的结晶性能,但对晶型没有影响。对比焙烧前后样品衍射峰强度的变化,同样观察到焙烧后样品衍射峰的强度有比较明显的增强,表明超声波发射时间的延长,也有利于 TiO_2 结晶度的增加。

　　根据 TiO_2 的最强特征衍射峰,(101)晶面的半峰宽数据,按谢乐公式:$D=$

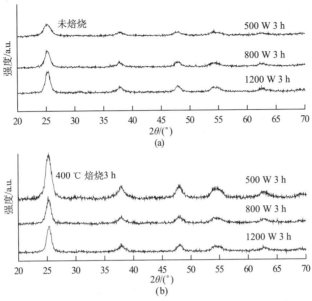

图 6-2　在不同超声波功率下制备的 TiO_2 的 XRD 谱

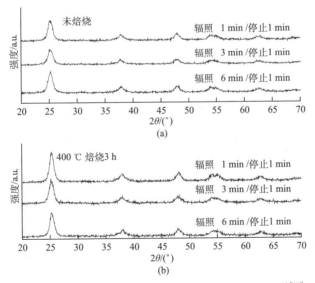

图 6-3　不同超声波间歇时间下制备的 TiO_2 的 XRD 谱[12]

$0.89\lambda/(\beta\cos\theta)$ 计算 ZnO 的平均晶粒尺寸 D,式中,β 为特征衍射峰半峰宽,λ 为入射光波长(0.154 nm),θ 为衍射角,超声波条件对 TiO_2 的平均晶粒粒径的影响结果见表 6-2。表 6-2 表明,超声波辐照制备 TiO_2 的平均晶粒粒径均较小,平均晶粒粒径在 5~9 nm,而在相同条件下制备的无超声波辐照的 TiO_2 经焙烧后的平均晶粒粒径为 10 nm 左右。超声波辐照功率的增加使样品的平均晶粒尺寸略有增加，但是超声波间歇时间对 TiO_2 的晶粒尺寸影响比较小。对比焙烧前后样品的平均晶粒尺寸变化，400 ℃焙烧 3 h 后，TiO_2 的平均晶粒尺寸仅有略微增大，说明在低温下超声波辐照制备的 TiO_2 纳米颗粒具有较高的稳定性，在焙烧过程中也不易发生烧结长大。

表 6-2　不同超声波辐照条件下制备的 TiO_2 样品的平均晶粒尺寸（D）[12]

不同条件制备的未焙烧样品	D/nm	不同条件制备的经焙烧的样品	D/nm
500 W,辐照 3 min/停止 1 min	5.08	500 W,辐照 3 min/停止 1 min	6.58
800 W,辐照 3 min/停止 1 min	7.06	800 W,辐照 3 min/停止 1 min	8.51
1200 W,辐照 3 min/停止 1 min	7.62	1200 W,辐照 3 min/停止 1 min	8.05
800 W,辐照 1 min/停止 1 min	7.61	800 W,辐照 1 min/停止 1 min	8.77
800 W,辐照 6 min/停止 1 min	7.42	800 W,辐照 6 min/停止 1 min	8.52

6.3.2　超声波条件对 TiO_2 的形貌和颗粒尺寸的影响

固定超声波的发射和间歇时间，即超声波辐照 3 min，然后停止 1 min，考察超声波功率对合成的 TiO_2 样品整体形貌的影响。从图 6-4 各样品的 SEM 照片可以看出，3 个 TiO_2 样品均未表现出特定的形貌。通过比较各样品的 SEM 照片，观察到功率对样品的整体形貌影响不大。固定超声波功率为 800 W，考察超声波间歇时间对 TiO_2 的整体形貌的影响。可以看出，超声波辐照时间的延长，可以在一定程度上增加样品的分散性能，使生成的 TiO_2 颗粒分散比较均匀，这可能是由于超声波发射时间的延长，阻止了 TiO_2 颗粒之间的团聚。

图 6-4　不同超声波辐照条件下制备 TiO_2 的 SEM 照片

(a)500 W,辐照 3 min/停止 1 min；(b)800 W,辐照 3 min/停止 1 min；(c)1200 W,辐照 3 min/停止 1 min；
(d)800 W,辐照 1 min/停止 1 min；(e)800 W,辐照 6 min/停止 1 min

利用 TEM 对不同超声波辐照条件下制备的 TiO_2 一次颗粒的形貌和大小进行进一步分析,各样品的 TEM 照片见图 6-5。在功率为 500 W,超声波辐照 3 min,然后停止 1 min 的条件下合成的 TiO_2 的颗粒粒径为 5~6 nm。当功率增加到 800 W 时,颗粒粒径增加到 7~8 nm,当功率增加到 1200 W 时,粒径没有发生明显的变化。此外,超声波间歇时间的变化,不能引起 TiO_2 颗粒粒径的明显变化。

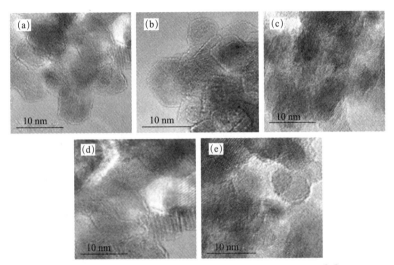

图 6-5　不同超声波条件下制备的 TiO_2 的 TEM 照片[12]

(a)500 W,辐照 3 min/停止 1 min;(b)800 W,辐照 3 min/停止 1 min;(c)1200 W,辐照 3 min/停止 1 min;
(d)800 W,辐照 1 min/停止 1 min;(e)800 W,辐照 6 min/停止 1 min

6.3.3　超声波辐照条件对 TiO_2 的比表面积和孔结构的影响

图 6-6(a)~(e)给出不同功率和不同超声波辐照与间歇时间对制备的 TiO_2 的 N_2 吸附-脱附等温线及从脱附等温线按 BJH(Barrett-Joyner-Halenda)法计算得到的孔径分布曲线。表 6-3 列出了由 N_2 的不同超声波辐照下制备的 TiO_2 的比表面积、孔体积和孔径尺寸数据。

从图 6-6 可以看出,所有样品的吸附-脱附等温线均为 Langmuir IV 型吸附-脱附等温线,属于典型的介孔物质对应的吸附-脱附特征等温线,说明超声波辐照制备的 TiO_2 均具有较好的介孔结构。对比不同功率和不同超声波辐照与间歇时间下制备样品 N_2 吸附-脱附等温线及从脱附等温线按 BJH 法计算的孔径分布曲线,观察到超声波辐照条件的变化对样品的 N_2 吸附-脱附等温线和孔径分布具有不同程度的影响。从表 6-3 的数据还可以看出,功率的增加,使 TiO_2 的比表面积略有降低,这可能是高功率下合成的 TiO_2 具有更高的结晶度的原因。此外,功率的增加,使样品的孔径和孔体积相应增大。超声发射时间的延长,也导致催化剂的比表面积略有增加,这可能是由样品分散度的增加引起的。

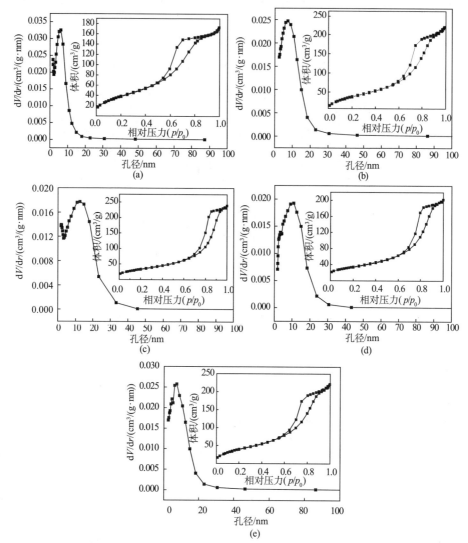

图 6-6　不同超声辐照条件制备的 TiO₂ 对应的孔径分布和 N₂ 吸附-脱附等温线[12]

(a)500 W,辐照 3 min/停止 1 min;(b)800 W,辐照 3 min/停止 1 min;

(c)1200 W,辐照 3 min/停止 1 min;(d)800 W,辐照 1 min/停止 1 min;(e)800 W,辐照 6 min/停止 1 min

表 6-3　不同超声波辐照条件下制备的 TiO₂ 样品的比表面积及孔结构特征

样品	功率/W	辐照时间/停止时间	比表面积/(m²/g)	孔体积/(cm³/g)	孔径尺寸/nm
1	500	3 min/1 min	151	0.27	5.6
2	800	3 min/1 min	158	0.34	7.2

续表

样品	功率/W	辐照时间/停止时间	比表面积/(m²/g)	孔体积/(cm³/g)	孔径尺寸/nm
3	1200	3 min/1 min	126	0.37	9.5
4	800	1 min/1 min	125	0.32	8.4
5	800	6 min/1 min	136	0.30	7.8

6.3.4　超声波辐照下介孔 TiO₂ 的形成机理

超声波辐照下介孔 TiO₂ 的形成机理如图 6-7 所示。首先,钛酸异丙酯和三嵌段表面活性剂 P123 溶解在乙醇中形成溶液。在超声进行辐照的同时,形成的醇溶液被逐滴滴加到去离子水中时,钛酸异丙酯则发生水解,生成水解的不定形钛溶胶。这种不定形的钛溶胶表面有很多的羟基(—OH),它与三嵌段表面活性剂 P123 上的羟基可以通过氢键作用形成有机/无机混合微粒聚集体。同时,由于高强度的超声辐照产生空化效应,形成局部的高温高压环境,同时产生高强度微射流,可以加速羟基之间的缩合和颗粒之间的碰撞,碰撞的颗粒之间可以发生有效的融合、聚集。随着超声波辐照功率的增加,不定形钛溶胶颗粒的碰撞也就越来越激烈。随着超声波辐照的继续进行,超声空化提供的能量使钛溶胶从无定形态转变到具有固定晶型的 TiO₂。随着不定形钛溶胶的转变和 TiO₂ 结晶度的提高,TiO₂ 和表面活性剂之间的相互作用开始减弱,在水洗和醇洗的过程中,模板剂就从 TiO₂ 微粒中脱落出来,形成具有孔道结构的 TiO₂。我们的红外测试也证实,在合成的 TiO₂ 样品中没有观察到有机表面活性剂 P123 对应的特征吸收峰。

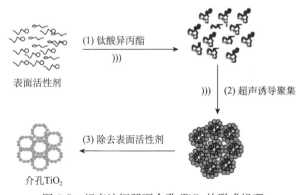

图 6-7　超声波辐照下介孔 TiO₂ 的形成机理

6.3.5　不同条件下超声波辐照制备的 TiO₂ 的光催化活性比较

表 6-4 为紫外线照射 1 h 后,超声波辐照直接制备和经超声波辐照后再进行

焙烧制备的 TiO_2 对染料甲基橙的降解率。可以看出,功率的增强和超声发射时间的延长可使制备的 TiO_2 具有更高的光催化活性。这是因为功率的增强和超声发射时间的延长使 TiO_2 的结晶度提高,结晶度的提高则可以减少光生电子与空穴的复合概率,从而产生更多的活泼的·OH 等自由基。·OH 是染料光催化降解的主要活性基团。从焙烧后 TiO_2 对甲基橙的降解率可以看出,当超声波辐照功率较低和超声波发射时间较短时,焙烧后的 TiO_2 的活性均有比较大程度的提高,这是因为焙烧使 TiO_2 的结晶度有较大程度的提高。

表 6-4　不同条件下制备的 TiO_2 在紫外线照射 1 h 后对甲基橙的降解率(R)

不同条件制备的未焙烧样品	$R/\%$	不同条件制备的经焙烧的样品	$R/\%$
500 W,辐照 3 min/停止 1 min	53	500 W,辐照 3 min/停止 1 min	72
800 W,辐照 3 min/停止 1 min	66	800 W,辐照 3 min/停止 1 min	82
1200 W,辐照 3 min/停止 1 min	88	1200 W,辐照 3 min/停止 1 min	94
800 W,辐照 1 min/停止 1 min	65	800 W,辐照 1 min/停止 1 min	75
800 W,辐照 6 min/停止 1 min	87	800 W,辐照 6 min/停止 1 min	91

6.4　声化学合成介孔 CdS

CdS 是一种窄带隙的半导体(2.4 eV),是第 Ⅱ-Ⅵ 主族重要的化合物,广泛用于制备荧光粉材料、光催化材料、太阳能电池材料、传感器和发光二极管和激光器等。CdS 纳米材料的各种性质主要依赖于它的物理结构属性,如比表面积、尺寸大小、结晶度和形态,而这些物理性质取决于制备方法。利用声化学方法可以制备大比表面积的介孔 CdS 纳米晶[13]。

将 2.44 g $Na_2S·9H_2O$ 溶于 50 mL 去离子水中,得到溶液 A。在搅拌下,将 2.66 g 的 $Cd(CH_3COO)_2·2H_2O$ 和 2 g 表面活性剂 P123 溶于 120 mL 去离子水中,得到溶液 B。在超声作用下,将溶液 A 缓慢加入溶液 B 中。加完溶液 A 后,将高强度的超声探头(宁波新芝公司,探头直径为 2 cm,超声频率为 20 kHz,功率为 250 W/cm^2)直接浸入反应液中,超声辐射 180 min。超声辐射过程中,利用循环水浴控制反应液体的温度在 30 ℃ 以下。为了比较制备条件对 CdS 样品结构性能的影响,在不同条件下分别制备样品。样品 CdS-a 为在室温下直接搅拌 10 h 获得;样品 CdS-b 为在室温下超声辐射 3 h 获得;样品 CdS-c 为 180 ℃ 下水热处理 10 h 获得;样品 CdS-d 为超声辐射 3 h 后并 180 ℃ 水热处理 10 h 获得。

各样品的结晶性能分析见图 6-8(a)中的 XRD 谱图。当样品在室温下搅拌 10 h 时,获得的样品 CdS-a 的衍射峰强度非常弱,表明所制备的 CdS 结晶性能很差,几乎是无定形态。超声制备的 CdS-b 样品在 2θ 为 26.6°、43.9°和 52.2°时出现了很强的衍射峰。这些衍射峰与 β-立方晶相硫化镉的(111)、(220)和(311)晶面

(JCPDS 卡 10-0454)相一致。这些衍射峰的强度和宽度表明该样品具有良好的结晶度且晶粒尺寸小。同样,水热法制备的样品也可观测到类似的特征衍射峰,但是这些衍射峰的宽度远比超声制备的 CdS 样品的衍射峰窄。图 6-8(a)还表明,超声 CdS 水热处理后只使衍射峰变得尖锐,但并没有改变这些峰的强度。选取(111)晶面衍射峰,利用谢乐公式计算 CdS 的平均晶粒尺寸,结果见图 6-8(b)。样品 CdS-a、CdS-b、CdS-c、CdS-d 的平均晶粒尺寸分别为 5.9 nm、3.3 nm、11.3 nm 和 13 nm。室温下超声辐射 3 h 获得样品 CdS-b,其晶粒尺寸最小,为 3.3 nm。

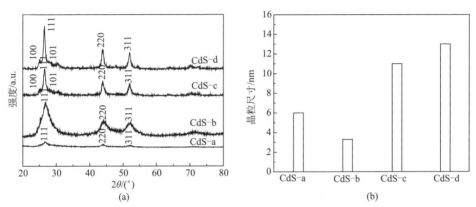

图 6-8　XRD 谱图和谢乐公式所确定的样本平均晶粒尺寸[13]

CdS-a:在室温下搅拌 10 h;CdS-b:在室温下超声辐射 3 h;CdS-c:180 ℃下水热处理 10 h;

CdS-d:超声辐射 3 h 并在 180 ℃下水热处理 10 h

图 6-9 为不同条件下制备的 CdS 的 N_2 吸附脱附等温线和样品孔径分布。所有吸附脱附等温线呈Ⅳ型,这是介孔材料的特性。直接搅拌制备的 CdS-a 显示出最窄的孔径分布。然而,超声法制得的 CdS 样品的孔径分布比直接搅拌和水热法制得的 CdS 样品的更宽。所有样品的 BET 比表面积和孔体积如表 6-5 所示。超声法制备的样品 CdS-b 的比表面积最大($145 \ m^2/g$),水热法制备的样品 CdS-c 的比表面积最小($59 \ m^2/g$)。另外,超声法制备的样品具有更大的孔体积。显然,超声辐射可以大幅度提高样品的比表面积和孔体积。

通过 SEM 和 TEM 分析超声制备的 CdS 和无超声制备的 CdS 的形貌。图 6-10(a)表明,超声法制备的 CdS 样品由一些大量分布均匀、分散性较好的颗粒组成;然而,图 6-10(b)表明水热法制备的 CdS 样品颗粒分布不均匀且分散性较差。图 6-10(c)为超声制备的 CdS 的 TEM 照片,可见超声制备的 CdS-b 为球状聚合体,这些聚合体是由尺寸大小为 2~5 nm 的小颗粒组成的;水热法制备的样品 CdS-c 显示出了更大的颗粒尺寸(图 6-10(d)),为 8~12 nm。

介孔 CdS 纳米晶形成的机理如图 6-11 所示。P123 表面活性剂在大于临界胶束浓度时,形成球状胶束,Cd^{2+} 首先与 P123 表面活性剂相互作用并形成 Cd-(PEO-

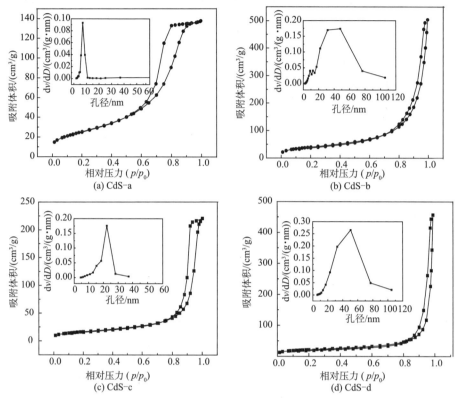

图 6-9　N₂吸附脱附等温线和样品 Barret-Joyner-Halenda(BJH)孔径分布图[13]

表 6-5　样品的比表面积、孔体积和孔径大小

样品	比表面积/(m²/g)	孔体积/(cm³/g)	平均孔径/nm
CdS-a	92	0.21	6.46
CdS-b	145	0.78	31.08
CdS-c	59	0.33	17.90
CdS-d	96	0.70	32.05

PPO-PEO),在超声波辐照下,添加 S^{2-} 与 Cd-(PEO-PPO-PEO)相互碰撞,形成 CdS 纳米粒子。超声产生强烈的微射流,微射流加速初级纳米粒子的碰撞,导致颗粒间的融合聚集。颗粒间的聚集形成孔径分布更宽和比表面积以及孔体积更大的介孔结构。同时空化效应产生局部高温高压的条件使 CdS 从无定形转变到晶型。

　　在可见光照射下(λ>420 nm)测量不同样品降解甲基橙的光催化活性。可见光照射 2 h 后,样品 CdS-a、CdS-b、CdS-c 和 CdS-d 的脱色率分别是 30%、73%、57% 和 70%。超声波制备的样品 CdS-b 的脱色率最高,这是由于其高结晶度、大比表面积和大孔容。

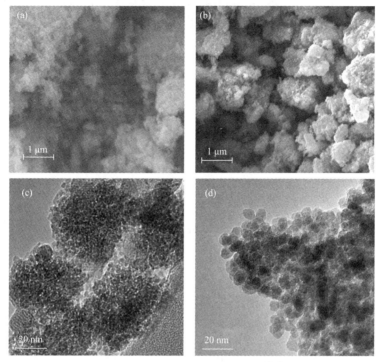

图 6-10　样品 SEM 和 TEM 图像[13]

SEM：(a)CdS-b；(b)CdS-c；TEM：(c)CdS-b；(d)CdS-c

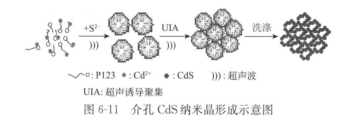

～○：P123　●：Cd^{2+}　●：CdS　)))：超声波

UIA：超声诱导聚集

图 6-11　介孔 CdS 纳米晶形成示意图

6.5　声化学合成介孔 Ag/ZnWO₄纳米棒

$ZnWO_4$为宽禁带的半导体。利用声化学可以制备介孔的 $ZnWO_4$ 纳米棒[14]。其制备工艺如下：

把 0.01 mol $C_4H_6O_4Zn \cdot 2H_2O$、3 g P123、20 mL 乙醇溶于 200 mL 去离子水中,得到溶液 A。将 0.01 mol $Na_2WO_4 \cdot 2H_2O$ 溶于 10 mL 去离子水中,得到溶液 B。在超声波辐射下将溶液 B 缓慢加入溶液 A 中。超声波辐射是将超声探

头(宁波新芝公司,探头直径为 2 cm,超声频率为 20 kHz,功率为 250 W/cm²)浸入反应液进行。超声处理 5 h 后,离心收集粉末,用去离子水和乙醇冲洗 3 次后,干燥获得 ZnWO₄ 纳米棒。然后采用光沉积法将银沉积在 ZnWO₄ 纳米棒获得 Ag/ZnWO₄ 样品。图 6-12 为超声制备获得的 ZnWO₄ 的 XRD 图谱。3 个样品的图谱几乎相同,获得的 ZnWO₄ 为单斜白钨矿晶型。三个样品的衍射峰的强度均较强,表明虽然合成样品的温度是室温,但获得的 ZnWO₄ 具有较高的结晶度。

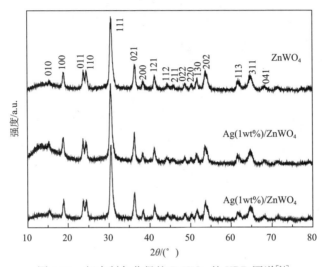

图 6-12　超声制备获得的 ZnWO₄ 的 XRD 图谱[14]

图 6-13 是 ZnWO₄ 和 Ag/ZnWO₄ 样品的 FT-IR 谱。各样品的主要吸收带在 450~1000 cm⁻¹。最大吸收峰在 834 cm⁻¹ 和 877 cm⁻¹ 处为 W—O 在 WO₆ 八面体结构的伸缩振动。在 610 cm⁻¹ 和 532 cm⁻¹ 的吸收峰是由 Zn—O—W 键中氧原子的震动引起的。在 473 cm⁻¹ 和 430 cm⁻¹ 的吸收峰则是由 WO₆ 和 ZnO₆ 八面体中 W—O 键和 Zn—O 键振动引起的,分别为对称和非对称模式的振动吸收。在 3300~3500 cm⁻¹ 的吸收峰是由羟基的伸缩振动引起的。图 6-13 表明,各样品均不存在表面活性剂 P123 的任何有机峰,包括 3000~2800 cm⁻¹ 的伸缩振动峰(—CH₃,—CH₂—),1456 和 1384 cm⁻¹ 的弯曲振动峰,C—H 和 C—O—C 的伸缩振动峰。这表明,P123 在洗涤过程中已完全去除。

图 6-14 为 ZnWO₄ 样品的 N₂ 吸附-脱附等温线及从脱附等温线按 BJH 法计算的 ZnWO₄ 样品孔径分布图。计算结果表明,ZnWO₄ 样品的 BET 比表面积为 30 m²/g,平均孔径约为 21.60 nm,孔体积为 0.16 cm³/g。表 6-6 给出了不同浓度银掺杂的催化剂孔结构和比表面积。可以看出,掺杂了银的催化剂的比表面积和孔体积比纯催化剂的低。高浓度的银沉积使得比表面积和孔体积明显下降。

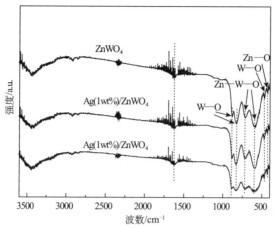

图 6-13　ZnWO₄ 和 Ag/ZnWO₄ 样品的 FT-IR 谱[14]

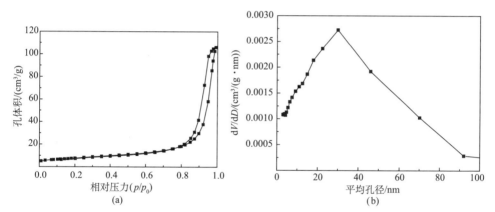

(a)　　　　　　　　　　　　(b)

图 6-14　ZnWO₄ 样品的 N₂ 吸附-脱附等温线

及从脱附等温线按 BJH 法计算的 ZnWO₄ 样品孔径分布图[14]

表 6-6　样品的比表面积和孔体积及孔径

样品	比表面积/(m²/g)	孔体积/(cm³/g)	孔径/nm
ZnWO₄	30	0.16	21.60
Ag(1wt%)/ZnWO₄	28	0.14	20.10
Ag(4wt%)/ZnWO₄	22	0.10	18.00

图 6-15(a) 和图 6-15(b) 表明,超声合成的 ZnWO₄ 为纳米棒,直径为 10 nm,长度为 50~100 nm。图 6-15(c) 和图 6-15(d) 是 Ag(4wt%)/ZnWO₄ 高分辨 TEM 照片。可以看到一些小的球状银纳米颗粒(约 3 nm)沉积在 ZnWO₄ 上。

图 6-16 为声化学合成的 ZnWO₄ 和 Ag/ZnWO₄ 的荧光光谱。选择激发波长为 280 nm,三个样品均在 475 nm 处有发射峰。银纳米粒子沉积对 ZnWO₄ 发光

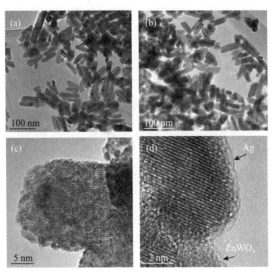

图 6-15　(a)ZnWO₄,(b)Ag(4wt%)/ZnWO₄ 的 TEM 照片；
(c),(d)Ag(4wt%)/ZnWO₄ 的高分辨 TEM 照片[14]

峰强度有显著影响。随着银浓度的增加,发光峰强度逐渐降低。当金属银掺杂在
ZnWO₄晶体中时,银颗粒的电子调控作用可以促进电子空穴的分离从而降低发光
峰的强度。

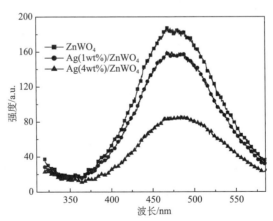

图 6-16　声化学合成的 ZnWO₄ 和 Ag/ZnWO₄ 的荧光光谱[14]

图 6-17 是 ZnWO₄和 Ag/ZnWO₄的紫外可见漫反射吸收光谱。纯的 ZnWO₄
在 380 nm 有吸收,对应的禁带宽度为 3.26 eV,为紫外线吸收。纳米银粒子沉积
在 ZnWO₄表面,在 550 nm 附近出现很强的可见光吸收,为纳米银粒子的表面等
离子共振吸收。

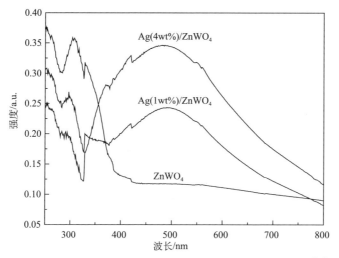

图 6-17　ZnWO$_4$ 和 Ag/ZnWO$_4$ 的紫外可见漫反射吸收光谱[14]

通过测量紫外线(365 nm)照射下水溶液染料罗丹明 B(RhB)的浓度变化,对 ZnWO$_4$ 和 Ag/ZnWO$_4$ 的光催化活性进行了评价。图 6-18(a)为超声制备的 ZnWO$_4$ 纳米棒在紫外线下降解染料罗丹明 B 的吸收曲线随光照时间的变化关系。图 6-18(b)表明,照射 100 min 后,ZnWO$_4$、Ag(1wt%)/ZnWO$_4$ 和 Ag(4wt%)/ZnWO$_4$ 对染料的降解率分别为 40%、76% 和 67%。银的沉积可以进一步提高 ZnWO$_4$ 纳米棒的光催化活性。由于超声制备的 ZnWO$_4$ 纳米棒密度高,很容易分离和回收,因此 Ag/ZnWO$_4$ 很容易回收利用。图 6-19 表明,Ag/ZnWO$_4$ 在回收利用中活性没有明显变化。这表明,超声制备的 ZnWO$_4$ 纳米棒具有良好的实际应用前景。

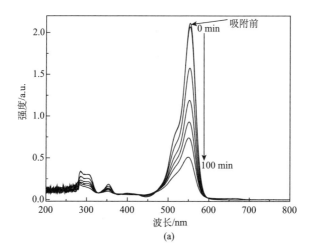

(a)

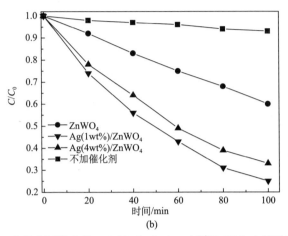

图 6-18　光催化活性比较(a)RhB 在 Ag(1wt%)/ZnWO$_4$ 中的浓度变化；
(b)RhB 在不同催化剂中的浓度变化[14]

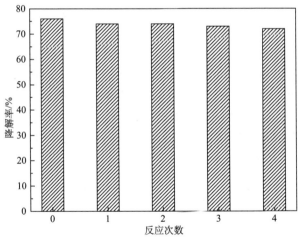

图 6-19　Ag(1wt%)/ZnWO$_4$ 的循环使用的光催化性能比较[14]

6.6　声化学合成介孔 SrTiO$_3$

ABO$_3$钙钛矿型氧化物广泛应用于制备铁电、光电、薄膜电子元件等。晶体大小对材料的电学和光学性能影响很大。因此发展可以控制钙钛矿型氧化物晶体尺寸的合成方法非常重要。SrTiO$_3$是属于 ABO$_3$结构的钙钛矿型氧化物，具有良好的介电、压电和光电性能。SrTiO$_3$传统的合成方法是共沉淀和溶胶-凝胶方法，但都需要在 1000 ℃以上的高温进行煅烧。高温煅烧导致 SrTiO$_3$晶体尺寸普遍大于 10 nm。半导体的纳米效应普遍要求颗粒尺寸在 1~10 nm,才能体现奇特的光纤和电学效应。因此合成晶粒尺寸小于 10 nm 的 $SrTiO_3$ 是一个挑战。Yu 等[15]发展了利用声化学在室温和常压下合成尺寸可控的介孔钙钛矿型 ABO_3 氧化物的方法。其制备工艺过程如下:

在 100 mL 的锥形瓶中,将 0.03 mol $Sr(OH)_2 \cdot 8H_2O$ 和等摩尔的异丙醇钛溶解在乙醇溶液中。在超声波辐射下(Branson, USA, 3210E, DTH, 47 kHz, 120 W),加入适量的去离子水进行水解异丙醇钛。水和乙醇的总体积控制在 60 mL,乙醇的体积分别控制在 10 mL、20 mL、30 mL、40 mL 和 50 mL。在超声波处理过程中控制反应温度为 50 ℃,在超声波辐照 2 h 后,将产生的固体产物过滤,然后利用 0.1 mol/L 的醋酸水溶液和乙醇洗涤,在 100 ℃下干燥。研究表明,$SrTiO_3$ 的晶粒尺寸可以通过调节醇/水比控制在 6.0~28.8 nm,随着乙醇含量的增加,$SrTiO_3$ 的晶粒尺寸逐渐减小。而氮气物理吸附表明,生成的 $SrTiO_3$ 具有介孔结构和比较大的比表面积。获得的不同样品的平均晶粒尺寸和比表面积结果见表 6-7。

表 6-7　不同样品的平均晶粒尺寸和比表面积

样品	加入乙醇体积/mL	加入水体积/mL	平均晶粒尺寸/nm[a]	$S_{BET}/$ (m^2/g)[b]	$SrTiO_3$含量/ %
$SrTiO_3 - a$	50	10	6.0	476	14.5
$SrTiO_3 - b$	40	20	9.2	411	17.5
$SrTiO_3 - c$	30	30	14.4	343	22.2
$SrTiO_3 - d$	20	40	24.3	311	27.8
$SrTiO_3 - e$	10	50	28.8	230	40.0

注:[a] 根据谢乐公式计算;[b] 根据 BET 方程计算获得。

6.7　声化学合成介孔 Fe_2O_3

Fe_2O_3 纳米材料由于具有多价氧化态和表面效应等优点,在催化、传感和磁性材料等多个领域得到广泛的应用和关注。Fe_2O_3 纳米材料的性能与它本身的形貌尤其是晶型相关。对于 Fe_2O_3,α 晶型和 γ 晶型在性能上是截然不同的。α-Fe_2O_3 在温度超过其居里温度(956 K)时是顺磁性的,而 γ-Fe_2O_3 在室温下是亚铁磁性材料,在高温下不稳定且随着时间的延长失去其磁性。另外纳米粒子的粒径与其性能也有密切的关系,大块 γ-Fe_2O_3 属于亚铁磁性,当尺寸小于 20 nm 左右时,在室温下则表现出超顺磁性。为了更好地调控粒子粒径和晶型,人们研究了激光裂解[16]、共沉淀[17]、溶胶-凝胶[18]和微乳液法[19]等多种制备方法。Srivastava 等[20]研究表明,声化学可以用来合成介孔结构 Fe_2O_3。以乙醇铁和十六烷基三甲基溴化铵(CTAB)作为铁的前驱体和介孔模板剂。其合成过程如下:

将 2.5 mmol 乙醇铁(III)放入烧杯中,然后加入还有 1 mmol 十六烷基三甲基溴化铵(CTAB)的乙醇溶液,然后继续加入 60 mL 蒸馏水。加入 40 mL 氨水将溶液调节至碱性即 pH=10.6。将超声探头深入溶液进行辐射 3 h。超声辐照条件:频率为 20 kHz,功率为 100 W/cm²。待超声辐射完成,用去离子水洗涤样品,在真空干燥。样品中的模板剂通过加热煅烧或乙醇萃取除去。图 6-20 为所制备样品没有煅烧和经过 350 ℃、500 ℃煅烧后的 XRD 谱。样品经过 350 ℃和 500 ℃煅烧后具有很好的结晶度,为 γ-Fe₂O₃。氮气物理吸附表明,合成的 γ-Fe₂O₃ 具有介孔结构。利用乙醇溶解除掉模板剂后的 γ-Fe₂O₃ 的比表面积为 274 m²/g,具有类似 MCM-41 的孔径,孔径尺寸为 3.9 nm 左右。

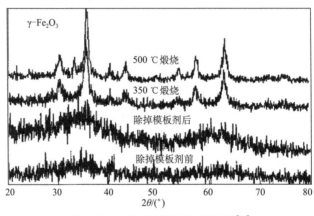

图 6-20　γ-Fe₂O₃ 样品的 XRD 谱[20]

6.8　声化学合成介孔双晶 TiO₂

TiO₂ 的光催化性能除了和它本身的物理性能相关,还和它的晶型密切相关。利用声化学,在模板剂的导向下,可以制备介孔结构的纳米双晶 TiO₂[21]。其制备过程如下:

将 0.032 mol 异丙醇钛和 3.2 g 三嵌段模板剂(EO₂₀PO₇₀EO₂₀)溶解在 20 mL 无水乙醇中。搅拌 1 h 后,在超声波辐射下,逐滴加入 100 mL 去离子水中。滴加完后,继续用超声波探头辐射 3 h,超声频率为 20 kHz,功率密度为 100 W/cm²。超声波发射采用间歇式,即 3 s 发生,1 s 中停。超声辐射完成后进行离心分离,在 100 ℃下干燥。对干燥后的样品在 400 ℃ 焙烧 1 h。表 6-8 为超声波辐射直接制备的样品和对样品焙烧后的晶相组成、比表面积、孔体积和孔径分布情况。由该表可见,不管是有模板剂还是没有模板剂,超声辐射制备 TiO₂ 样品均具有锐钛矿和板钛矿相,且比表面积和孔体积较大。

表 6-8　所制备 TiO₂ 样品的晶相组成、比表面积、孔体积和孔径分布[21]

样品	锐钛矿相		板钛矿相		比表面积/ (m^2/g)	孔尺寸/ nm	孔体积/ (cm^2/g)
	晶粒尺寸/ nm	含量/%	晶粒尺寸/ nm	含量/%			
TiO₂-a(无模板剂)	6.2	55.5	3.0	44.5	172	6.0	0.27
TiO₂-b(无模板剂, 400 ℃焙烧)	7.7	59.5	5.4	40.5	112	6.7	0.24
TiO₂-c(有模板剂)	6.9	49.5	9.1	50.5	192	7.3	0.32
TiO₂-d(有模板剂, 400 ℃焙烧)	7.5	51.0	11.5	49.0	128	9.2	0.30

6.9　声化学合成介孔 ZnO

以醋酸锌为原料通过超声辐射可以合成介孔 ZnO 纳米结构[22]。将 1.5 g $C_4H_6O_4Zn \cdot 2H_2O$ 溶解于由 N,N-二甲基甲酰胺(DMF)和去离子水(10%)组成的混合溶液。溶解完前驱体后,在氩气保护下进行超声辐照 3 h。对超声辐照完后的产物进行离心分离,并用乙醇洗涤数次,得到介孔 ZnO。

图 6-21 为声化学制备介孔纳米结构 ZnO 的 N_2 吸附/脱附等温线。ZnO-M 和 ZnO-H 是分别在超声功率为 150 W 和 300 W 时制备的样品。两个样品均表

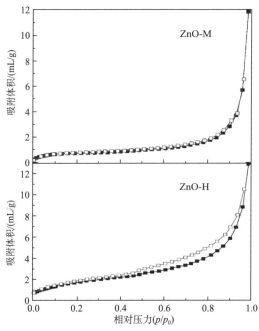

图 6-21　声化学制备介孔纳米结构 ZnO 的 N_2 吸附/脱附等温线[22]

现出了介孔性质。平均孔径分别为 2.5 nm 和 14.3 nm。在低功率下（150 W，ZnO-M），超声空化产生小且规则的气泡，在气泡表面发生醋酸锌的声化学水解，反应如下：

$$Zn^{2+} + H_2O \longrightarrow ZnO + 2H^+ \tag{6.1}$$

空化产生气泡的形状和尺寸一致性决定了产出的 ZnO 纳米粒子小，且尺寸均匀。另外，高功率超声制备的 ZnO-H（300 W）内部存在大且不规则的孔道。由于在此条件下，空化气泡产生和破裂都是迅速完成的，破裂气泡表面温度很高。因此，随着醋酸锌迅速水解，形成的 ZnO 纳米粒子发生溶解。大量高能量和很多不规则气泡的破裂过程导致形成的 ZnO 粒子内部存在大且不规则的孔道。此外，在破裂气泡表面最初形成的 ZnO 溶解，导致多孔粒子变成晶格缺陷的单一实体。

6.10　超声-水热法合成介孔 $Ce_{0.5}Zr_{0.5}O_2$

水热法制备纳米材料，具有节能、环保等优点，且容易实现对纳米材料形貌和晶体结构的控制合成。如果将声化学方法引入水热合成过程，结合两者的优点，可以在纳米材料合成方面发挥独特的作用。例如，利用超声-水热法可以制备出介孔 $Ce_{0.5}Zr_{0.5}O_2$[23]。其制备过程如下：

在磁力搅拌下，用氨水调节 $(NH_4)_2Ce(NO_3)$ 和 ZrOCl 混合溶液的 pH 为 10 左右，置于超声水热反应器中。超声水热反应器构造如图 6-22 所示。反应器是 Ti-Al 合金做成的，配有 19 cm² 钛合金超声变幅杆。超声换能器的功率为 130 W，超声频率为 20 kHz。超声变幅杆由 O 型橡胶圈紧密地装在反应器底部。温度是通过反应器外面装有可移动的热电偶控制加热套实现的，热电偶和加热器控制面板连接在一起。容器内部压力反映在标准数字化压力表上。通入气流冷却超声波传感器。在制备介孔 $Ce_{0.5}Zr_{0.5}O_2$ 时，先设置好超声参数（温度：80 ℃，时间：1 h，压力：常压），将反应物料装入密闭反应器。控制温度升高到 200 ℃，继续超声

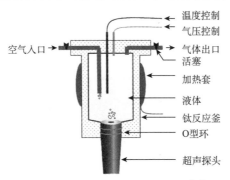

图 6-22　超声水热反应器示意图[23]

6 h。所制得的样品为具有介孔结构的 $Ce_{0.5}Zr_{0.5}O_2$。在固液多相反应体系中,空化泡破裂使材料产生很多不规则的孔道。

参 考 文 献

[1] Tanev P T,Chibwe M,Pinnavaia T J. Titanium-containing mesoporous molecular-sieves for catalytic-oxidation of aromatic-compounds. Nature,1994,368:321-323.

[2] Yu C L,Shu Q,Zhang C X,et al. A sonochemical route to fabricate the novel porous F,Ce-codoped TiO_2 photocatalyst with efficient photocatalytic performance. J. Porous Mater,2012,19:903-911.

[3] Weng Q H,Wang X B,Zhi C Y,et al. Boron nitride porous microbelts for hydrogen storage. ACS Nano,2013,7(2):1558-1565.

[4] Wang W S, Sa Q, Chen J H, et al. Porous TiO_2/C nanocomposite shells as a high-performance anode material for lithium-ion batteries. ACS Appl. Mater. Interfaces,2013,5(14):6478-6483.

[5] Mak A C,Yu C L,Yu J C,et al. A lamellar ceria structure with encapsulated platinum nano-particles. Nano-Research,2008,(1):474-482.

[6] Yu C L,Yu J C. Sol-gel derived S,I-codoped mesoporous TiO_2 photocatalyst with high visible-light photocatalytic activity. J. Phys. Chem. Solids,2010,71:1337-1343.

[7] Yu C L,Yu J C,Zhou W Q,et al,The effects of P and WO_3 codoping on the structure and photocatalytic activity of mesoporous TiO_2 photocatalyst. Catal. Lett. ,2010,140:172-183.

[8] 林惠明. 介孔材料的合成与应用研究. 长春:吉林大学,2010.

[9] Kresge C T,Leonowicz M E,Beck J S,Ordered mesoporous molecular-sieves synthesized by a liquid-crystal template mechanism. Nature,1992,359:710-712.

[10] Wang Y D,Ma C L,Sun X D,et al. Synthesis and characterization of mesoporous TiO_2 with wormhole-like framework structure. Appl. Catal. A:Gen. ,2003,246(1):161-170.

[11] Hwang Y K,Lee K C,Kwon Y U. Nanoparticle routes to mesoporous titania thin films. Chem. Commun. ,2001,8:1738,1739.

[12] 余长林,周晚琴,操芳芳,等. 室温下超声波辐照制备介孔结构的 TiO_2 及其光催化性能. 声学学报,2012,37(4):393-400.

[13] Yu C L,Zhou W Q,Yu J C,et al. Rapid fabrication of CdS nanocrystals with well mesoporous structure though ultrasound irradiation at room temperature. Chem. Res. Chinese Universities,2012,28(1):124-128.

[14] Yu C L,Yu J C. Sonochemical fabrication,characterization and photocatalytic properties of Ag/$ZnWO_4$ nanorod catalyst. Mater. Sci. Eng. B,2009,164(1):16-22.

[15] Yu J C,Zhang L Z,Li Q,et al. Sonochemical preparation of nanoporous composites of titanium oxide and size-tunablestrontium titanate crystal. Langmuir,2003,19(18):7673-7675.

[16] Martelli S,Mancini A,Giorgi R,et al. Production of iron-oxide nanoparticles by laser-

induced pyrolysis of gaseous precursors. Appl. Surf. Sci. ,2000,154-155:353-359.

[17] Sugimoto T,Matijevic E. Formation of uniform spherical magnetite particles by crystallization from ferrous hydroxide gels. J. Colloid Interface Sci. ,1980,74(1):227-243.

[18] Lam U T, Mammucari R, Suzuki K, et al. Processing of iron oxide nanoparticles by supercritical fluids. Ind. Eng. Chem. Res. ,2008,47(3):599-614.

[19] Pang Y X,Bao X J. Aluminium oxide nanoparticles prepared by water-in-oil microemulsions. J. Mater. Chem. ,2002,12(12):3699-3704.

[20] Srivastava D N, Perkas N, Gedanken, et al. Sonochemical synthesis of mesoporous iron oxide and accounts of its magnetic and catalytic properties. J. Phys. Chem. B,2002,106(8): 1878-1883.

[21] Yu J C,Zhang L Z,Yu J G. Direct sonochemical preparation and characterization of highly active mesoporous TiO_2 with a bicrystalline framework. Chem. Mater. , 2002, 14 (11): 4647-4653.

[22] Pal U, Kim C W, Jadhav N A, et al. Ultrasound-assisted synthesis of mesoporous ZnO nanostructures of different porosities. J. Phys. Chem. C,2009,113(33):14676-14680.

[23] Camille C, Yannick G,Chave T,et al. Sonohydrothermal synthesis of nanostructured (Ce,Zr) O_2 mixed oxides with enhanced catalytic performance. J. Phys. Chem. C,2013,117(44): 22827-22833.

第 7 章　声化学制备金属纳米结构

7.1　金属纳米结构概述

一维金属纳米结构如纳米棒、纳米线、纳米带和纳米管由于它们在介观物理和纳米器件制备上的特殊应用引起了科学家的广泛关注。例如,一维纳米结构为研究电子传输、热传递和机械性能的量子约束效应提供理想的模型,它们也有可能作为纳米开关和功能元件在制备电子、光电子、电化学和电子机械等纳米器件中发挥重要作用。为了促进纳米性能的研究和纳米器件方面的应用,需要尽可能多地制备尺寸和形状可控的其他纳米材料。虽然现在金属纳米结构可以通过许多方法制备,但制备尺寸和形状(特别是新颖形状)可控的纳米粒子和纳米结构是一个巨大的挑战。制备金属纳米结构的关键是控制粒子的大小并获得较窄的粒度分布和控制粒子的形状,所需的设备也尽可能简单,易于操作。其制备要求一般要达到表面洁净、粒子的单分散性很好、易于分离、有较好的热稳定性和高质量、高产率等几个方面。

目前制备金属纳米结构的方法很多,主要分为物理方法和化学方法,化学方法主要是种子法和非种子法。

7.2　金属纳米结构的制备方法

7.2.1　溅射法[1,2]

溅射法的基本原理为:用两块金属板分别作为阴极和阳极,阴极为蒸发用材料,在两电极间充入 Ar(40~250 Pa),两极间施加的电压范围为 0.3~1.5 kV。由于两极间的辉光放电使氩离子形成,在电场作用下氩离子冲击阳极靶材表面,使靶材原子从其表面蒸发出来形成超微粒子,并在附着面上沉积下来。粒子的大小及尺寸分布主要取决于两极间的电压、电流、气体压力。靶材的表面积越大,原子的蒸发速度越高,超微粒的获得量越大。溅射法制备纳米粒子的优点是:①可以制备多种纳米金属,包括高熔点和低熔点金属。常规的热蒸发法只能适用于低熔点金属;②能制备出多组元的化合物纳米粒子,如 Cu_{91}、Mn_9 等;通过加大被溅射阴极表面可加大纳米微粒的获得量。这个方法的最大特点是可以通过控制两极间的电压、电流和气体压力来控制目标纳米粒子的尺寸。

7.2.2　非种子水溶液化学法

最普通的方法就是用柠檬酸盐还原金属盐,这样制备出的金属纳米粒子的尺寸在 10～20 nm 以内,并有一个相对窄的尺寸分布[3,4]。制备尺寸更小的金属纳米粒子最常用的方法是在包裹剂(烷基硫)的存在下,用硼氢化物还原金属盐得到直径为 1～3 nm 的金属纳米粒子[5]。通过改变这个硫醇即包裹剂的浓度,它的尺寸能够被控制[6]。对于柠檬酸盐还原这一方法,柠檬酸盐既是还原剂也是包裹剂,并由于它弱的还原性和弱的包裹性,所以合成的纳米粒子的平均尺寸相对来说是比较大的。相比较而言,使用强的还原剂(NaBH$_4$),导致形成更多的晶核,而且它的强的包裹剂(烷基硫醇)可以强烈抑制它的生长。

7.2.3　种子水溶液化学法[7,8]

在种子生长法里,先制备出小的金属纳米粒子,然后将它作为种子(成核中心)制备更大的纳米粒子。种子生长法已经用来制备尺寸可控的 Au、Ag、Ir、Pd 和 Pt 纳米粒子。假如能够控制好种子(成核中心)的数量和纳米粒子的生长条件(抑制任何第二次成核),只要简单地改变种子与金属盐浓度的比率就可以控制纳米粒子的尺寸。一般来说,这些条件一般包括使用足够弱的还原剂,以至于在粒子生长阶段没有种子不能还原金属盐。当种子与金属盐浓度的比率相对少时,种子的存在经常诱发进一步的成核而不是粒子的生长,最终导致合成的纳米粒子具有非常宽的尺寸分布。为了避免多余的成核,粒子逐步生长法更有优势,在所有粒子生长步骤里,必须保持种子和金属盐之间相对高的比例。

7.2.4　软模板法

在溶液中,高浓度的表面活性剂和液晶材料等形成的有序结构也可以作为合成一维金属纳米结构的模板,此类模板被称为软模板。表面活性剂在一定浓度下构成的反胶束、正胶束及其具有球形微区的微乳胶经常被用作制备纳米粒子的模板。例如,以棒状胶束为取向模板可以制备获得金纳米棒或银纳米棒和纳米线[9-12]。它们通过控制种子的浓度可以制备出长径比不同的纳米棒。

7.2.5　非模板法

非模板法是指不使用任何模板(包括硬模板和软模板)只通过控制反应条件(如还原剂浓度、反应时间、反应温度等)合成金属纳米棒或纳米线等一维纳米材料。例如,Xia 小组[13-15]用这种方法制备出了银纳米线,他在包裹剂 PVP 存在的情况下,用乙烯乙二醇(也作为溶剂)还原硝酸银得到银纳米线,并通过控制 PVP

与硝酸银的比例制备出不同长径比的纳米棒或纳米线。

上述几种方法都可以合成长径比可控的一维纳米材料。几种方法各有优缺点,物理方法的反应操作及其机理比较简单,但是面临条件控制比较难、设备比较复杂和昂贵等缺点,合成的纳米材料也不是很理想,尺寸分布可能不均匀等;硬模板法由于有固定的腔体(固定的孔径大小和模板的厚度),长径比的控制比较理想也比较容易,但由于要最终得到一维纳米材料,需要用有腐蚀性的介质除去硬模板,所以会破坏它的纳米结构。另外,由于孔径小或薄的硬模板难于制备,所以使用这种方法难于制备直径小的或短的一维纳米材料;软模板是制备一维纳米材料比较理想的方法,它既有一定的腔体,纳米材料分离时又容易除去。非模板法是制备一维纳米材料最简单的方法,但要理想地控制它的长径比,对反应条件的控制往往比较苛刻。

超声波在空化时可以产生还原性很强的·H、·R 等自由基,这些自由基可以用来还原各种金属前驱体,形成金属纳米结构,具有快速和操作简单的优点。

7.3　声化学制备金属纳米结构

7.3.1　超声波频率对 Au 纳米颗粒的影响

Okitsu 等[16]研究了超声波频率对 Au^{3+} 还原速率和合成的 Au 纳米颗粒尺寸和粒径分布的影响。其实验过程如下:

超声振荡器的直径为 55 mm,所使用的频率分别为 213 kHz、358 kHz、647 kHz、1062 kHz,超声波的功率为(0.1 ± 0.01) W/mL。将 200 mL $HAuCl_4$ $(0.2$ mmol/L)溶液加入到反应容器中,然后通氩气,为了加速 Au^{3+} 的还原,在反应溶液中加入一定量的 1-丙醇。在超声辐射过程中,反应容器外部通循环水冷却,控制反应溶液的温度在(21 ± 2) ℃。在超声辐照过程中一直通氩气。在超声完成时,取出少量反应溶液加入到含 PVP 质量分数为 1% 的溶液中,防止生成的 Au 纳米颗粒发生聚集。

图 7-1 为超声频率对 Au^{3+} 还原速率的影响,可以看出除了 20 kHz 外,Au^{3+} 还原速率随着频率的增大,还原速率逐渐减小,即 $v_{213\,kHz} > v_{358\,kHz} > v_{647\,kHz} > v_{1062\,kHz} > v_{20\,kHz}$。

在有机物存在的情况下,超声还原 Au^{3+} 经历以下 4 个反应[17-19]:

$$H_2O \longrightarrow \cdot OH + \cdot H \tag{7.1}$$

$$RH + \cdot OH(\cdot H) \longrightarrow \cdot R + H_2O(H_2) \tag{7.2}$$

$$RH \longrightarrow 热解基团,不稳定产物 \tag{7.3}$$

$$Au^{3+} + 还原基团(\cdot R, \cdot H 等) \longrightarrow Au(0) \tag{7.4}$$

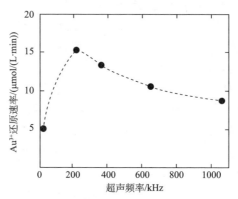

图 7-1　不同超声频率下的 Au^{3+} 还原速率[16]

还原条件:Au^{3+} 浓度:0.2 mmol/L;1-丙醇浓度:20 mmol/L;气氛:氩气;超声功率:0.1 W/mL

反应(7.1)~(7.3)表明,声化学产生了·R、·H 等还原性基团,其中,·H 来自水的超声波分解,·R 和 H$_2$ 来自于 RH 和 ·OH(·H)的消除反应,其中还有一些基团来自于 RH 和 H$_2$O 的热解。最后具有还原性的基团将 Au^{3+} 还原成 Au 纳米颗粒。以上反应表明 Au^{3+} 的还原速率主要取决于不同频率下产生·R、·H 的速率。另外频率的改变可能引起以下因素的改变,空化泡崩溃时里面的压力和温度;空化泡的数目和分布;空化泡的大小和数目;空化泡崩溃动力学等。这些因素都会影响到 Au^{3+} 的还原。

固定超声波的频率为 213 kHz,即使在反应体系没有稳定剂的条件下,也可以得到粒径分布很窄的 Au 纳米颗粒,Au 纳米颗粒的平均粒径在 15.5 nm。图 7-2(a)和图 7-2(b)分别为声化学合成 Au 纳米颗粒的透射电镜照片和粒径分布图。

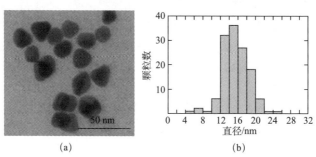

(a)　　　　　　　　(b)

图 7-2　(a)声化学合成 Au 纳米颗粒的透射电镜照片;
(b)声化学合成 Au 纳米颗粒的粒径分布图[16]

图 7-3 为超声波频率对合成 Au 纳米颗粒的平均粒径的影响。该图表明,Au 纳米颗粒的平均粒径是超声波频率的函数。通过控制超声波的频率来控制尺寸是非常重要的。图 7-4 表明,Au 纳米颗粒的尺寸和 Au^{3+} 还原速率刚好相反,即

Au 纳米颗粒的平均粒径随还原速率的增加而减小。这个现象表明,成核过程对决定 Au 纳米颗粒的粒径大小非常密切,因为成核和还原速率是紧密联系在一起的。

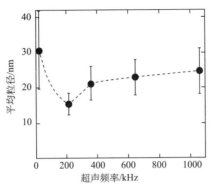

图 7-3　超声波频率对合成 Au 纳米颗粒的平均粒径的影响[16]

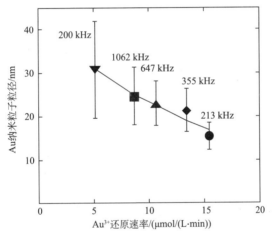

图 7-4　Au 纳米颗粒的平均粒径和 Au^{3+}还原速率的关系[16]

7.3.2　声化学制备 Pd 纳米粒子

Pd 纳米粒子在很多催化反应中发挥着重要的作用。Nemamcha 等[17]设计了如图 7-5 所示的探头式超声波发生器用来制备金属 Pd 纳米粒子,并考察了 Pd 纳米粒子前驱体硝酸钯(Pd(NO$_3$)$_2$)浓度对 Pd 纳米粒子尺寸的影响。

其制备程序为:将 1.25 mg Pd(NO$_3$)$_2$溶解在 30 mL 去离子水中制成 Pd(NO$_3$)$_2$溶液。另外,在玻璃反应容器中加入 40 mL 乙二醇和 0.2 g PVP,磁力搅拌 15 min 溶解。然后在乙二醇溶液中分别加入前面 0.5 mL、1 mL、1.5 mL 和

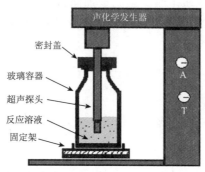

图 7-5　探头式超声波发生器制备金属 Pd 纳米粒子示意图[17]

2 mL的 $Pd(NO_3)_2$ 溶液,配成 4 份不同浓度的 $Pd(NO_3)_2$ 溶液。分别是 A:0.66×10^{-3} mol/L 的 $Pd(NO_3)_2$;B:1.33×10^{-3} mol/L 的 $Pd(NO_3)_2$;C:2×10^{-3} mol/L 的 $Pd(NO_3)_2$;D:2.66×10^{-3} mol/L 的 $Pd(NO_3)_2$。将反应玻璃容器密封后,利用超声波探头进行辐射 180 min,超声波的频率为 50 kHz。超声辐射完成后,$Pd(NO_3)_2$ 反应溶液的颜色由淡黄色变为深褐色。声化学还原 Pd^{2+} 所涉及的主要反应,如下面方程式(7.5)~(7.7)所示。Pd^{2+} 主要由超声空化产生的有机自由基还原[18]。

$$H_2O \longrightarrow \cdot OH + \cdot H \tag{7.5}$$

$$HOCH_2CH_2OH + \cdot OH(\cdot H) \longrightarrow HOCH_2C \cdot HOH + H_2O(H_2) \tag{7.6}$$

$$nPd^{2+} + 2nHOCH_2C \cdot HOH \longrightarrow nPd + 2nHOCH_2CHO + 2nH^+ \tag{7.7}$$

超声空化作用使水分解产生 ·OH 和 ·H。生成的 ·OH 和 ·H 使乙二醇发生消去反应而被消耗掉,生成具有还原性的 $HOCH_2C \cdot HOH$ 有机基团,该有机基团使 Pd^{2+} 还原成 Pd 纳米粒子。如图 7-6 所示,随着 Pd^{2+} 逐渐被还原成 Pd 纳米粒子,溶液的 pH 逐渐下降,这就证实了有大量的 H^+ 生成。在声化学还原 Pd^{2+} 成 Pd 时,所使用 $Pd(NO_3)_2$ 溶液的浓度对最终生成的 Pd 纳米粒子的粒径仅略有影响。不同 $Pd(NO_3)_2$ 溶液的浓度对最终生成的 Pd 纳米粒子粒径的影响见表 7-1。该表表明,在 $Pd(NO_3)_2$ 溶液的 Pd^{2+} 浓度为 $0.66 \times 10^{-3} \sim 2.66 \times 10^{-3}$ mol/L 时,声化学所制备的 Pd 纳米粒子平均粒径可控制在 2~6 nm 范围之内。

7.3.3　声化学制备 Pt 纳米粒子

利用超声波辐射同样可以制备 Pt 纳米粒子。Okitsu 等[18]设计了如图 7-7 所示的超声波制备体系。这是个多波段超声波发生器(Kaijyo,4021),使用直径为 65 mm 的钛酸钡超声波能量转换器进行超声波辐射,超声波的频率为 200 kHz,输入功率为 200 W。使用时将 60 mL 反应溶液放在 150 mL 的圆柱型玻璃反应器中。利用硅橡胶圈进行密封,防止反应体系暴露在空气中,同时超声波辐射过

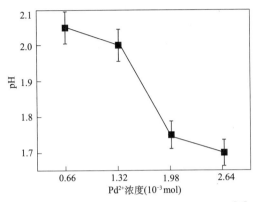

图 7-6　溶液的 pH 随 Pd^{2+} 浓度的变化关系[18]

表 7-1　反应溶液的 Pd^{2+} 浓度对生成 Pd 纳米粒子粒径的影响

样品/(mol/L)	平均粒径/nm
A(0.66×10^{-3})	3.5
B(1.33×10^{-3})	4.5
C(2.0×10^{-3})	5.5
D(2.66×10^{-3})	2.5

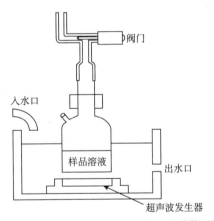

图 7-7　超声波辐射制备 Pt 纳米粒子实验装置图[18]

程中可通入氩气和对样品进行抽真空。该反应容器的底部非常薄（1 mm），能够很好地接收发生的超声波辐射。在超声波辐射之前，反应溶液先通氩气，然后密封进行超声波辐射。超声波发生时，通循环水进行冷却，控制体系温度为 20 ℃左右。该系统可以产生高强度的超声波辐射（200 kHz，6 W/cm²）。在表面活性剂十二烷基苯磺酸钠（SDBS）存在的情况下，可以通过声化学制备单分散球形 Pt 纳米粒子，且控制 Pt 纳米粒子的平均粒径在 2.6 nm 左右。在这个 $PtCl_4^{2-}$/SDBS 系统，Pt 纳米粒子的生成率为 26.7 μmol/min。在超声空化过程中产生了三种还原性基团,即 SDBS 分解产生的还原性基团、氢原子自由基和 SDBS 相反应产生的自由基,这些还原性自由基和 $PtCl_4^{2-}$ 反应生成金属 Pt 纳米粒子。

图 7-8 是在不同条件下进行超声波辐射或使用 γ 射线辐射,Pt^{2+} 浓度随辐射时间的变化关系图。

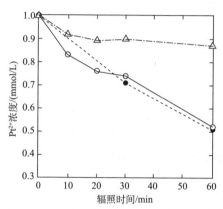

图 7-8　Pt^{2+} 浓度随辐射时间的变化关系[18]

K_2PtCl_4 的初始浓度为 1 mmol/L;十二烷基苯磺酸钠浓度为 8 mmol/L;○表示在通氩气下进行辐射;
△表示在通氩气和添加特丁醇(20 mmol/L)情况下进行辐射;●表示用 γ 射线进行辐射(强度 2.5 kGy/h)

该图表明,在通氩气的情况下进行超声波辐射时 Pt^{2+} 的还原速率和使用 γ 射线辐射的还原速率差不多。该反应系统涉及的反应如下:

还原性基团的产生:$RH(SDBS) \longrightarrow R'(还原性基团 a)$ 　　　　(7.8)

$\quad \cdot OH(\cdot H) + RH \longrightarrow R''(还原性基团 b) + H_2O(H_2)$ 　　(7.9)

Pt^{2+} 还原的主要反应:

$R'(或 R'') + Pt^{2+}(Pt^{1+}) \longrightarrow Pt^{1+}(Pt^0) + H^+ + X(生成的稳定的物质)$

(7.10)

$$1/2H_2 + Pt^{2+}(Pt^{1+}) \longrightarrow Pt^{1+}(Pt^0) + H^+ \qquad (7.11)$$

$$\cdot H + Pt^{2+}(Pt^{1+}) \longrightarrow Pt^{1+}(Pt^0) + H^+ \qquad (7.12)$$

$$nPt^0 \longrightarrow Pt_n^0 \qquad (7.13)$$

该反应制的 Pt 纳米粒子的直径在(2.6±0.6) nm。生成的 Pt 纳米粒子具有很好的结晶性能。图 7-9 为声化学制备的 Pt 纳米粒子的 XRD 谱图。

7.3.4　声化学制备 Au 纳米棒

Au 纳米棒由于在传感器、表面增强拉曼光谱、癌细胞光热疗等方面具有广泛的应用前景,而获得人们的广泛重视[19-23]。这些应用主要是基于 Au 纳米棒的独特的物理化学性质。Au 纳米棒的物理化学性质可以通过它的尺寸和长宽比进行控制。目前制备 Au 纳米棒的方法主要有模板法[24,25]、电化学方法[26,27]和光辐

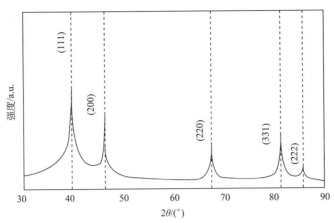

图 7-9　声化学制备的 Pt 纳米粒子的 XRD 谱图

射[28,29]等。而应用最广泛的是在十六烷基三甲基溴化铵(CTAB)存在下的晶种介入生长法[30,31]。这个方法主要包含两个步骤。第一步是合成具有适当尺寸的纳米金粒子晶种,然后把纳米晶种加入到有 CTAB 的溶液中进行生长。Au 纳米棒的尺寸、长宽比和产率对晶种大小、还原剂、无机添加物、表面活性剂和有机添加剂等密切相关。此外 Au 纳米棒还和实验程序密切相关。由于存在太多的影响 Au 纳米棒生长的不确定因素,所以实验的重复性往往比较差。发展更简单的合成方法非常必要。Okitsu 等[32]发现利用声化学可以合成形貌和长宽比可控的 Au 纳米棒的一锅法。发现仅通过控制反应溶液的 pH 就可以方便地实现对金纳米棒形貌和长宽比的控制。其实验过程基本如下:

所使用的超声波的频率为 200 kHz,功率为 200 W。反应溶液为 60 mL 的水溶液,水溶液有 0.167 mmol $HAuCl_4$ 和 0.10 mol CTAB,同时添加 1.2 mL $AgNO_3$(4.0 mmol/L)和 240 μL 抗坏血酸。反应溶液的 pH 为 3.5。Au^{3+} 遇到抗坏血酸首先生成 Au^+。在超声条件下 Au^+ 再进行还原生成 Au 纳米颗粒。超声辐射前,反应溶液通氩气 15 min,然后进行超声辐射。超声辐射反应时,用水浴冷却,控制反应液的温度为 27 ℃。用 NaOH 和盐酸调节反应溶液的 pH。超声空化所引起的反应主要有

$$H_2O \longrightarrow \cdot OH + \cdot H \tag{7.14}$$

$$CTAB + \cdot OH(\cdot H) \longrightarrow 还原基团 + H_2O(H_2) \tag{7.15}$$

$$CTAB + H_2O \longrightarrow 热解基团 + 不稳定产物 \tag{7.16}$$

$$Au^+ + M(各种还原基团) \longrightarrow Au^0 + H + M' \tag{7.17}$$

$$nAu^0 \longrightarrow (Au^0)_n \tag{7.18}$$

$$(Au^0)_n + Au^0 \longrightarrow (Au^0)_{n+1} \tag{7.19}$$

反应式(7.19)表明,超声还原生成的 Au^0 吸附在 Au 核上形成$(Au^0)_n$。图 7-10(a)

是在反应溶液的 pH＝3.5 时超声辐射 180 min 所形成的 Au 纳米颗粒的透射电镜照片。该图表明,超声辐照生成的 Au 纳米颗粒都是纳米棒,其长度在 10～50 nm。图 7-10(b)是生成不同长宽比的 Au 纳米棒或纳米颗粒的分布图。形成纳米棒的长宽比为 1.5～2.0 的分布基本为 0。此外,长宽比小于 1.5 的球形、立方体和不规则形貌颗粒比例大约为 20％。

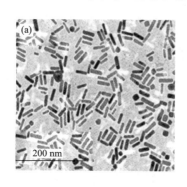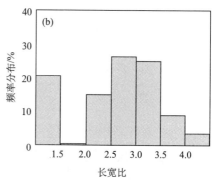

图 7-10　(a)在氩气气氛下和溶液的 pH＝3.5,超声辐射 Au$^+$ 180 min 时生成的
Au 纳米颗粒的透射电镜照片;(b)生成不同长宽比的 Au 纳米棒或纳米颗粒的分布[32]

图 7-11(a)～(e)为不同 pH 下超声辐射 180 min 所形成的 Au 纳米棒或纳米粒子的透射电镜照片。可以发现 Au 纳米粒子的形貌和长宽比强烈地依赖于 pH。在 pH＝6.5 时平均长宽比为 2.1;在 pH＝5.0 时,长宽比＜2.2;在 pH＝3.5 时,长宽比＜3.0。而长宽比小于 1.5 通常认为不属于纳米棒。当反应体系 pH＝7.7 时,Au 纳米粒子的形貌变为不规则;当 pH＝9.8 时,Au 纳米粒子更小,且为球形。

图 7-12 为不同 pH 条件下合成的 Au 纳米粒子的紫外可见吸收光谱。可以看出 Au 纳米粒子的等离子共振吸收和反应体系的 pH 密切相关。随着 pH 的增加,Au 纳米粒子的等离子共振吸收波向短波方向移动。也就是随着生成 Au 纳米粒子的长宽比减小,Au 纳米粒子等离子共振吸收波向短波方向移动。以上表明利用超声辐射可以简单方便地合成不同长宽比的 Au 纳米棒。

7.3.5　声化学制备其他金属纳米颗粒

利用超声波辐射还可以制备其他金属纳米颗粒,例如,制备粒径尺寸为 50～70 nm 的金属 Cu 纳米颗粒[33],壳-核结构的尺寸为 20 nm 左右的 Ag@Au 纳米合金[34],Pt-Ru 纳米合金粒子(5～10 nm)[35],Pd@Au 纳米合金(～8 nm)[36],Au-Ag 纳米合金粒子(～30 nm)[37-41]等。总之,声化学在合成金属纳米粒子方面具有简单方便的特点,且能较容易实现对金属粒子形貌的控制。

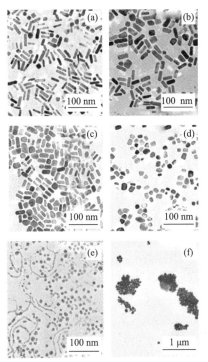

图 7-11 (a)～(e)在不同 pH 下超声辐照 180 min 生成 Au 纳米棒或纳米粒子的透射电镜照片[32]

(a)pH=3.5,(b)pH=5.0,(c)pH=6.5,(d)pH=7.7,(e)pH=9.8,

(f)pH=9.8 时无超声辐照保留 180 min 形成的 Au 纳米颗粒

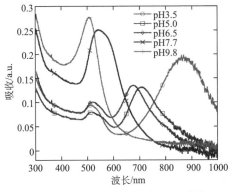

图 7-12　不同 pH 条件下合成的 Au 纳米粒子的紫外可见吸收光谱[32]

参 考 文 献

[1] Kobayashi M,Saraie J,Matsunami H. Hydrogenated amorphous silicon films prepared by an ion-beam-sputtering technique. Appl. Phys. Lett. ,1981,38:696.

[2] Mandieh M L,Bondybcy V E,Reents W D. Reactive etching of positive and negative silicon cluster ions by nitrogen dioxide. J. Chem. Phys. ,1987,86:4245.

[3] Turkevieh J,Garton G,Stevenson P C. The color of colloidal gold. J. Colloid Sci. ,1954,9: 26-35.

[4] Frens G. Controlled nucleation for the regulation of the particle size in monodisperse gold suspensions. Nature,1973,241:20-22.

[5] Brust M,Walker M,Bethell D,et al. Synthesis of thiol-derivatised gold nanoparticles in a two-phase liquid-liquid system. Chem. Commun. ,1994,7:801,802.

[6] Hostetler M J,Wingate J E,Zhong C J,et al. Alkanethiolate gold cluster molecules with core diameters from 1. 5 to 5. 2 nm:Core and monolayer properties as a function of core size. Languir,1998,14(1):17-30.

[7] Chen S W,Templeton A C,Murray R W. Monolayer-protected cluster growth dynamics. Langmuir,2000,16(7):3543-3548.

[8] Yu C L,Zhou W Q,Zhu L H,et al. Integrating plasmonic Au nanorods with dendritic like-$Bi_2O_3/Bi_2O_2CO_3$ heterostructures for superior visible-light-driven photocatalysis. Appl. Catal. B,2016,184:1-11.

[9] Jana N R,Geatheart L,Murphy C J. Wet chemical synthesis of silver nanorods and nanowires of controllable aspect ratio. Chem. Commun. ,2001,17(7):617,618.

[10] Jana N R,Geatheart L,Murphy C J. Wet chemical synthesis of high aspect ratio cylindrical gold nanorods. J. Pys. Chem. B,2001,105(19):4065-4067.

[11] Jana N R,Geatheart L,Murphy C J. Seed-mediated growth approach for shape-controlled synthesis of spheroidal and rod-like gold nanoparticles using a surfactant template. Adv. Mater. ,2001,13(18):1389-1393.

[12] Murphy C J,Jana N R. Controlling the aspect ratio of inorganic nanorods and nanowires. Adv. Mater,2002,14(1):80-82.

[13] Sun Y,Mayers B T,Xia Y. Template-engaged replacement reaction:A one-step approach to the large-scale synthesis of metal nanostructures with hollow interiors. Nano Lett. ,2002,2 (5):481-485.

[14] Sun Y, Xia Y. Large-scale synthesis of uniform silver nanowires through a soft, self-seeding,polyol process. Adv. Mater,2002,14(11):833-837.

[15] Sun Y,Yin Y,Mayers B T,et al. Uniform silver nanowires synthesis by reducing $AgNO_3$ with ethylene glycol in the presence of seeds and poly(vinyl pyrrolidone). Chem. Mater. , 2002,14(11):4736-4745.

[16] Okitsu K,Ashokkumar M,Grieser F. Sonochemical synthesis of gold nanoparticles:Effects of ultrasound frequency. J. Phys. Chem. B,2005,109(44):20673-20675.

[17] Nemamcha A,Rehspringer J L,Khatmi D. Synthesis of palladium nanoparticles by sonochemical reduction of palladium(Ⅱ)nitrate in aqueous solution. J. Phys. Chem. B,2006,110(1):383-387.

[18] Okitsu K,Bandow H,Maeda Y. Sonochemical preparation of ultrafine palladium particles.

Chem. Mater. ,1996,8(2):315-317.

[19] Mizukoshi Y, Oshima R, Maeda Y, et al. Preparation of platinum nanoparticles by sonochemical reduction of the Pt(II)ion. Langmuir,1999,15(8):2733-2737.

[20] Agarwal A, Huang S W, O'Donnell M, et al. Targeted gold nanorod contrast agent for prostate cancer detection by photoacoustic imaging. J. Appl. Phys. ,2007,102(6):064701.

[21] Lee K S,El-Sayed M A. Gold and silver nanoparticles in sensing and imaging:Sensitivity of plasmon response to size,shape,and metal composition. J. Phys. Chem. B,2006,110(39): 19220-19225.

[22] Orendorff C J,Gearheart L,Jana N R,et al. Aspect ratio dependence on surface enhanced Raman scattering using silver and gold nanorod substrates. J. Phys. Chem. Chem. Phys. , 2006,8(1):165-170.

[23] Huang X,El-Sayed I H,Qian W,et al. Cancer cell imaging and photothermal therapy in the near-infrared region by using gold nanorods. J. Am. Chem. Soc. ,2006,128(6):2115-2120.

[24] van der Zande B M I,Bohmer M R,Fokkink L G J,et al. Aqueous gold sols of rod-shaped particles. J. Phys. Chem. B,1997,101(6):852-854.

[25] Esumi K,Matsuhisa K,Torigoe K. Preparation of rodlike gold particles by UV irradiation using cationic micelles as a template. Langmuir,1995,11(9):3285-3287.

[26] Yu Y Y,Chang S S,Lee C L,et al. Gold nanorods:Electrochemical synthesis and optical properties. J. Phys. Chem. B,1997,101(34):6661-6664.

[27] Mohamed M B,Ismail K Z,Link S,et al. Thermal reshaping of gold nanorods in micelles. J. Phys. Chem. B,1998,102(47):9370-9374.

[28] Niidome Y, Nishioka K, Kawasaki H, et al. Rapid synthesis of gold nanorods by the combination of chemicalreduction and photoirradiation processes;morphological changes depending on the growing processes. Chem. Commun. ,2003,18:2376,2377.

[29] Kim F,Song J H,Yang P. Photochemical synthesis of gold nanorods. J. Am. Chem. Soc. , 2002,124(48):14316,14317.

[30] Jana N R,Gearheart L,Murphy C J. Wet chemical synthesis of high aspect ratio cylindrical gold nanorods. J. Phys. Chem. B,2001,105(19):4065-4067.

[31] Nikoobakht B,El-Sayed M A. Preparation and growth mechanism of gold nanorods(NRs) using seed-mediated growth method. Chem. Mater. ,2003,15(10):1957-1962.

[32] Okitsu K,Sharyo K,Nishimura R. One-pot synthesis of gold nanorods by ultrasonic irradiation: The effect of pH on the shape of the gold nanorods and nanoparticles. Langmuir,2009,25(14): 7786-7790.

[33] Xu H X,Kenneth S S. Sonochemical synthesis of highly fluorescent Ag nanoclusters. J. Am. Chem. Soc. ,2010,4(6):3209-3214.

[34] Jiang L P,Xu S,Zhu J M,et al. Ultrasonic-assisted synthesis of monodisperse single-crystalline silver nanoplates and gold nanorings. Inorg. Chem. ,2004,43:5877-5883.

[35] Vinodgopal K,He Y H,Ashokkumar M,et al. Sonochemically prepared platinum-ruthenium

bimetallic nanoparticles. J. Phys. Chem. ,2006,110(9):3849-3852.

[36] Dhas N A, Raj C P, Gedanken A. Synthesis, characterization, and properties of metallic copper nanoparticles. Chem. Mater,1998,10:1446-1452.

[37] Anandan S, Grieser F, Ashokkumar M. Sonochemical synthesis of Au-Ag core-shell bimetallic nanoparticles. J. Phys. Chem. C,2008,112(39):15102-15105.

[38] Vinodgopal K, He Y H, Ashokkumar M, et al. Sonochemically prepared platinum-ruthenium bimetallic nanoparticles. J. Phys. Chem. B,2006,110(9):3849-3852.

[39] Mizukoshi Y, Fujimoto T, Nagata Y, et al. Characterization and catalytic activity of core-shell structured gold/palladium bimetallic nanoparticles synthesized by the sonochemical method. J. Phys. Chem. B,2000,104(25):6028-6032.

[40] Radziuk D, Shchukin D, Mohwald H. Sonochemical design of engineered gold-silver nanoparticles. J. Phys. Chem. C,2008,112(7):2462-2468.

[41] 程敬泉. 银、金纳米材料的超声化学、电化学制备与表征. 天津:天津大学,2005.

第8章 声化学沉积金属纳米颗粒

8.1 沉积金属纳米颗粒

金属纳米粒子具有独特的体积效应、表面效应、量子尺寸效应和宏观量子隧道效应等性能。另外金属纳米粒子具有大比表面积、表面原子及活性中心数多等优点。因此,金属纳米粒子在光、电、磁、催化领域的研究和应用日益受到各国的重视。金属纳米粒子具有很高的表面能,通常容易互相发生聚集,因此绝大部分金属纳米粒子的使用,尤其在催化领域,是首先将其进行负载,然后进行使用。将金属纳米粒子负载的优点是使金属纳米粒子具备优越的分散性,同时可以达到有效利用自然界储备不足的贵金属资源的目的,可以在很大程度上降低其在工业应用中的使用成本。例如,多数的贵重金属钯、金、银、铂等在催化剂中的使用均是负载型催化剂。负载型金属纳米粒子的制备方法主要有浸渍法、沉淀法、γ 射线辐射法、溶胶-凝胶法和微乳液法等。超声空化效应可以产生很多还原性基团($\cdot$R,$\cdot$H 等),利用这些还原性基团可以将金属纳米粒子进行原位还原-沉积在载体上,得到高分散性的负载型金属纳米粒子。

8.2 声化学制备高分散的 Pd/Al_2O_3

在溶液中,加入 Al_2O_3 粉体,利用频率为 200 kHz 的超声波进行辐射,可以把氯钯酸还原并同时进行原位沉积,制备高分散的 Pd/Al_2O_3 催化剂。研究发现,Pd^{2+} 的还原速率主要取决于溶液中添加醇的种类。另外 Pd 纳米粒子的分散度随 Pd^{2+} 的还原速率增加而增加。Pd 纳米粒子声化学沉积主要经过三个步骤[1]:

第一步是超声空化使水和醇分子分解产生还原性基团,还原性基团使 Pd^{2+} 还原生成 Pd 核;第二步是 Pd 核迅速聚集,生长成 Pd 纳米粒子;第三步是生成的 Pd 纳米粒子沉积在 Al_2O_3 表面。声化学制备高分散的 Pd/Al_2O_3 的装置如图 8-1 所示。用循环水浴控制声化学辐射时溶液的温度为 20 ℃,超声波的频率为 200 kHz,功率为 6 W/cm^2,超声振荡器直径为 65 mm,材料为钛酸钡。反应容器为柱状玻璃容器,容量为 190 mL,一端和硅橡胶塞相连,用来通气控制反应气氛或和空气气氛相连。反应器底部的厚度为 1 mm,直径为 55 mm。反应时将玻璃容器固定在超声振荡器上。在反应容器中加入含有浓度为 1 mmol/L Pd^{2+} 的水溶液 65 mL,同时加入 α-Al_2O_3 粉体,Al_2O_3 浓度为 10.5 g/L,形成悬浮体系。在超声发生前,通高纯氩气 30 min,除去体系中的空气。在超声辐射前,通过硅橡胶塞向悬浮体系注射乙醇。在超声辐射时对反应容器进行密闭。

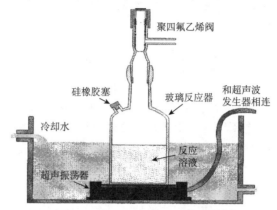

图 8-1　声化学制备 Pd/Al_2O_3 装置[1]

图 8-2 是在 Al_2O_3 浓度为 2.02 g/L,Pd^{2+} 的浓度为对应 Pd^{2+} 全部还原时 Pd 占 Al_2O_3 质量分数为 5% 的浓度。图 8-2 表明,在加入乙醇的情况下,超声波辐射使 Pd^{2+} 迅速还原。但是不添加乙醇,超声波辐射不能引起 Pd^{2+} 还原。另外,Pd^{2+} 的还原速率还取决于所添加醇的种类。可以发现 Pd^{2+} 的还原速率随醇中碳原子数的增加而增加。原因是随着醇中碳原子数的增加,醇在超声波作用下更容易产生还原性的有机基团。

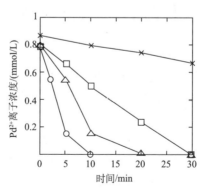

图 8-2　Pd^{2+} 在超声波辐照下随时间的变化关系

条件:2.02 g/L Al_2O_3,20 mmol/L 醇;× 表示不添加醇;□ 表示甲醇;△ 表示乙醇;○ 表示 1-丙醇

超声波辐射下,引起 Pd^{2+} 的还原对应如下:

$$H_2O+)))\longrightarrow H\cdot +HO\cdot \tag{8.1}$$

$$RHOH+H\cdot (HO\cdot)\longrightarrow \cdot R_{ab}+H_2O(H_2) \tag{8.2}$$

$$RHOH+))) \longrightarrow \cdot R_{py} \tag{8.3}$$

$$Pd^{2+}+H\cdot \longrightarrow Pd^{+}+H^{+} \tag{8.4}$$

$$Pd^{2+}+\cdot R_{ab}(\cdot R_{py}) \longrightarrow Pd^{+}+R+H^{+} \tag{8.5}$$

$$Pd^{+}+H\cdot(\cdot R_{ab},\cdot R_{py}) \longrightarrow Pd+R+H^{+} \tag{8.6}$$

反应(8.1)～反应(8.3)表明,在超声波作用下生成了不同的还原基团。各种还原性基团来自于:① ·H 来自于水的声解;② ·R_{ab} 由醇(RHOH)和·OH 或·H 起消除反应生成;③ ·R_{py} 由 RHOH 的热解生成。还原性基团·H、·R_{ab} 和·R_{py} 均可以和 Pd^{2+} 起反应,生成 Pd 纳米粒子。

表 8-1 是在添加不同醇条件下,超声辐射在 Al_2O_3 表面沉积的 Pd 纳米粒子的平均粒径和 Pd^{2+} 的还原速率。该表表明,Pd^{2+} 的还原速率和生成的 Pd 纳米粒子粒径与所添加醇的种类密切相关。在 Pd^{2+} 的浓度为 1wt% 和 5wt% 时,添加 1-丙醇使 Pd^{2+} 的还原速率达到最大值,分别为 120 μmol/(L·min) 和 130 μmol/(L·min)。此时沉积的 Pd 纳米粒子的平均粒径最小。添加甲醇使 Pd^{2+} 的还原速率最小,同时生成 Pd 纳米粒子的平均粒径最大。这个研究表明通过控制添加醇的种类和反应溶液中 Pd^{2+} 的浓度就可以实现对沉积在 Al_2O_3 表面的 Pd 纳米粒子粒径的控制。

表 8-1　超声辐射下在 Al_2O_3 表面沉积的 Pd 纳米粒子的平均粒径和 Pd^{2+} 的还原速率[1]

反应条件[a]	平均粒径/nm	还原速率/(μmol/(L·min))[b]
1wt%,1-丙醇	6.8	120
1wt%,乙醇	7.4	52
1wt%,甲醇	7.9	15
5wt%,1-丙醇	8.6	130
5wt%,乙醇	10.0	53
5wt%,甲醇	11.3	25

注:a Pd 的质量分数和添加醇的种类;b 在超声辐射 5 min 时 Pd^{2+} 的平均还原速率。

图 8-3 为声化学制备 1wt% Pd/Al_2O_3 的透射电镜照片,沉积在 Al_2O_3 的 Pd 纳米粒子的平均粒径为 6.8 nm。

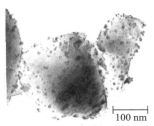

100 nm

图 8-3　声化学制备 1wt% Pd/Al_2O_3 的透射电镜照片[1]

反应条件为:Pd^{2+} 浓度为 1 mmol/L;1-丙醇浓度为 20 mmol/L;

Al_2O_3 浓度为 10.5 g/L;超声辐射时间为 30 min

8.3　在 SiO₂ 表面沉积高分散的 Au 和 Ni

利用声化学反应可以将粒径为 5 nm 的 Au 纳米颗粒沉积在 SiO₂ 微球上[2]。在反应器中,将 200 mg 粒径为 200~600 nm 的 SiO₂ 和 0.2 mL 氯金酸(HAuCl₄)加入到 100 mL 去离子水中,然后在悬浮体系中通氩气 2 h,除去体系中的空气和氧气。利用钛合金超声探头浸入悬浮液中进行超声辐射 45 min。超声的频率为 20 kHz,功率为 40 W/cm²。在超声辐射过程中,逐滴添加 5~7 mL 浓度为 24% 的氨水。将反应池置于丙酮冷却池中,控制超声辐射过程中反应液体的温度为 20~25 ℃。超声辐射完成后,离心分离,在真空下干燥 12 h。然后将得到的样品放在马弗炉中于 500 ℃ 煅烧 3 h。图 8-4 为所制备的 Au/SiO₂ 的透射电镜照片。在 SiO₂ 表面沉积了一层 Au 纳米颗粒。声化学使水声解为 H·和 HO·,产生的 H·引起 AuCl₄⁻ 还原成 Au 纳米粒子,Au 纳米粒子沉积在 SiO₂ 上。

100 nm

图 8-4　声化学制备 Au/SiO₂ 的透射电镜照片[2]

同样,在氩气气氛下,利用高强度的超声辐射含有 SiO₂ 微球和 Ni(CO)₄ 的十氢化萘悬浮体系,可以在 SiO₂ 微球表面沉积粒径范围为 10~15 nm 的 Ni 纳米颗粒[3]。获得的 Ni/SiO₂ 的透射电镜照片如图 8-5 所示。该图清晰地表明 SiO₂ 微球表面沉积了大量的 Ni 纳米颗粒。

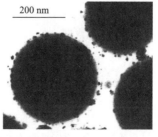

200 nm

图 8-5　SiO₂ 微球表面沉积的 Ni 纳米颗粒的透射电镜照片[3]

8.4　声化学制备高分散的 Pt/MWNT

碳纳米管具有优异的电、机械和结构性能,近年来,被广泛用作催化剂载体。碳纳米管负载的金属纳米粒子具有良好的催化性能,因此,如何制备高分散性的碳纳米管负载型催化剂引起人们的重视。利用超声辐射可以制备高分散性的多壁碳纳米管(MWNT)[4]。声化学处理 MWNT 的过程如下:

将 10.0 mg MWNT(95%)置于 25 mL 烧杯中,然后添加 9.4 mL HNO₃(69%)、8.0 mL H₂SO₄(96.2%)和 0.6 mL 去离子水,制成 8 mol/L 的 HNO₃ 和 8.0 mol/L 的 H₂SO₄ 溶液。将获得的溶液搅拌 1 min,然后置于超声清洗器中,超声处理 2 h。重复处理两次,将聚集的 MWNT 进行分散。将经过处理的 MWNT 进行离心分离,然后用去离子水洗涤 5 次,得到高分散的 MWNT。利用乙二醇还原法制备 Pt/MWNT。将制得的高分散 MWNT 置于 25 mL 烧杯中。加入 15 mL 乙二醇水溶液,其中乙二醇和水体积比为 2∶1,同时添加 0.01 mol/L 的 K₂PtCl₄ 水溶液,进行磁力搅拌并加热到 125 ℃,还原处理 2 h。然后进行离心分离,用去离子水洗涤,干燥。图 8-6 为声化学制备的 30%Pt/MWNT 的透射电镜照片。由该图可见,大部分的 Pt 纳米粒子处于高分散态而沉积在碳纳米管上,聚集的 Pt 纳米粒子很少。Pt 纳米粒子平均粒径为(4.46±1.33) nm.

图 8-6　声化学制备的 30%Pt/MWNT 的透射电镜照片[4]

8.5　TiO₂ 介孔中沉积 Au 纳米簇和 Ag 纳米颗粒

在分子筛的孔道中沉积金属纳米粒子,通常首先是将金属离子前驱体通过吸附或离子交换附着在孔道上,然后将附着的金属离子进行还原而沉积在孔道中。但是,在浸渍过程中,金属离子前驱体更容易吸附在表面而不是内孔道中,因为在金属离子前驱体的吸附过程中,存在着固-液质量传输限制,这种限制作用,使金属离子前驱体很难在内孔道中进行吸附。因此,通常利用浸渍法制备的纳米金属粒子更易沉积在载体的外表面。

　　为了使金属离子前驱体吸附在内表面,通常采用具有某些功能基团的化学试剂对载体的孔道先进行修饰。例如,采用硫醇、胺、有机硅烷等对分子筛 SBA-15 进行功能化以后,再吸附金离子和其他金属纳米团簇[5,6]。但是,改性时在分子筛中存在的有机基团很容易造成金属或载体活性中心中毒。因此,发展直接将金属离子前驱体沉积或吸附在载体内表面的方法非常重要。

　　利用声化学结合光化学还原可以在 TiO_2 介孔中非常容易地实现均匀沉积 Au 纳米簇[7]。该法利用中等强度的超声波辐射 $AuCl_4^-$ 和 TiO_2 形成的悬浮液,可以促进 $AuCl_4^-$ 在 TiO_2 介孔的质量传递,同时赶出 TiO_2 内孔中的气泡,促进 $AuCl_4^-$ 在孔道中的吸附和沉积。另外,声化学产生的 H·,可以使 $AuCl_4^-$ 部分还原成 $AuCl_3^-$ 或 $AuCl_2^-$ 而均匀地分散到 TiO_2 内孔道中。在 TiO_2 介孔膜中沉积 Au 纳米簇的实验过程如下:将一小块 TiO_2 介孔膜(平均孔径为 1.5 nm)浸渍在一小瓶装有 4 mL 含 20 mg 的 $HAuCl_4 \cdot 3H_2O$ 的水溶液中。将瓶子进行抽真空后,并置于超声波清洗器中超声处理 3~5 min,超声波的频率为 47 kHz,功率为 120 W。超声处理完成后,将 TiO_2 膜进行紫外线(254 nm)照射 2 h,得到高分散的 Au/TiO_2,其合成示意图如图 8-7 所示。图 8-8 是 TiO_2 介孔中沉积 Au 纳米簇的透射电镜照片,可见在 TiO_2 孔道中沉积了大量高分散的 Au 纳米颗粒。

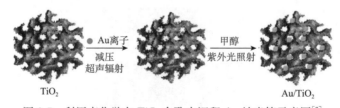

图 8-7　利用声化学在 TiO_2 介孔中沉积 Au 纳米簇示意图[7]

图 8-8　TiO_2 介孔中沉积 Au 纳米簇的透射电镜照片[7]

$AuCl_4^-$ 在 TiO_2 介孔中被还原成 Au 并沉积下来的主要反应如下:

$$H_2O +))) \longrightarrow H· + HO· \tag{8.7}$$

$$AuCl_4^- + 2H· \longrightarrow AuCl_2^- + 2H^+ + 2Cl^- \tag{8.8}$$

$$TiO_2 + 紫外线 \longrightarrow e^- + h^+ \tag{8.9}$$

$$AuCl_2^- + e^- \longrightarrow Au^0 + 2Cl^- \tag{8.10}$$

$$nAu^0 \longrightarrow Au_n^0 \tag{8.11}$$

声化学产生的 H·,可以使 $AuCl_4^-$ 部分还原成 $AuCl_3^-$ 或 $AuCl_2^-$ 而均匀地分散到 TiO_2 内孔道中。TiO_2 在紫外线照射下,TiO_2 价带中的电子发生跃迁,产生光生电子(e^-),生成的 e^- 使 $AuCl_2^-$ 进一步还原成 Au^0,生成的 Au^0 聚集成 Au_n^0 而沉积在 TiO_2 孔道中。

利用相同的方法,可以在 TiO_2 膜中的介孔均匀沉积 Ag 纳米颗粒[8]。图 8-9 为声化学法在 TiO_2 介孔中沉积 Ag 纳米颗粒的透射电镜照片。在 TiO_2 膜介孔中均匀沉积着大量粒径为 5 nm 左右的 Ag 纳米颗粒。这种 Ag/TiO_2 膜在催化氧化 CO 中表现出了较高的催化活性。

图 8-9　TiO_2 介孔中沉积 Ag 纳米颗粒的透射电镜照片[8]

8.6　在 CeO_2 介孔中沉积 Pt 纳米颗粒

首先以表面活性剂 P123($EO_{20}PO_{70}EO_{20}$,平均分子量为 5800)为模板,以 $CeCl_3 \cdot 7H_2O$ 为 CeO_2 的前驱体制备层状介孔 CeO_2。将 16 mL 无水乙醇、0.75 g P123 和 12 mL 去离子水混合形成透明溶液,然后加入 2.8 g $CeCl_3 \cdot 7H_2O$ 搅拌形成溶胶,在 80 ℃下老化 2~4 天,干燥后,于 400 ℃煅烧 4 h,获得层状介孔 CeO_2。制备的介孔 CeO_2 透射电镜照片如图 8-10 所示。由该图清晰可见 CeO_2 的孔道。同时氮气物理吸附测试表明该介孔 CeO_2 的比表面积为 162 m^2/g,孔体积为 0.28 cm^3/g,平均孔径为 7.9 nm。

在介孔 CeO_2 中进行声化学沉积 Pt 纳米粒子[9]。将 CeO_2 浸入装有 10 mL 含 50 mg 的 $PtCl_4$ 水溶液的试剂瓶中。试剂瓶置于超声清洗器中超声处理 15 min,然后离心分离,用去离子水和无水乙醇洗涤,于 100 ℃干燥得到 Pt/CeO_2。声化学沉积 Pt 纳米粒子的反应如下:超声空化使 H_2O 声解,产生 H·,H· 很容易使

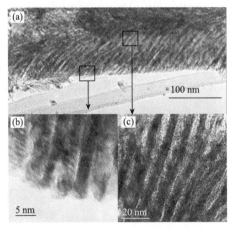

图 8-10　层状介孔 CeO_2 的透射电镜照片[9]

Pt^{4+} 还原成 Pt,在 CeO_2 孔道中沉积下来。

$$H_2O \xrightarrow{\hspace{0.3em})))\hspace{0.3em}} H\cdot + \cdot OH \tag{8.12}$$

$$PtCl_4 + 4H\cdot \longrightarrow Pt^0 + 4Cl^- + 4H^+ \tag{8.13}$$

$$nPt^0 \longrightarrow Pt_n \tag{8.14}$$

在 CeO_2 中沉积的 Pt 纳米粒子的透射电镜照片见图 8-11。由该图可见,在 CeO_2 孔道中沉积着大量 Pt 纳米粒子。对声化学制备的介孔 Pt/CeO_2 和采用普通浸渍法制备的 Pt/CeO_2 进行水汽变化反应活性测试,结果见图 8-12。该图表明,在含有相同含量的 Pt 时,声化学制备的介孔 Pt/CeO_2 表现出对 CO 更高的氧化活性,其主要原因是,在声化学制备的 Pt/CeO_2 中,Pt 纳米粒子具有更高的分散度,能提供更多的 CO 氧化反应活性位。

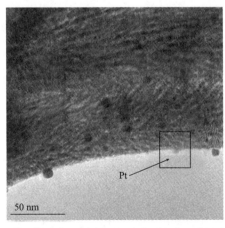

图 8-11　CeO_2 声化学沉积的 Pt 纳米粒子的透射电镜照片[9]

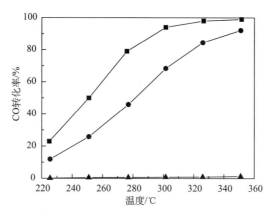

图 8-12　不同方法制备的 Pt/CeO₂ 在水汽变换的活性比较[9]
■:声化学制备的介孔 Pt/CeO₂;●:浸渍法制备的 Pt/CeO₂;▲:介孔 CeO₂

8.7　在 TiO₂ 不同晶面进行声化学沉积 Au 纳米颗粒

　　贵金属-氧化物体系在光催化剂、化学传感器和多相催化剂中具有广泛的应用,一直是催化领域的研究重点[10-13]。这个体系通常表现出一些令人感兴趣的催化性能。例如,在 Au/TiO₂ 体系中,在可见光照射下,Au 和 TiO₂ 均不能表现出明显的光催化活性。但是当 Au 纳米颗粒和 TiO₂ 以适当的方式结合在一起时,可以表现出优秀的可见光催化活性[13]。这就表明,在这个复合体系中,Au 和 TiO₂ 的界面相互作用对催化性能的影响非常关键。在 Au/TiO₂ 体系中,TiO₂ 作为载体支撑 Au 纳米颗粒,同时在 TiO₂ 被光激发时,导带中产生的电子将转移到 Au,另外当 Au 纳米颗粒发生表面等离子共振吸收时,Au 产生的电子将转移给 TiO₂[14]。很明显,TiO₂ 表面的原子结构将直接影响 Au 和 TiO₂ 的相互作用,因为 TiO₂ 的表面原子排列和配位环境将决定对 Au 纳米粒子的吸附能和分散状态,进而影响到 Au 和 TiO₂ 间的电子转移和传递。表面原子排布和配位环境随不同暴露晶面而改变。在 TiO₂ 不同暴露晶面沉积 Au 纳米粒子,然后研究不同晶面的 Au/TiO₂ 与光催化活性的关系,对于理解 Au 与 TiO₂ 间的相互作用具有重要意义。

　　Lin 等[15]首先利用水热法分别制备具有(001)和(101)高暴露晶面的锐钛矿 TiO₂ 单晶。然后利用声化学法在 TiO₂ 的(001)和(101)晶面沉积粒径在 10~11 nm 的 Au 纳米颗粒。在 TiO₂ 的(001)和(101)晶面声化学沉积 Au 纳米颗粒的实验过程如下:

　　在烧杯中分别取 10 mg 制备好的具有高暴露(001)晶面的 TiO₂((001)晶面占 60%)和高暴露(101)晶面的 TiO₂((101)晶面占 60%)分散在 20 mL 浓度为

2.5 mol/L的甲醇水溶液中,同时加入 0.01 mmol HAuCl₄。然后将此烧杯置于超声波清洗器中进行超声处理 20 min。超声的频率为 40 kHz,功率为 150 W。处理完后,离心分离洗涤,100 ℃下干燥 8 h,获得 Au/TiO₂(101)和 Au/TiO₂(001)样品。图 8-13 为在 TiO₂(101)和(001)晶面声化学沉积的 Au 纳米粒子的透射电镜照片。该图表明在 TiO₂(101)和(001)晶面均匀沉积着粒径为 10～11 nm 的 Au 纳米粒子。AuCl₄⁻ 被还原成 Au 纳米颗粒主要的反应为

$$H_2O+))) \longrightarrow H \cdot + \cdot OH \tag{8.15}$$

$$AuCl_4^- + 3H \cdot \longrightarrow Au^0 + 3H^+ + 4Cl^- \tag{8.16}$$

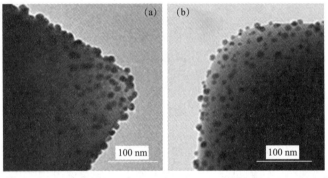

图 8-13　在 TiO₂(101)和(001)晶面声化学沉积的 Au 纳米粒子的透射电镜照片[15]
(a)Au/TiO₂(101);(b)Au/TiO₂(001)

图 8-14 是沉积在 TiO₂(001)晶面上的 Au 纳米粒子高分辨透射电镜照片(HRTEM)。HRTEM分析表明,该 Au 纳米粒子具有非常清晰的间距为 0.20 nm和 0.23 nm 的晶格条纹,这些晶格分别对应于立方晶相的 Au 的(200)和(111)晶面,说明声化学沉积的 Au 纳米粒子具有很好的结晶性能。Au 的(200)和(111)晶面的界面角为 54.7°左右,和理论计算立方晶相的 Au 的(200)和(111)晶面的界面角刚好一致[16,17]。

以可见光为光源,对合成的 Au/TiO₂(101)和 Au/TiO₂(001)进行光催化降解2,4-二氯苯酚。实验结果见表 8-2。该表表明,Au 纳米颗粒的沉积,大幅度提高了 TiO₂(101)和 TiO₂(001)的可见光催化活性。其中 Au 沉积在 TiO₂(001)晶面上对光催化降解活性的提高更为明显。纯 TiO₂(101)和 TiO₂(001)不吸收可见光,因此活性非常低。Au 纳米颗粒的沉积,由于 Au 纳米粒子的表面等离子共振吸收了可见光,所以产生了更高的催化活性。但是为什么 Au 沉积在 TiO₂ 的(001)晶面活性更高呢? 理论计算表明,Au 纳米颗粒在 TiO₂ 的(001)晶面的吸附更强,原因是 TiO₂ 的(001)晶面存在更多不饱和配位的原子,而(101)晶面原子配位更加饱和[18]。由于 Au 和 TiO₂ 的(001)晶面有更强的相互作用,因此电子在Au 和 TiO₂ 的(001)晶面间更容易发生传递,从而有利于光催化活性的提高。

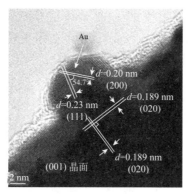

图 8-14 沉积在 TiO$_2$(001)晶面上的 Au 纳米粒子高分辨透射电镜照片[15]

表 8-2 可见光下降解 2,4-二氯苯酚的光催化性能比较

样品	光照 5 h 的降解率
TiO$_2$(101)	6%
TiO$_2$(001)	7%
Au/TiO$_2$(101)	35%
Au/TiO$_2$(001)	60%

为进一步说明活性提高的原因。对光催化产生的超氧自由基(O$_2^{\cdot-}$)进行测试。利用反磁性的超氧自由基捕获剂——二甲基吡咯氮氧化物(DMPO)捕获 O$_2^{\cdot-}$,产生稳定的顺磁性 DMPO-O$_2^{\cdot-}$。利用 DMPO-O$_2^{\cdot-}$产生电子自旋共振(ESR)信号的强弱判断产生 DMPO-O$_2^{\cdot-}$的浓度。图 8-15 为 Au/TiO$_2$(101)和

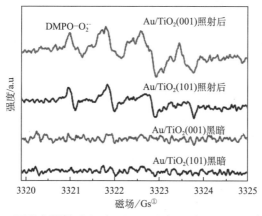

图 8-15 可见光照射下 Au/TiO$_2$(101)和 Au/TiO$_2$(001)产生的 DMPO-O$_2^{\cdot-}$的 ESR 信号[15]

① 1 Gs=10^{-4}T。

Au/TiO$_2$(001)在可见光照射下产生的 ESR 信号的比较。该图表明 Au/TiO$_2$(001)在可见光照射下,ESR 信号最强,表明产生了更高浓度的 DMPO-O$_2^{·-}$。因此 Au/TiO$_2$(001)光催化活性最高的原因是,电子更容易在 Au 和 TiO$_2$ 的(001)晶面间发生传递,产生了更多的 O$_2^{·-}$ 活性自由基。

8.8　声化学制备双金属 Pt-Cu 沉积 N-碳纳米管

通过分步超声氧化还原置换方法,可以制备双金属 Pt-Cu 沉积的 N-碳纳米管 (NCNT)[19]。首先利用碳纳米管,硝酸和氨水制备 NCNT。将 2.5 g N-碳纳米管分散在 20 mL 一定浓度的硝酸铜溶液中,然后利用超声探头辐射(超声功率为 100 W,频率为 20 kHz,探头直径为 13 mm)2 min。接着,在上述溶液中逐滴加入 1 mL 高浓度的 NaBH$_4$ 溶液,继续超声处理 2 min,然后反复洗涤除去多余的 NaBF$_4$。离心分离,得到 Cu 沉积的 N-碳纳米管。将 Cu 沉积的 N-碳纳米管重新超声分散在 20 mL 水中,随后逐滴加入硝酸铂溶液,并用超声处理 3 min。由于 Cu 的还原电势 (Cu^{2+}/Cu,$E^0 = +0.340$ V vs NHE)低于 Pt 的还原电势(Pt^{2+}/Pt,$E^0 = +1.118$ V vs NHE),所以 Pt 能够将 Cu 置换出来(Cu$+$Pt^{2+} $\longrightarrow$ Cu^{2+} $+$Pt),从而得到双金属 Cu-Pt 沉积的 N-碳纳米管。所有合成过程均在氩气保护下,且在冰水浴环境中进行。研究发现,即使在低温条件下,高强度的超声辐射也能对氧化还原过程起促进作用。

图 8-16 的透射电镜照片表明,Pt-Cu 双金属粒子平均粒径在 2.8 nm 左右。研究还发现,在 Pt 置换 Cu 过程中,Cu 粒子的数量密度增加了 35 倍。电化学氧化还原反应测试表明,声化学制备的 Pt-Cu/NCNT 催化剂是商业 Pt/C 催化剂电催化活性的 2 倍。声化学合成双金属纳米材料不需要配位和运用电化学方法,是一种设计合成双金属纳米材料温和、快速和绿色环保的新方法。

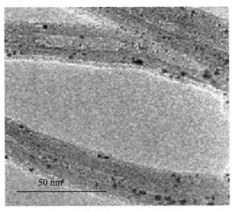

图 8-16　声化学合成 Pt-Cu/NCNT 的透射电镜照片[19]

8.9　声化学沉积银溶胶

　　纳米材料具有大比表面积和独特的性质,因而在很多领域的应用日益增长。纳米粒子的尺寸、形貌和组成对其性质都有很大的影响。众所周知,金属银或银化合物具有良好的抗菌性能。胶质银和各种涂有纳米银的纤维、塑料和金属基板都显示出优良的抗菌特性。通过超声辐射很容易使胶质银涂覆在纸张上[20]。将 $25\sim100$ mmol 的 $AgNO_3$ 溶解于由 176 mL 无水乙醇,20 mL 的乙二醇和 4 mL 的去离子水组成的混合溶液中。将 8 cm×3.5 cm 的纸张放入上述溶液中,同时放入聚四氟乙烯块防止纸张漂浮。然后在上述溶液中通氩气 30 min,以除去溶液中的氧。保持溶液在氩气气氛中,利用高强度的超声波(钛合金探头,20 kHz,600 W)对反应溶液进行辐射 $30\sim60$ min。超声辐射的前 5 min,往反应溶液中加入 25% 摩尔浓度的氨水(摩尔比 $NH_3/AgNO_3=2:1$)。氨可以和 Ag^+ 生成 $[Ag(NH_3)_2]^+$,而 $[Ag(NH_3)_2]^+$ 平衡常数很大($\sim10^7$),导致溶液中只有少量的 Ag^+,从而控制最终的纳米粒径大小。在反应过程中测得反应温度为 80 ℃。图 8-17 为超声辐射反应装置。

图 8-17　超声辐射反应装置[20]

　　扫描电镜可以观察到金属银颗粒大小和超声辐射时间的相关性。由图 8-18 的扫描电镜照片可知,在 $AgNO_3$ 初始浓度不变的条件下,随着超声辐射时间的延长,沉积在纸张上的金属银的颗粒尺寸增大,所以导致了涂层的比重增大。在 $AgNO_3$ 初始浓度为 25 mmol/L 时,超声辐射时间为 30 min 和 60 min,银纳米粒子的平均粒径分别为(27±7) nm 和(41±8) nm,见图 8-18(a)和(b)。同样,当银的初始浓度为 100 mmol/L 时,超声辐射时间为 30 min 和 60 min,银纳米粒子的平均粒径分别为(89±20) nm 和(142±37) nm,见图 8-18(c)和(d)。

图 8-18　声化学沉积在纸面上的银溶胶的扫描电镜照片和银粒子的粒径分布[20]

(a)25 mmol/L AgNO₃,辐射 30 min;(b)25 mmol/L AgNO₃,辐射 60 min;

(c)100 mmol/L AgNO₃,辐射 30 min;(d)100 mmol/L AgNO₃,辐射 60 min

8.10　声化学插入金纳米颗粒

首先,利用相转移法制备金纳米粒子前驱体,再用超声将制备好的金纳米前驱体插入 Na⁺ 蒙脱土矿中[21]。相转移制备金纳米前驱体步骤如下:将四氯金酸水溶液(500 mg 四氯金酸溶解在 40 mL 水中)和四辛基溴化铵(TOAB)甲苯溶液(3.06 g TOAB 溶解在 100 mL 甲苯中)混合。对两相混合溶液进行强力搅拌,直至四氯金酸转入有机相,颜色改变为橙黄色。在搅拌下,将刚制备好的硼氢化钠(NaBH₄)溶液(525 mg NaBH₄ 溶解在 30 mL 水中)缓慢地加入上述溶液中,有机相的颜色迅速变成宝红色。保温 12 h,对有机相进行水洗后加入无水硫酸钠,再加入 250 mL 甲苯稀释。在温度为 4 ℃下,将 TOAB-Au 纳米粒子甲苯溶液保持数周。下一步,加入二甲氨基吡啶(DMAP)水溶液(3.05 g DMAP 溶解在 250 mL 水中),溶液自发地发生相转移,得到含金量为 1 mg/mL 的 DMAP-Au 纳米粒子。溶液在 4 ℃继续保持数月。

超声插入金纳米粒子是通过以下过程实现的。称取 0.03 g 黏土分散在 250 mL 水中,膨胀 48 h,离心分离转入到金纳米粒子的悬浮液中。溶液移入超声装置进行超声辐射,超声频率为 20 kHz,功率为 500 W,超声辐照时间为 40 min。离心分离、水洗、真空干燥、研磨,空气中 800 ℃煅烧 4 h。超声作用将金纳米粒子插入 Na⁺ 蒙脱土矿的过程如图 8-19 所示。

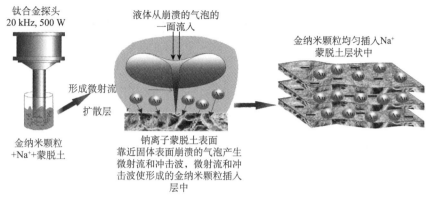

钛合金探头
20 kHz, 500 W

液体从崩溃的气泡的
一面流入

金纳米颗粒均匀插入Na⁺
蒙脱土层状中

形成微射流
扩散层

金纳米颗粒
+Na⁺蒙脱土

钠离子蒙脱土表面
靠近固体表面崩溃的气泡产生
微射流和冲击波，微射流和冲
击波使形成的金纳米颗粒插入
层中

图 8-19　超声作用将金纳米粒子插入 Na⁺蒙脱土矿的过程示意图[21]

图 8-20(a)展示了单一的蒙脱土矿透射电镜照片。图 8-20(b)为未沉积的纳米金颗粒。图 8-20(c)为 Au/黏土复合材料,在该图中可以明显地观察到尺寸为(6±0.5) nm 的金纳米颗粒均匀地插入黏土层中。利用超声插入纳米金的含量可以达到很高,同时可以让纳米金均匀地插入,而不出现团聚现象。煅烧后,发现纳米金也不发生明显的团聚现象。超声插入金纳米颗粒的方法操作简单,为制备高热稳定性、高分散性和具有良好催化活性的金属/黏土复合材料提供了新思路。

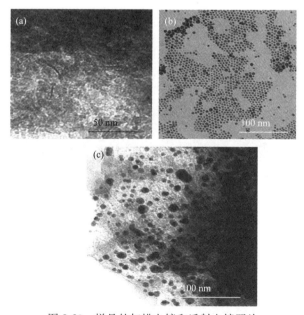

图 8-20　样品的扫描电镜和透射电镜照片

8.11　声化学沉积 ZnO 纳米粒子

利用声化学沉积可以在棉绷带上涂覆 ZnO 纳米粒子,制备具有抗菌性能的绷带[22]。声化学沉积 ZnO 纳米粒子的过程为,在 100 mL 的超声装置中,将 1 片 10 cm×10 cm(0.7 g)的绷带投入到 1 mmol/L 的 Zn(Ac)$_2$ · H$_2$O 的乙醇/水(10∶1)溶液中。用氨水调节溶液的 pH 为 8~9。在氩气保护下,利用超声探头对反应混合溶液进行超声处理 30 min(超声频率为 20 kHz,功率为 750 W)。在超声辐照过程中,将反应装置放置于冷却槽中,维持反应温度在 30 ℃。超声辐照完成后,进行水洗和醇洗,真空干燥。

图 8-21 为超声涂覆 ZnO 纳米粒子前后纤维的扫描电镜照片。如图 8-21(a)所示,原始未涂覆的纤维表面光滑。图 8-21(b)可以看出涂覆 ZnO 纳米粒子后纤维表面依旧光滑。图 8-21(b)插图中的高放大倍数可以观察到 ZnO 纳米粒子均匀地涂覆在纤维表面。通过超声辐射进一步反应的涂覆过程包括 ZnO 纳米粒子的形成和之后沉积在纤维上。在超声辐射过程中产生的 ZnO 纳米粒子涉及以下反应:

$$Zn^{2+} + 4NH_3 \cdot H_2O \longrightarrow [Zn(NH_3)_4]^{2+} + 4H_2O \tag{8.17}$$

$$[Zn(NH_3)_4]^{2+} + 2OH^- + 3H_2O \longrightarrow ZnO + 4NH_3 \cdot H_2O \tag{8.18}$$

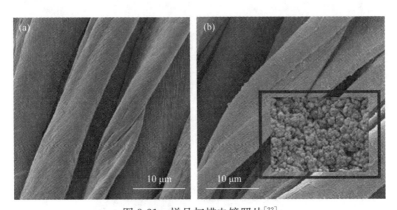

图 8-21　样品扫描电镜照片[22]

(a)原始的绷带纤维(放大 2000 倍);(b)涂覆有 ZnO 纳米粒子的绷带(放大 1500 倍),

插图中展示了放大 50000 倍涂覆在纤维上的 ZnO 纳米粒子

氨在水解过程中起催化作用。通过形成氨的配合物 $[Zn(NH_3)_4]^{2+}$ 来形成 ZnO。在超声空化作用和物理吸附的作用下,产生的 ZnO 纳米粒子沉积在绷带纤维的表面。所制备 ZnO 纳米粒子涂覆绷带具有卓越的抗菌性能。

8.12 声化学沉积制备碳纳米管负载铈锆氧化物

纳米级铈锆复合氧化物是一种良好的汽车尾气净化催化剂助剂,它的加入,不但减少了催化剂中贵金属的使用量,而且可以增强储氧能力和机械强度,使热稳定性及催化活性得到提高;此外,它还可用于电极材料、功能陶瓷等方面。目前国内外对纳米铈锆复合氧化物的研究主要集中在合成方法上,合成纳米级铈锆复合氧化物的方法主要有高温焙烧法、湿化学法(包括:水热法、共沉淀法、溶胶-凝胶法、微乳液法等)。高温焙烧法工艺简单,但产品粒度大,耗能大;湿化学法制备工艺均较复杂且都存在废液量大的问题,有的还需高温煅烧等工序,不符合绿色化学的要求。利用声化学超声法制得球状、颗粒直径在 $10\sim50$ nm 的 CeO_2/ZrO_2 复合物氧化物,其比表面积高达 226 m^2/g,即经过 500 ℃高温煅烧后,比表面积仅略有减少,这说明采用超声法制备的 CeO_2/ZrO_2 复合物结构稳定,煅烧后也能保持原有的尺寸及晶型。

利用声化学沉积法可以在碳纳米管上沉积铈锆氧化物[23]。利用超声法制备碳纳米管负载铈锆氧化物的过程如下。室温下,在超声波细胞粉碎仪中,将 PEG(聚乙二醇)600 分散到等摩尔的硝酸铈($Ce(NO_3)_3$)、硝酸锆($Zr(NO_3)_4$)混合溶液(PEG600 含量 2%)中,加入适量碳纳米管搅拌均匀,然后逐滴加入 0.03 g/mL 的 NaOH 溶液,直至 pH$=10$,将所得悬浊液继续超声辐照 90 min。实验过程中,使用冷却装置保持室温。抽滤,并用去离子水和无水乙醇反复清洗以除去 PEG,室温干燥 24 h,研磨。

图 8-22 中扫描电镜分析证实了在碳纳米管的表面高密度地均匀沉积了多层 CeO_2/ZrO_2 复合物粒子,也有部分 CeO_2/ZrO_2 复合物粒子填充进入碳纳米管的内腔,或分布在碳纳米管之间,形成了铈锆复合物-多壁碳纳米管复合材料。对比实验表明,由超声法制备的碳纳米管负载 CeO_2/ZrO_2 复合物粉末的平均粒径小于水热法制备的碳纳米管负载 CeO_2/ZrO_2 复合物粉末的平均粒径。同时,声化学法制备的碳纳米管负载 CeO_2/ZrO_2 氧化物的储氧量(OSC)远高于水热法制备的碳纳米管负载 CeO_2/ZrO_2 氧化物的 OSC,这说明超声法合成的碳纳米管负载 CeO_2/ZrO_2 复合物储氧特性优于水热法合成的碳纳米管负载 CeO_2/ZrO_2 复合物。

声化学沉积金属纳米粒子是近几年发展的制备负载型金属纳米颗粒的一种新方法。相比于传统制备负载型金属纳米粒子的浸渍法、沉淀法等更具有一些新的优势。超声空化效应可以产生很多还原性基团($\cdot$R,$\cdot$H 等),这些还原性基团可以将金属纳米粒子进行原位还原并沉积在载体上,得到高分散性负载型金属纳米粒子。同时超声产生的作用可以克服金属离子前驱体在载体内部孔道中的传质阻力,有利于金属离子前驱体在孔道内部进行充分吸附和沉积。

图 8-22　声化学制备碳纳米管负载铈锆氧化物的扫描电镜照片[23]

参 考 文 献

[1] Okitsu K, Yue A, Tanabe S, et al. Sonochemical preparation and catalytic behavior of highly dispersed palladium, nanoparticles on alumina. Chem. Mater. ,2000,12(10):3006-3011.

[2] Pol V G, Gedanken A, Calderon-Moreno J. Deposition of gold nanoparticles on silica spheres: A sonochemical approach. Chem. Mater. ,2003,15(5):1111-1118.

[3] Ramesh S, Yuri K, Prozorov R, et al. Sonochemical deposition and characterization of nanophasic amorphous nickel on silica microspheres. Chem. Mater. ,1997,9(2):546-551.

[4] Xing Y C. Synthesis and electrochemical characterization of uniformly-dispersed high loading Pt, nanoparticles on sonochemically-treated carbon nanotubes. J. Phys. Chem. B, 2004, 108 (50):19255-19259.

[5] Yang C M, Liu P H, Ho Y F, et al. Highly dispersed metal nanoparticles in functionalized SBA-15. Chem. Mater. ,2003,15(1):275-280.

[6] Guari Y, Thieuleux C, Mehdi A, et al. In situ formation of gold nanoparticles within thiol functionalized HMS-C16 and SBA-15 type materials via an organometallic two-step approach. Chem Mater,2003,15(10):2017-2024.

[7] Yu J C, Wang X C, Wu L, et al. Sono-and photochemical routes for the formation of highly dispersed gold nanoclusters in mesoporous titania films. Advanced Functional Materials, 2004,14(12):1178-1183.

[8] Wang X C, Yu J C, Ho C M, et al. A robust three-dimensional mesoporous Ag/TiO$_2$ nanohybrid film. Chem. Commun. ,2005,17:2262-2264.

[9] Mak A C, Yu C L, Yu J C, et al. A lamellar ceria structure with encapsulated platinum nano-particles. Nano Res. ,2008,1(6):474-482.

[10] Tauster S. Strong metal-support interactions. Acc. Chem. Res. ,1987,20(11),389-394.

[11] Haruta M, Tsubota S, Kobayashi T, et al. Low-temperature oxidation of CO over gold supported on TiO$_2$, α-Fe$_2$O$_3$, and Co$_3$O$_4$. J. Catal. ,1993,144(1):175-192.

[12] Subramannian V, Wolf E E, Kamat P V. Catalysis with TiO$_2$/gold nanocomposites. Effect of metal particle size on the Fermi level equilibration. J. Am. Chem. Soc. ,2004,126(15):

4943-4950.

[13] Silva C G, Juarez R, Marino T, et al. Influence of excitation wavelength (UV or Visible light) on the photocatalytic activity of titania containing gold nanoparticles for the generation of hydrogen or oxygen from water. J. Am. Chem. Soc. ,2011,133(3):595-602.

[14] Du L, Furube A, Yamamoto K, et al. Plasmon-induced charge separation and recombination dynamics in gold-TiO$_2$ nanoparticle systems: Dependence on TiO$_2$ particle size. J. Phys. Chem. C,2009,113(16):6454-6462.

[15] Cheng K, Sun W B, Jiang H Y, et al. Sonochemical deposition of Au nanoparticles on different facets dominated anatase TiO$_2$ single crystals and resulting photocatalytic performance. J. Phys. Chem. C,2013,117(28):14600-14607.

[16] Jiang H Y, Cheng K, Lin J. Crystalline metallic Au nanoparticle-loaded α-Bi$_2$O$_3$ microrods for improved photocatalysis. J. Phys. Chem. Chem. Phys. ,2012,14(35):12114-12121.

[17] Li H, Bian Z, Zhu J, et al. Mesoporous Au/TiO$_2$ nanocomposites with enhanced photocatalytic activity. J. Am. Chem. Soc. ,2007,129(15):4538-4539.

[18] Sun C H, Smith S C. Strong interaction between gold and anatase TiO$_2$ (001) predicted by first principle studies. J. Phys. Chem. C,2012,116(5):3524-3531.

[19] Sun Z Y, Masa J, Xia W, et al. Rapid and surfactant-free synthesis of bimetallic Pt-Cu nanoparticles simply via ultrasound-assisted redox replacement. ACS Catalysis, 2012, 2(8): 1647-1653.

[20] Gottesman R, Shukla S, Perkas N, et al. Sonochemical coating of paper by microbiocidal silver nanoparticles. Langmuir,2011,27(2):720-726.

[21] Belova V, Möhwald H, Shchukin D G. Sonochemical intercalation of preformed gold nanoparticles into multilayered clays. Langmuir,2008,24(17):9747-9753.

[22] Perelshtein I, Applerot G, Perkas N, et al. Antibacterial properties of an in situ generated and simultaneously deposited nanocrystalline ZnO on fabrics. ACS Applied Materials & Interfaces,2009,1(2):361-366.

[23] 辛雪琼. 稀土金属纳米材料的超声法合成研究. 青岛:青岛科技大学,2009.

第9章　元素掺杂型纳米材料的声化学制备

9.1　元 素 掺 杂

元素掺杂广泛用于改善材料的光学、电学、发光、磁学、气敏和热传导性能等。例如，Mg^{2+}、Ni^{2+}、Cr^{3+}、Co^{2+}等金属离子掺杂能从本质上改善 $Li_3V_2(PO_4)_3$ 正极材料的电导率和锂离子扩散速率，从而提高材料的电化学性能[1]；V、Cr、Fe、Co 和 Ni 等掺杂 ZnO 就可以实现室温以上的铁磁性[2]。元素掺杂对宽禁带的半导体光催化剂尤为重要，因为宽禁带半导体通常不能利用可见光进行光催化反应。如 TiO_2 半导体，该半导体有三种最常见的晶型（锐钛矿、板钛矿、金红石），在这三种晶型中，锐钛矿具有更好的光催化活性。但是，锐钛矿晶型 TiO_2 的禁带宽度为 3.2 eV左右，这就要求以紫外线（$\lambda \leqslant 387$ nm）作为光源，才能产生光声电子与空穴。人工紫外线的发生需要消耗大量的电能，且大剂量的紫外线辐射对人体也是有害的，这在一定程度上限制了 TiO_2 的广泛应用。到达地球表面的太阳光中紫外线的能量只占总光能的 3%～5%，而大部分的能量集中在可见光（约占45%）。无疑，如果能通过改变 TiO_2 的电子结构，以使其能吸收可见光，则可以充分利用太阳能作为 TiO_2 光诱导的有效激发源，从而极大地提高 TiO_2 在光催化降解、氢能制备、光电转换等领域实际应用的潜力。因此，TiO_2 的可见光催化成为目前光催化领域的研究重点。改变 TiO_2 电子结构，以获得可见光催化活性的常用方法是元素掺杂。其中，非金属和过渡金属元素掺杂是目前改变 TiO_2 半导体电子结构，延长光吸收至可见光区的主要方法。其中，过渡金属元素掺杂虽然可以产生显著的可见光吸收，但由于热稳定性降低，增加了电子-空穴对复合中心等缺点，所以其在实际应用中受到限制。

9.2　非金属元素掺杂光催化剂

TiO_2 是研究和应用最多的光催化剂。TiO_2 具有价格低、无毒、氧化能力强、稳定性好等优点。利用非金属元素如 C、N、S、F 等对 TiO_2 进行掺杂[3-7]，可以有效扩展 TiO_2 的光响应范围至可见光区域。非金属元素掺杂效果与催化剂的制备工艺密切相关。目前，在 TiO_2 中进行掺 N 的方法有溅射法、水解法等。Asahi 等[8]通过在 N_2/Ar 气氛下以 TiO_2 为靶，溅射形成薄膜，然后在 N_2 中 550 ℃退火 4 h，得到了锐钛矿和金红石混合晶型的掺 N 的 TiO_2 薄膜,通过改变溅射气氛、退火的温度和时间可以实现对 N 含量的控制。Sato 等[9]通过四异丙基钛和氯化钛在氨水中水解后烧结的方法制备了高可见光催化活性的掺 N 的 TiO_2。Sakthivel 等[10]通过滴加胺、碳铵、重碳酸铵于 $TiCl_4$ 水溶液中水解烧结后得到淡黄色、含有 0.08%~0.13%(质量分数)N 的纳米(1~10 nm)锐钛矿 TiO_2 粉体。在前面各种掺 N 方法中,一般掺 N 含量比较低(≤2%),这导致对可见光的吸收能力有限。

掺 C 也将导致 TiO_2 对可见光显著的吸收。目前掺 C 的主要方法有燃烧法、热氧化法等。燃烧法,例如,顾德恩等[11]将 Ti 箔在天然气、H_2O 和被控制含量的 O_2 中火焰裂解可以制备掺 C 的 TiO_2。所制备的掺 C 薄膜为深灰色,且主要为金红石结构薄膜。薄膜中 C 的含量为 5%(原子分数)。Park 等[12]则将阳极氧化得到的 TiO_2 纳米管在一氧化碳(CO)控制气氛下,并在不同温度下烧结以实现掺 C。通过调节烧结温度,可以实现 C 浓度在 8%~42% 进行改变。Choi 等[13]则将 TiC 粉体在空气中热氧化,制备了掺 C 锐钛矿 TiO_2 纳米粉体。足够的热处理时间对 TiC 相消除是必要的,而过高的温度将导致金红石相的出现。以上方法是制备掺 C、N 等非金元素的最常见方法。这些方法大多需要高温条件,这增加了制备过程中的能量消耗成本。

9.3　声化学制备 F 掺杂 TiO_2

超声空化效应产生的独特的化学物理环境,例如,局部的高温(~5000 ℃),高压(>20 MPa)和极快的冷却速度(>10^9 K/s),可以促进元素的掺杂。例如,声化学可以在室温下制备高浓度的 F 掺杂介孔 TiO_2 四方纳米晶[14]。文献[14]报道,在超声辐射的条件下,F 很容易与 TiO_2 掺杂,F 的最佳掺杂量(1.3mol%)可使 TiO_2 对苯酚的降解速率增加 5.3 倍。F 掺杂的 TiO_2 具有高催化活性的主要原因是,F 掺杂增加了 TiO_2 表面羟基活性,有效地减少了光生电子-空穴对的复合概率,从而产生更多的羟基自由基进行光催化降解苯酚分子。

超声制备 F 掺杂 TiO_2 四方纳米晶的实验过程如下:

将 9.2 g 异丙醇酞溶解于 30 mL 乙醇中,搅拌 20 min 后形成乙醇溶液,在空气气氛下,将所得乙醇溶液逐滴滴入 150 mL 去离子水中,这些去离子水中分别含有不同含量的 NH_4F(0.125 g、0.25 g 和 0.5 g),在逐滴滴入乙醇溶液的过程中,利用超声波探头伸入溶液进行超声波辐射,超声波频率固定为 20 kHz,功率为 120 W/cm^2。在超声波进行辐照的同时,通循环冷却水控制反应溶液的温度在 25~30 ℃。滴加完乙醇溶液后继续用超声波辐照 2 h。待超声波辐照完成后,用离心机分离出沉淀物,沉淀物首先用去离子水洗涤 3 次,然后用 95%乙醇洗涤 3 次,洗涤完后放在烘箱中,于 120 ℃干燥 10 h,得到超声波辐照制备的 TiO_2 样品,最后将样品在 450 ℃ 的温度下煅烧 1 h。分别制得纯 TiO_2 和掺 F 摩尔分数为 0.7%、1.3% 和 2.4% 的 TiO_2。

　　图 9-1 是声化学合成纯 TiO_2 和掺杂不同 F 浓度的 TiO_2 样品的 XRD 谱。该图表明,四个样品在 25.3°、38.2°、48.1°、53.5° 和 55.6° 的 2θ 处呈现出相同的锐钛矿晶相衍射峰。但掺 F 的 TiO_2 样品的衍射峰比纯 TiO_2 的峰更尖锐、更强,表明掺 F 的 TiO_2 结晶度有所增加。根据各样品的(101)晶面衍射峰,用谢乐公式计算晶粒的平均粒径大小。计算结果表明,TiO_2、$F(0.7\%)/TiO_2$、$F(1.3\%)/TiO_2$ 和 $F(2.4\%)/TiO_2$ 的平均粒径尺寸大约为 8.86 nm、11.94 nm、12.29 nm 和 11.76 nm。

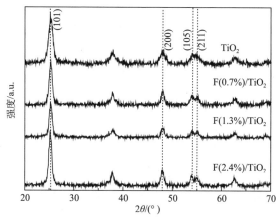

图 9-1　声化学合成纯 TiO_2 和掺杂不同 F 浓度的 TiO_2 样品的 XRD 谱[14]

　　图 9-2 表明掺杂和纯的 TiO_2 的氮气物理吸附-脱附等温线和孔径分布情况。样品吸附-脱附等温线为 Ⅳ 类等温线,这是典型介孔固体材料的吸附-脱附等温线。表 9-1 表明了纯的和掺杂的样品的组织结构特点。TiO_2、$F(0.7\%)/TiO_2$、$F(1.3\%)/TiO_2$ 和 $F(2.4\%)/TiO_2$ 的比表面积分别为 88.20 m^2/g、71.03 m^2/g、68.30 m^2/g 和 71.85 m^2/g,F 掺杂后的 TiO_2 的比表面积有略微降低,原因可能是增加了 TiO_2 的结晶度,降低了 TiO_2 介孔结构的规整性。尽管没有添加表面活性剂,但是制备的样品仍具有一定的介孔结构。

　　形成介孔的原因是超声波诱导聚集。当乙醇溶液中的异丙醇钛被逐滴加入含 F^- 的水溶液中时,异丙醇钛水解形成大量无定形溶胶粒子。超声空化产生的冲击波使这些无定形溶胶发生高速运动,高速运动的溶胶粒子发生颗粒间的碰撞、融合,形成介孔结构。同时超声空化提供的能量使无定形的 TiO_2 发生晶化。超声空化现象产生局部高温、高压的环境使 F^- 掺杂到 TiO_2 晶格中去。对比实验表明,在同样条件下,用搅拌代替超声波辐射,F^- 很难被掺杂到 TiO_2 中去,介孔结构也不能形成。

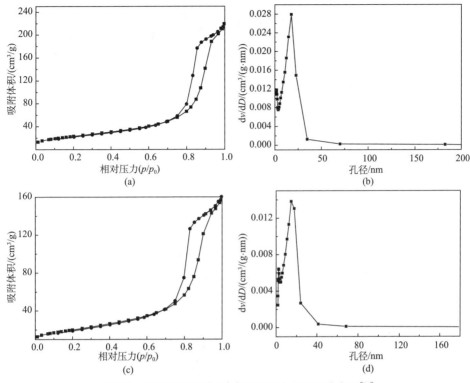

图 9-2　氮气物理吸附-脱附图和对应的孔径分布图[14]

(a)和(b)对应 TiO$_2$；(c)和(d)对应 F(1.3%)/TiO$_2$

表 9-1　声化学合成 TiO$_2$ 和 F/TiO$_2$ 的比表面积、孔体积、孔径分布和平均晶粒尺寸

样品	比表面积/(m^2/g)	孔体积/(cm^3/g)	孔径/nm	平均晶粒尺寸/nm
TiO$_2$	88.20	0.27	13.03	9.86
F(0.7%)/TiO$_2$	71.03	0.21	12.80	11.94
F(1.3%)/TiO$_2$	68.30	0.22	12.96	12.29
F(2.4%)/TiO$_2$	71.85	0.20	11.53	11.76

　　图 9-3 为声化学合成的 TiO$_2$ 和 F(1.3%)/TiO$_2$ 后的扫描电镜照片。从图中可以看出，两个样品由大量分散性很好的颗粒组成。图 9-4 为样品不同放大倍数的透射电镜照片。从图 9-4(a)和图 9-4(b)可以看出，生成的 TiO$_2$ 为尺寸在 8～12 nm 的纳米四方块。高分辨透射电镜照片图 9-4(b)和图 9-4(d)的晶格条纹分析表明，TiO$_2$ 为锐钛矿相。

　　对掺杂的 F 进行光电子能谱分析，结果见图 9-5，F1s 的峰大约在 686.0 eV，主要是由于 F$^-$ 取代了 TiO$_2$ 晶格中的 O^{2-}。事实上，F$^-$ 与 O^{2-} 的离子半径基本相同，F 原子可以替代 TiO$_2$ 晶格中的 O 原子。

　　利用光致发光光谱分析掺 F 对 TiO$_2$ 的光生电子与空穴复合的影响。图 9-6

图 9-3 声化学合成的 TiO_2 和 F(1.3%)/TiO_2 后的扫描电镜照片[14]

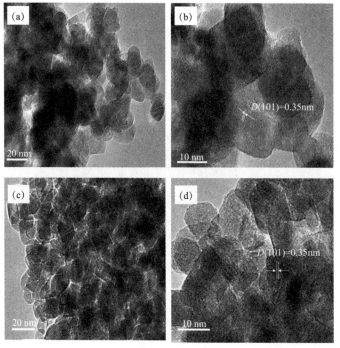

图 9-4 声化学合成的 TiO_2 和 F(1.3%)/TiO_2 的透射电镜照片[14]

TiO_2:(a)低分辨,(b)高分辨;F(1.3%)/TiO_2:(c)低分辨,(d)高分辨

为纯 TiO_2 和 F/TiO_2 的室温光致(PL)发光光谱。可见掺杂 F 的 TiO_2 的发光峰比纯 TiO_2 弱很多。TiO_2 的 PL 光谱可能是由于光生电子与空穴复合而发光。因此,PL 光谱的减弱,表明光生电子与空穴复辐射复合减少。因此,在掺杂 F 的 TiO_2 中的光生电子-空穴对的复合概率较低,这样更能促进光催化反应。

对纯 TiO_2 和掺杂 F 的 TiO_2 进行紫外灯下降解苯酚活性测试。同时和商业 TiO_2(P25)的活性进行对比,降解苯酚的一级降解动力学常数见表 9-2。

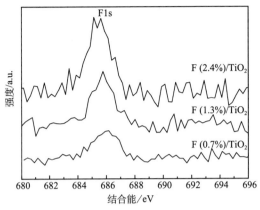

图 9-5　声化学合成的 F/TiO₂ 中的 F 的光电子能谱图[14]

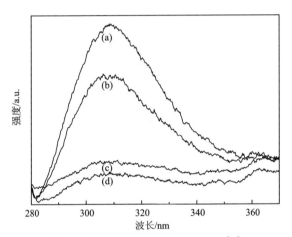

图 9-6　TiO₂ 和 F/TiO₂ 的 PL 光谱[14]

(a)TiO₂；(b)F(0.7%)/TiO₂；(c)F(1.3%)/TiO₂；(d)F(2.4%)/TiO₂

$F(1.3\%)/TiO_2$ 的降解速率常数为 $0.172\ min^{-1}$，分别是 TiO_2 和 P25 的 6.4 和 3.8 倍。

表 9-2　声化学合成的 TiO₂ 和 F/TiO₂ 对苯酚的一级降解速率常数

样品	K/mim^{-1}	相关系数(R^2)
TiO₂	0.027	0.996
F(0.7%)/TiO₂	0.102	0.999
F(1.3%)/TiO₂	0.172	0.999
F(2.4%)/TiO₂	0.060	0.999
P25	0.045	0.999

前面研究表明,利用超声辐射可制备掺杂 F 的 TiO_2,F 掺杂大幅度地提高了 TiO_2 光催化降解苯酚的活性。这个研究表明,超声波化学法有望应用于制备其他非金属掺杂纳米晶光催化剂。

9.4　声化学制备掺 N 的 TiO_2

以乙二胺为氮源,乙醇为溶剂利用超声波辐射可以制备高 N 掺杂 TiO_2[15]。将 6 mL 乙二胺和 20 mL 无水乙醇混合得到溶液 A。将 2.37 g $TiCl_4$ 和 60 mL 无水乙醇混合得到溶液 B。在空气气氛下,将所得溶液 A 逐滴滴入溶液 B 中,在滴加溶液 A 的过程中,利用超声波探头伸入溶液进行超声波辐射,超声波频率固定为 20 kHz,功率为 120 W/cm^2。在超声波进行辐照的同时,通循环冷却水控制反应溶液的温度在 25~30 ℃。滴加完后继续用超声波辐照 1 h。将得到的混合物装入水热罐,于 180 ℃下水热处理 24 h 后,离心分离,干燥后于 350 ℃煅烧 8 h。图 9-7 是不同条件制备的 N/TiO_2 的 N1s 光电子能谱(XPS),定量分析表明,超声波制备的 $U-N/TiO_2$ 样品中 N 质量分数为 2.6%,而相同条件下进行搅拌制备的 $N-TiO_2$ 样品中 N 质量分数仅为 0.81%。超声波辐射的掺杂效果是普通搅拌时氮元素的 3.2 倍。

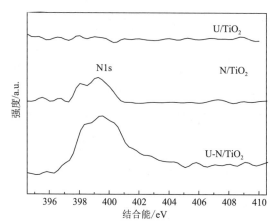

图 9-7　不同条件制备的 TiO_2 样品的 N1s XPS[15]

U/TiO_2:超声波制备的纯 TiO_2;N/TiO_2:不使用超声波制备的 N/TiO_2;
$U-N/TiO_2$:超声波制备的 N/TiO_2

图 9-8 中紫外可见漫反射吸收光谱测试表明,超声波制备介孔 N/TiO_2 具有更明显的可见光吸收性能,原因是该样品含有更多的氮元素(2.6%)。

图 9-9(a),(b)是所制备的纯 TiO_2 和掺杂 N 元素的 $U-N/TiO_2$ 光催化降解邻苯二甲酸酯(PAE)的浓度和总有机碳(TOC)的变化关系。可见超声波制备 N/TiO_2 的光催化降解效率比普通方法制备的 N/TiO_2 效率高很多。

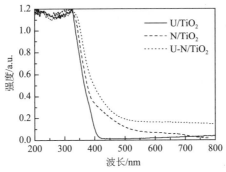

图 9-8 不同条件制备的 TiO_2 样品的紫外可见漫反射吸收光谱图[15]

U/TiO_2:超声波制备的纯 TiO_2;N/TiO_2:不使用超声波制备的 N/TiO_2;

$U-N/TiO_2$:超声波制备的 N/TiO_2

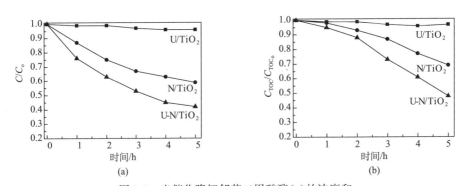

图 9-9 光催化降解邻苯二甲酸酯(a)的浓度和

总有机碳(b)的浓度随时间的变化关系[15]

U/TiO_2:超声波制备的纯 TiO_2;N/TiO_2:不使用超声波制备的 N/TiO_2;

$U-N/TiO_2$:超声波制备的 N/TiO_2

9.5 声化学制备 F/Ce 共掺多孔 TiO_2

利用超声波还可以制备非金属和稀土元素共掺 TiO_2。其制备过程为[16]:

将 3.33 g 非离子表面活性剂 F127 和 9.27 g 异丙醇钛溶于 30 mL 无水乙醇中,然后将该溶液逐滴滴加到含 0.14 g $Ce(NO_3)_3 \cdot 5H_2O$ 的 120 mL 水溶液中。将超声波探头伸入溶液进行超声波辐射,超声波频率固定为 20 kHz,功率为 120 W/cm^2。在超声波进行辐照的同时,通循环冷却水控制反应溶液的温度在 25~30 ℃。超声波辐射 2 h 后,添加 1.1 g NaF,继续用超声波辐射 1 h,转入水热釜于 180 ℃处理 10 h。制备的沉淀依次用去离子水和无水乙醇洗涤,最后在空气中 120 ℃干燥 12 h。得到 F/Ce 共掺杂 TiO_2。

F、Ce 共掺的多孔结构 TiO_2 声化学制备机理如图 9-10 所示。

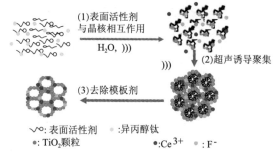

图 9-10　超声波制备 F、Ce 共掺介孔 TiO_2 的机理图[16]

异丙醇钛和表面活性剂 F127 溶解在乙醇中形成均匀溶液。超声波辐射下，异丙醇钛和 F127 的乙醇溶液逐滴加入到 Ce^{3+} 水溶液中时，异丙醇钛水解形成钛溶胶粒子和 F127 模板剂通过氢键相互作用形成不定形的无机/有机混合溶胶粒子。超声波产生微射流加速溶胶粒子之间的碰撞，并促进溶胶粒子之间的有效融合。在有效融合过程中，粒子聚合形成颗粒间的介孔结构。同时超声空化产生局部高温、高压的环境可引起无定形溶胶粒子的晶化。超声空化使水分解为 H· 和 ·OH，·OH 基自由基相互结合形成 H_2O_2，生成的 H_2O_2 氧化 Ce^{3+} 为 Ce^{4+}。在无定形 TiO_2 粒子结晶过程中，Ce^{4+} 和 F^- 同时被掺入 TiO_2 晶格中。

图 9-11 是超声波制备 TiO_2、F/TiO_2、$F-Ce/TiO_2$ 样品的高分辨透射电镜照片。可以看出纯 TiO_2 的颗粒粒径大于 10 nm，掺 F 和掺 Ce 的样品的颗粒粒径要小，为 8～10 nm，由此看出掺 F 和掺 Ce 可以在一定程度上抑制 TiO_2 粒径的长大。

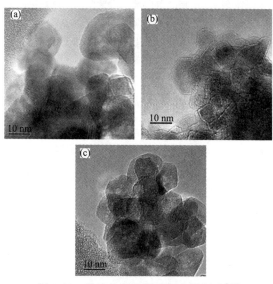

图 9-11　样品的高分辨透射电镜照片[16]

(a)TiO_2；(b)F/TiO_2；(c)$F-Ce/TiO_2$

　　在做透射电镜的同时,对 F-Ce/TiO$_2$进行能量色散 X 射线(EDX)荧光分析。图 9-12 表明主要的元素有 O、Ti、F、Ce 和 Cu,这说明 F 和 Ce 掺杂到 TiO$_2$上了。

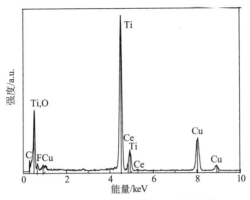

图 9-12　F-Ce/TiO$_2$的 EDX 谱图[16]

　　紫外可见吸收光谱可以反映固体样品对不同波长的光的吸收情况。图 9-13 是不同样品的紫外可见漫反射吸收光谱图。由该图可见,F 的掺入对 TiO$_2$的吸收边没有明显的改变,但掺杂 Ce 使样品吸收边略向红移,使其能带结构发生变化,减小了禁带宽度。

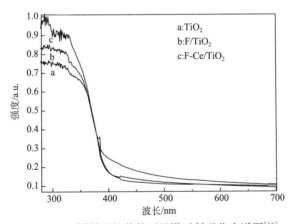

图 9-13　不同样品的紫外可见漫反射吸收光谱图[16]

　　图 9-14 是纯 TiO$_2$、F 掺杂和 F-Ce 共掺 TiO$_2$样品的光致发光谱图。掺杂后样品的 320 nm 发光峰的强度有较大程度的减弱,这可能是由于掺杂的 Ce^{4+} 和 F$^-$ 与光生电子发生了争夺,减少了半导体表面光生电子与光生空穴的复合概率。

　　图 9-15 是不同催化剂在紫外线下照射 1 h 对亚甲基蓝的降解率。可见,超声波制备的纯 TiO$_2$、F 掺杂和 F-Ce 共掺 TiO$_2$样品具有较好的光催化活性。尤其是掺杂的 Ce 和 F 样品,它们的光催化活性超过商业光催化剂 P25 的活性。

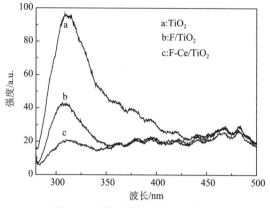

图 9-14　样品的光致发光光谱图

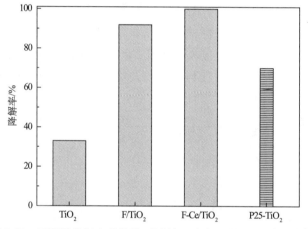

图 9-15　不同催化剂在紫外线下照射 1 h 对亚甲基蓝的降解率[16]

9.6　声化学合成 Co 和 Cu 掺杂的 BiVO₄

$BiVO_4$ 是一种可见光响应半导体光催化剂。$BiVO_4$ 的光催化活性由其晶型决定,单斜晶白钨矿型结构的 $BiVO_4$ 可表现出光催化性能,在可见光照射下能光催化分解水和氧化分解有机污染物[17-19]。然而,纯 $BiVO_4$ 的活性通常不高。研究发现利用声化学可以在低温下制备高可见光催化活性的 Co 和 Cu 掺杂的 $BiVO_4$。

将 4 g 三嵌段非离子型表面活性剂 P123,50 mL 去离子水,10 mL 乙醇,6.5 mL 69%硝酸,4.850 g $Bi(NO_3)\cdot 5H_2O$ 混合在一起,搅拌得到溶液 A;将1.170 g偏矾酸铵(NH_4VO_3),40 mL 去离子水,1.600 g NaOH 混合在一起,搅拌形成溶液 B。在磁力的不断搅拌下,将溶液 B 逐滴地加入溶液 A 中。用 4 mol/L NaOH 溶液将混合溶液的 pH 调节到 7,然后在空气气氛下进行高强度的超声波辐射。在超声波辐射的同时,向混合溶液中加入适量的醋酸铜($Cu(CH_3OO)_2 \cdot H_2O$)和醋酸钴($Co(CH_3COO)_2 \cdot 4H_2O$)。超声波辐射是通过高强度的超声波探头(中国宁波新芝公司,JY 92-2D,直径 1.2 cm;20 kHz,60 W/cm^2)来完成的,整个超声辐照时间为 3 h。制备的沉淀依次用去离子水和无水乙醇洗涤,最后在空气中120 ℃干燥 12 h。最终 $BiVO_4$ 中 Co 和 Cu 的含量通过 X 射线荧光分析仪(Magix 601)来确定。

图 9-16 为纯 $BiVO_4$ 和 $Co/BiVO_4$、$Cu/BiVO_4$ 复合样品的 XRD 图。可看出在 2θ 角为 18.8°、28.6°、30.5°、35.2°、39.7° 和 53.1° 处出现白钨矿晶相的特征衍射峰。这些衍射峰尖锐,表明所有的样品都具有高结晶度。说明超声波辐射所产生的局部瞬间高温(~5000 ℃)和高压(>20 MPa)的特殊物理化学环境为无定形 $BiVO_4$ 的晶化提供了有利的条件。$BiVO_4$ 的平均晶粒尺寸通过谢乐公式计算。计算结果表明,$BiVO_4$、$Co(1\%)/BiVO_4$、$Co(3\%)/BiVO_4$、$Cu(1\%)/BiVO_4$ 和 $Cu(3\%)/BiVO_4$ 的平均晶粒尺寸分别为 20.70 nm、22.27 nm、20.63 nm、19.31 nm 和 20.69 nm。在复合物样品中没有发现任何 Co 或 Cu 化合物的衍射峰,说明 Co 或 Cu 化合物的晶粒尺寸小或者处于高分散状态。

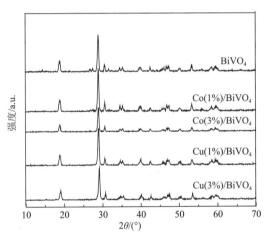

图 9-16　声化学合成的纯 $BiVO_4$ 和 $Co/BiVO_4$、$Cu/BiVO_4$ 复合样品的 XRD 图[17]

图 9-17 为 $BiVO_4$、$Cu(1\%)/BiVO_4$ 和 $Co(3\%)/BiVO_4$ 样品的扫描电镜照片。可以看出,这三个样品由大量具有良好分散性的粒子组成。样品的比表面积通过 N_2 物理吸附-脱附测定。测试结果表明 $BiVO_4$、$Co(1\%)/BiVO_4$、$Co(3\%)/BiVO_4$、$Cu(1\%)/BiVO_4$ 和 $Cu(3\%)/BiVO_4$ 的 BET 比表面积分别为 6.20 m^2/g、7.04 m^2/g、8.03 m^2/g、8.78 m^2/g 和 8.03 m^2/g。高强度的超声波辐射不仅有利于 $BiVO_4$ 的结晶化,而且有利于形成具有良好分散性和大比表面积的 $BiVO_4$ 晶体。

图 9-17　样品的扫描电镜图[17]

(a)BiVO$_4$;(b)Cu(1%)/BiVO$_4$;(c)Co(3%)/BiVO$_4$

利用 XPS 分析 Co/BiVO$_4$ 和 Cu/BiVO$_4$ 中 Cu 和 Co 元素的化学状态。图 9-18(a)为 Cu2p 的高分辨率 XPS 谱图。图中处在 935.4 eV 和 955.5 eV 处的特征峰分别归于 CuO 中的 Cu2p3/2 和 Cu2p1/2。因此,Cu/BiVO$_4$ 复合催化剂中,Cu 以 CuO 的形式存在。图 9-18(b)为 Co/BiVO$_4$ 样品的高分辨 XPS 谱图,Co2p3/2 和 Co2p1/2 的结合能分别在 779.6 eV 和 797.0 eV 处,这两个峰对应 Co$_3$O$_4$ 中 Co2p3/2 和 Co2p1/2 的结合能。

图 9-19 为声化学制备的纯 BiVO$_4$ 和掺 Co 和 Cu 的 BiVO$_4$ 复合光催化剂的紫外可见漫反射吸收光谱。纯 BiVO$_4$ 的吸收边为 529 nm,对应的带隙能为 2.34 eV。Co$_3$O$_4$ 的存在导致了可见光吸收能力的增加。对于 CuO/BiVO$_4$,与纯 BiVO$_4$ 相比,该复合催化剂的吸收边没有出现明显的移动。

图 9-20 为纯 BiVO$_4$ 和掺 Co 和 Cu 的 BiVO$_4$ 复合光催化剂的室温光致发光谱。单斜晶 BiVO$_4$ 的光致发光光谱在 530 nm 附近有一明显的峰。对于 Co/BiVO$_4$ 和 Cu/BiVO$_4$,可看出它们的发射峰的强度明显降低了。由此,可以表明 Co 和 Cu 的存在,抑制了 BiVO$_4$ 中光生电子和空穴的复合,使光生电子和空穴分离效率提高了。

超声波辐照下,Co 和 Cu 掺杂到 BiVO$_4$ 的机理如下。超声波辐射产生空化效应,引起一系列的水解、氧化、还原、溶解和分解化学反应。超声空化效应使水分

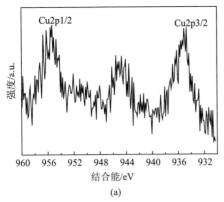 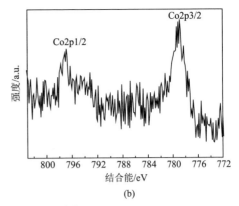

图 9-18　高分辨 XPS 谱图[17]

(a)Cu2p；(b)Co2p

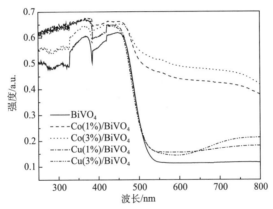

图 9-19　样品的紫外可见漫反射吸收光谱图[17]

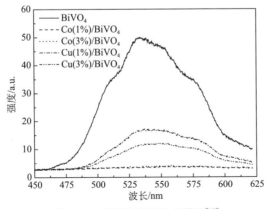

图 9-20　样品的光致发光谱图[17]

解形成·H 和·OH。·OH 能相互结合在一起形成 H_2O_2。Co_3O_4 和 CuO 形成的反应步骤如下：

$$H_2O \xrightarrow{\text{超声辐射}} H\cdot + \cdot OH \tag{9.1}$$

$$H\cdot + H\cdot \longrightarrow H_2 \tag{9.2}$$

$$\cdot OH + \cdot OH \longrightarrow H_2O_2 \tag{9.3}$$

$$Co(CH_3COO)_2 + 2H_2O \longrightarrow Co(OH)_2 + 2CH_3COOH \tag{9.4}$$

产物 $Co(OH)_2$ 能由超声空化现象产生的 H_2O_2 氧化为 Co_3O_4，以方程式(9.5)表示：

$$Co(OH)_2 + H_2O_2 \longrightarrow Co_3O_4 + 4H_2O \tag{9.5}$$

醋酸铜的声化学水解作用能形成 CuO，反应方程式如下：

$$Cu(CH_3COO)_2 \cdot H_2O + H_2O \longrightarrow CuO + 2CH_3COOH + H_2O \tag{9.6}$$

形成的产物 Co_3O_4 和 CuO 通过超声波分散作用，分散在 $BiVO_4$ 中。同时，在强烈的超声波辐射下，无定形的 $BiVO_4$ 发生快速晶化，形成高结晶度的 $BiVO_4$。超声波制备的纯 $BiVO_4$ 和掺 Co 和 Cu 的 $BiVO_4$ 复合光催化剂的光催化活性通过在可见光($\lambda > 420$ nm)照射下降解水溶液中的酸性橙 II 来测定。图 9-21 表明，可见光照射 5 h 后，$BiVO_4$、Co(1%)/$BiVO_4$、Co(3%)/$BiVO_4$、Cu(1%)/$BiVO_4$ 和 Cu(3%)/$BiVO_4$ 对染料的降解率分别为 48%、52%、86%、78% 和 64%。

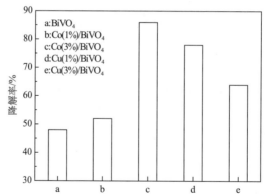

图 9-21　声化学制备的 $BiVO_4$、Co/$BiVO_4$ 和 Cu/$BiVO_4$
在可见光照射下对酸性橙 II 的降解率[17]

以上研究表明，在室温下通过超声波辐照方法可以制备高结晶度的 Co_3O_4/$BiVO_4$ 和 CuO/$BiVO_4$ 复合光催化剂。制备的 $BiVO_4$ 为单斜晶白钨矿型且具有很高的分散性能。Co 和 Cu 的掺杂可以提高 $BiVO_4$ 的可见光催化活性。对于 Co_3O_4/$BiVO_4$，当 Co 的掺杂质量分数为 3% 时，有最高的光催化活性；对于 CuO/$BiVO_4$，当 Cu 的掺杂质量分数为 1% 时，表现出最高的光催化活性。

9.7　声化学合成 Sb^{3+} 掺杂 $PbWO_4$ 纳米晶

$PbWO_4$ 晶体具有高密度、高吸收系数、短辐射长度、高辐照硬度和快发光衰减等特点,在制备气体传感器、荧光体、压电材料以及光解制氢等方面应用广泛。$PbWO_4$ 具有高度结构敏感性,它的发光性质显著受晶体缺陷的影响[20-23]。通过改变晶体缺陷和适当的掺杂可以改善其闪烁性能。传统的 $PbWO_4$ 通过高温烧结进行制备,这个方法不仅能耗大,而且表面形貌不容易控制。利用超声辐射可以在室温下合成不同形貌的 $PbWO_4$ 和 Sb^{3+} 掺杂 $PbWO_4$ 纳米晶。生成的 Sb^{3+}/ $PbWO_4$ 纳米晶具有很好的发光性质。声化学制备 Sb^{3+} 掺杂 $PbWO_4$ 纳米晶的过程基本如下[20]:

将 0.38 g $Pb(CH_3COO)_2 \cdot 3H_2O$ 添加到含有浓度为 10 g/L 的三嵌段共聚物($P123,(EO)_{20}-(PO)_{70}-(EO)_{20}$)的 100 mL 水溶液中,搅拌溶解得到溶液 A。将 1 mL $SbCl_3$ 溶液(浓度为 1 mmol/L)加入溶液 A 中,接着在强力搅拌下,添加 1 mL Na_2WO_4 溶液。然后在空气气氛下,利用超声波探头对反应溶液进行辐射,超声波探头的直径为 0.6 cm,频率为 20 kHz,功率为 60 W/cm^2。整个超声波辐射时间为 30 min。反应完全后对产生的白色沉淀进行过滤,分别用去离子和无水乙醇洗涤后,干燥得到产品。表面活性剂 P123 的浓度为 $10\sim40$ g/L。Sb^{3+} 掺杂浓度控制在摩尔分数为 0.05mol%~1mol%。

图 9-22 为室温下制备的纯 $PbWO_4$ 和在不同浓度的表面活性剂条件下制备的 $Sb/PbWO_4$ 的 XRD 谱。由该图可见,纯 $PbWO_4$ 和 $Sb/PbWO_4$ 的衍射峰均较强,说明室温下声化学合成的 $PbWO_4$ 具有很好的结晶度。$PbWO_4$ 结晶度还受表面活性剂 P123 浓度的影响,P123 浓度为 10 g/L 时制备的 $PbWO_4$ 的结晶度最好。

声化学合成的 $PbWO_4$ 的形貌还可以通过调节反应体系中表面活性剂 P123 的浓度进行控制。图 9-23 为不同浓度的表面活性剂 P123 合成的 $PbWO_4$ 扫描电镜照片。当 P123 的浓度为 10 g/L 时,生成的 $PbWO_4$ 为星形树枝状颗粒,长度为 1.5 μm 左右;当 P123 的浓度为 20 g/L 时,生成的 $PbWO_4$ 为均匀的纺锤形,在中心处的直径为 220 nm 长度为 1.5 μm 左右;当 P123 的浓度为 40 g/L 时,生成的 $PbWO_4$ 为球形,直径为 300 nm。

图 9-24 为声化学制备的纯 $PbWO_4$ 和具有不同形貌 $Sb/PbWO_4$ 的室温光致发光谱,激发光的波长为 300 nm。声化学制备的纯 $PbWO_4$ 的发光峰很弱,而 $Sb/PbWO_4$ 在 500 nm 左右的室温荧光光谱明显增强。同时发现 $Sb/PbWO_4$ 发光峰的强度还与其形貌和结晶度密切相关,制备的树枝状 $Sb/PbWO_4$ 发光峰最强。

综上所述,利用超声空化效应产生的独特的化学物理环境,如局部的高温(~5000 ℃),高压(>20 MPa)和极快的冷却速度($>10^9$ K/s),可以促进非金属元

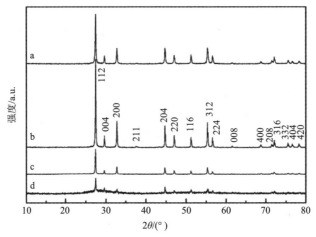

图 9-22　声化学制备的 PbWO$_4$ 和 Sb/PbWO$_4$ 的 XRD 谱[20]

a:PbWO$_4$;b~d 不同表面活性剂下制备的 Sb/PbWO$_4$,b:10 g/L,c:20 g/L,d:40 g/L

图 9-23　不同浓度的表面活性剂 P123 合成的 PbWO$_4$ 扫描电镜照片[20]

(a)P123 浓度为 10 g/L;(b)P123 浓度为 20 g/L;(c)P123 浓度为 40 g/L

素和过渡金属元素的掺杂。可以预见,声化学在合成元素掺杂半导体纳米材料方面可以发挥独特的作用。

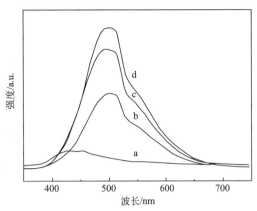

图 9-24　声化学制备的纯 PbWO₄ 和具有不同形貌的 Sb/PbWO₄ 的室温光致发光谱

a:PbWO₄;不同形貌的 Sb(0.1%)掺杂 PbWO₄,b:球形,c:纺锤形,d:树枝状

参 考 文 献

[1] 唐艳,王雁英,郭孝东,等. 金属元素掺杂 Li₃V₂(PO₄)₃ 正极材料的研究进展. 材料导报 A, 2012,26(2):154-158.

[2] 卓世异,刘学超,熊泽,等. Cu 掺杂对 ZnO 基薄膜光学及磁学性能影响. 人工晶体学报, 2011,40(4):1048-1050.

[3] Yu C L,Cai D J,Yu J C,et al. Sol-gel derived S,I-codoped mesoporous TiO₂ photocatalyst with high visible-light photocatalytic activity. J. Phys. Chem. Solids,2010,71(9):1337-1343.

[4] Yu C L,Yu J C. A simple way to prepare C-N-codoped TiO₂ photocatalyst with visible-light activity. Catal. Lett. ,2009,129(3-4):462-470.

[5] Pan J H,Zhang X W,Du A J,et al. Self-etching reconstruction of hierarchically mesoporous F-TiO₂ hollow microspherical photocatalyst for concurrent membrane water purifications. J. Am. Chem. Soc. ,2008,130(34):11256,11257.

[6] Valentin C D,Finazzi E,Pacchioni G,et al. Density functional theory and electron paramagnetic resonance study on the effect of N-F codoping of TiO₂. Chem. Mater. ,2008,20(11):3706-3714.

[7] Wang X C,Yu J C,Chen Y L,et al. ZrO₂-modified mesoporous nanocrystalline TiO₂-ₓNₓ as efficient visible light photocatalysts. Environ. Sci. Technol,2006,40(7):2369-2374.

[8] Asahi R,Morikawa T,Ohwaki T,et al. Visible-light photocatalysis in nitrogen-doped titanium oxides. Science,2001,293(5528):269-271.

[9] Sato S,Nakamura R,Abe S. Visible-light sensitization of TiO₂ photocatalysts by wet-method N doping. Appl. Catal. A:General,2005,284(1-2):131-137.

[10] Sakthivel S,Kisch H. Photocatalytic and photoelectrochemical properties of nitrogen-doped titanium dioxide. Chem. Phys. Chem. ,2003,4(5):487-490.

[11] 顾德恩,杨邦朝,胡永达. 非金属元素掺杂 TiO₂ 的可见光催化活性研究进展. 功能材料,

2008,1(39):1-5.

[12] Park J H, Kim S, Bard A J. Novel carbon-doped TiO₂ nanotube arrays with high aspect ratios for efficient solar water splitting. Nano. Lett. ,2006,6(1):24-28.

[13] Choi Y, Umebayashi T, Yoshikaw M. Fabrication and characterization of C-doped anatase TiO₂ photocatalysts. J. Mater. Sci. ,2004,39(5):1837-1839.

[14] Yu C L, Fan Q Z, Yu X, et al. Sonochemical fabrication novel square-shaped F doped TiO₂ nanocrystals with enhancing performance in photocatalytic degradation of phenol. J. Hazard. Mater. ,2012,237/238:38-45.

[15] Zhou W Q, Yu C L, Fan Q Z, et al. Ultrasonicfabrication of N-doped TiO₂ nanocrystals with mesoporous structure and enhanced visible light photocatalytic activity. Chin. J. Catal. , 2013,34(6):1250-1255.

[16] Yu C L, Shu Q, Yu J C, et al. A sonochemical route to fabricate the novel mesoporous F, Ce-codoped TiO₂ photocatalyst with efficient photocatalytic performance. J. Porous Mater. ,2012,19(5):903-911.

[17] Yu C L, Yang K, Yu J C. Fast fabricate Co₃O₄ or CuO/BiVO₄ composite photocatalysts with high crystallinity and enhanced photocatalytic activity via ultrasound irradiation. J. Alloys Compd. ,2011,509(13):4547-4552.

[18] Kudo A. Development of photocatalyst materials for water splitting. Int. J. Hydrogen Energy,2006,31(2):197-202.

[19] Xie B P, Zhang H X, Cai P X, et al. Simultaneous photocatalytic reduction of Cr(VI) and oxidation of phenol over monoclinic BiVO₄ under visible light irradiation. Chemosphere, 2006,63(6):956-963.

[20] Geng J, Lu D J, Zhu J J, et al. Antimony(III)-doped PbWO₄ crystals with enhanced photo-luminescence via a shape-controlled sonochemical route. J. Phys. Chem. B,2006,110(28): 13777-13785.

[21] Alireza K, Reza D C S, Younes H, et al. Synthesis and characterization of dysprosium-doped ZnO nanoparticles for photocatalysis of a textile dye under visible light irradiation. Ind. Eng. Chem. Res. ,2014,53(5):1924-1932.

[22] Lee G J, Anandan S, Masten S J, et al. Sonochemical synthesis of hollow copper doped zinc sulfide nanostructures: Optical and catalytic properties for visible light assisted photosplitting of water. Ind. Eng. Chem. Res. ,2014,53(21):8766-8772.

[23] Dutta D P, Mandal B P, Naik R, et al. Magnetic, ferroelectric, and magnetocapacitive properties of sonochemically synthesized Sc-doped BiFeO₃ nanoparticles. J. Phys. Chem. C, 2013,117(5):2382-2389.

第 10 章　声化学制备特定形貌纳米材料

10.1　形貌与纳米材料性质

纳米材料性质与纳米材料的形貌密切相关。例如,Au、Ag 等金属纳米棒,具有各向异性的光学性质,且直接与其长径比相关联。CdSe 纳米棒的半导体发光以及磁赤铁矿、Ni 和 Co 纳米棒的磁性也受到其形状的极大影响。而纳米粒子的催化活性不仅取决于粒度,还与形状有关。另外,具有有序结构的多级纳米结构,像纳米空心微球和具有特殊形貌的一维纳米材料(如纳米线、纳米管、纳米棒等),在微电子技术、催化反应等方面具有潜在的应用价值。例如,纳米催化的形貌效应,表面科学和理论计算的研究工作表明,催化剂的催化性能与其所暴露晶面的原子排布是密切相关的,因此这些具有特定形貌的纳米材料不仅可提高催化剂表面的活性位密度和改变催化反应路径,而且其表面结构的高度均一性也有助于跨越模型催化剂与真实催化剂的材料鸿沟,这是当前纳米催化研究领域的一个重要发展趋势。纳米催化中的形貌效应已经在 Pt、Pd、Rh 和 Ag 等[1,2]贵金属纳米粒子上得到了验证。因此,纳米材料的形貌控制合成一直是纳米材料的研究热点之一[3-8]。

10.2　纳米材料形貌控制合成方法

10.2.1　溶胶法

溶胶法是制备单分散性纳米粒子的重要方法。在制备单一形貌的纳米结构中,为了从液相中析出大小均匀的单分散性纳米结构颗粒,必须使晶体成核和生长两个过程分开,以便已形成的晶核同步长大,并在此生长过程中不再有新核形成。图 10-1 是溶胶法制备的单分散球形 CdSe 纳米量子点的透射电镜照片[9]。图中所示的 CdSe 纳米量子点的直径在 8 nm 左右。该 CdSe 单分散纳米量子点的基本合成过程如下:

在氩气气氛下,将 CdO 和硬脂酸在烧瓶中加热到 130 ℃形成透明溶液,然后冷却到室温,加入 2 g 99% 的三辛基氧化膦(trioctylphosphine oxide,TOPO)后重新密封,在氩气气氛下继续加热到 360 ℃。另外,将硒粉溶解在含有甲苯和三

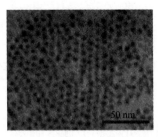

图 10-1　溶胶法制备的单分散球形 CdSe 纳米量子点的透射电镜照片[9]

辛基膦(trioctylphosphine)中形成硒溶液,将硒溶液快速注入反应的烧瓶中。注入硒溶液后反应溶液温度降至 300 ℃,然后维持这个温度,让 CdSe 晶体进行生长。反应完全后,待反应液体冷却至 20～50 ℃,加入丙酮让沉淀析出,然后离心分离。得到单分散球形 CdSe 纳米量子点。

10.2.2　反向胶束和胶束法

1. 胶束与临界胶束浓度[10]

1925 年,Mcbain 在大量实际研究的基础上首次提出胶束假说。即,此类溶液中若干个溶质分子或离子会缔合成肉眼看不见的聚集体(aggregate)。这些聚集体是以非极性基团为内核,以极性基团为外层分子有序组合体。Mcbain 称为胶束(micelle)。胶束在一定浓度以上才大量生成,这个浓度称为它的临界胶束浓度(critic micelle concentration,CMC)。原则上说,一切随胶束浓度而发生突变的溶液性质(表面张力、电导率、渗透压等)都可以被用来测定表面活性剂的 CMC。当浓度低于 CMC 时表面活性剂以分子或离子态存在,称为单体(monomer)用 S 表示;当浓度超过 CMC 时,表面活性剂主要以胶束状态存在,而体系中单体浓度几乎不再增加。在胶束溶液中,胶束与溶解的溶质分子形成平衡。

$$nS = S_n \tag{10.1}$$

如果单体是表面活性离子,形成的聚集体会结合一些反离子,两者的总量决定胶束所带电荷,如:

$$nS^- + mM^+ = (S_nM_m)^{(n-m)-} \tag{10.2}$$

这种结构与胶体化学中胶团的结构有些类似,现在有的书中不称胶束而称为胶团。

根据 Mcbain 的胶束假说可以解释表面活性剂溶液的各种特性。多种溶液性质在同一浓度附近发生突变的现象是因为这些性质都是依数性的或质点大小依赖性的。溶质在此浓度区域开始大量生成胶束导致质点大小和数量的突变,于是这些性质都随之发生突变,形成共同的突变浓度区域。胶束形成以后,它的内核相当于碳氢油微滴,具有溶油的能力,使整个溶液表现出既溶水又溶油的特性。

表面活性剂溶液具有诸多特性,且都与它的表面吸附和胶束形成有关。那么,表面活性剂为什么有这两种基本的物理化学作用呢? 这是根源于表面活性剂分子的两亲结构。亲水基赋予它一定的水溶性,亲水基越强则水溶性越佳。疏水基带给表面活性剂分子水不溶性。当亲水基和疏水基配置适当时,化合物可适度溶解。处于溶解状态的溶质分子的疏水基仍具有逃离水的趋势,将此趋势变为现实的途径有二:一是表面活性剂分子从溶液内部移至表面,形成定向吸附层——以疏水基朝向气相,亲水基插入水中,满足疏水基逃离水环境的要求,这就是溶液表面的吸附作用;二是在溶液内部形成缔合体——表面活性剂分子以疏水基结合在一起形成内核,以亲水基形成外层,同样可以达到疏水基逃离水环境的要求,这就是胶束形成。

2. 胶束的结构、形态和大小

1) 胶束结构

胶束的基本结构包括两大部分:内核和外层。在水溶液中胶束的内核由彼此结合的疏水基构成,形成胶束水溶液中的非极性微区。胶束内核与溶液之间为水化的表面活性剂极性基构成的外层。离子型表面活性胶束的外层包括由表面活性剂离子的带电基团、电性结合的反离子及水化水组成的固定层,和由反离子在溶剂中扩散分布形成的扩散层。图 10-2 是表面活性剂胶束基本结构示意图。时间上,在胶束内核与极性基构成的外层之间还存在一个由处于水环境中的 CH_2 基团构成的栅栏层。

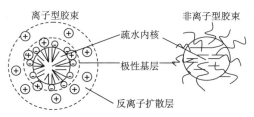

图 10-2　表面活性剂胶束基本结构示意图

两亲分子在非水溶液中也会形成聚集体。这时亲水基构成内核,疏水基构成外层,叫作反胶束。

2) 胶束的形态

胶束有几种不同形态:球状、扁球状、棒状、层状(图 10-3)。图 10-4 则图示了胶束结构的形成。

通常,在简单的表面活性剂溶液中,CMC 附近形成的多为球形胶束。溶液浓度达到 10 倍 CMC 附近或更高时,胶束形态趋于不对称,变为椭球、扁球或棒状。

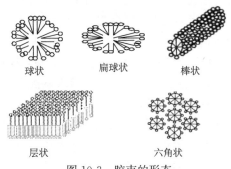

图 10-3　胶束的形态

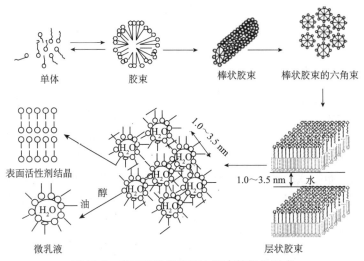

图 10-4　表面活性剂溶液中胶束结构的形成

有时形成层状胶束。近期研究认为胶束形态取决于表面活性剂的几何形状,特别是亲水基和疏水基在溶液中各自横截面积的相对大小。一些作用规律如下:

（1）具有较小头基的分子,例如,带有两个疏水尾巴的表面活性剂,易于形成反胶束或层状胶束。

（2）具有单链疏水基和较大头基的分子或离子易于形成球形胶束。

（3）具有单链疏水基和较小头基的分子或离子易于形成棒状胶束。

（4）加电解质于离子型表面活性剂水溶液将促使棒状胶束生成。

应该强调的是,胶束溶液是一个平衡体系。各种聚集形态之间及它们与单体之间存在动态平衡。因此,所谓某一胶束溶液中胶束的形态只能是它们的主要形态或平均形态。另外,胶束中的表面活性剂分子或离子与溶液中的单体交换速度很快,在 $1 \sim 10$ μs 之内。这种交换是以一个个 CH_2 进行的。因此,胶束表面是不平衡的,不停地活动的。

3) 胶束的大小

胶束大小的量度是胶束聚集数 n,即缔合成一个胶束的表面活性剂分子(或离子)平均数。常用光散射法测定胶束聚集数。其原理是应用光散射法测出胶束的"相对分子质量"——胶束量,再除以表面活性剂的分子量得到胶束的聚集数。

当表面活性剂在水中的浓度超过临界胶束浓度时,表面活性剂分子聚集形成胶束,见图 10-5。憎水基团在胶束内部定向聚集,而亲水基团伸向外部水溶液。相反,反胶束是在非水介质中形成,这时亲水基团直接伸入胶束内部,而碳氢憎水链基团伸向外部。

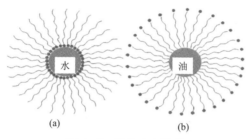

(a)　　　　　　　(b)

图 10-5　反胶束与胶束

利用反向胶束合成纳米材料的步骤基本分为两种情况。第一种情况是两个反向胶束碰撞,由于两个胶束的融合,胶束水池中的物质发生交换,从而发生反应。水池成为反应器,纳米颗粒在水池中生成。另外一种情况是一种溶解在胶束中的反应物和另外一种溶解在水中的反应物反应。这种反应可以通过胶束融合反应也可以通过两个胶束中的水相交换反应。金属纳米粒子可以通过利用强还原剂,如 $NaBH_4$、N_2H_4 等还原反相胶束中的金属盐获得。利用反相胶束法合成 Pt、Rh、Pd、Ir[11,12]、Ag[13]、Au[14]、Cu[15]、Co[16]、FeNi[17]、Cu_3Au[18]、CoNi[19] 等金属纳米颗粒。例如,利用磺基琥珀酸二乙酯铜(copper diethyl sulfosuccinate, $Cu(AOT)_2$)、水和异辛烷形成的反相胶束可以合成单分散的直径为 7.5 nm 的 Cu 纳米颗粒。图 10-6 为该单分散 Cu 纳米颗粒的透射电镜照片。该图表明合成的 Cu 纳米颗粒为形貌统一的球形颗粒。

10.2.3　微乳液法

一般乳状液的颗粒大小常在 $0.2\sim50$ μm,在普通显微镜下就可以观测到。1943 年,Hoar 和 Schulman 往乳状液中滴加醇,制得了透明或半透明、均匀并长期稳定的分散体系。在这种分散体系中,分散质点为球形,半径非常小,通常在 $0.01\sim0.1$ μm,是热力学稳定体系。在相当长的时间内,这种体系分别称为亲水的油胶团(hydrophilic oleomicelles)或亲油的水胶团(oleophilic hydromicelles)[20],也称

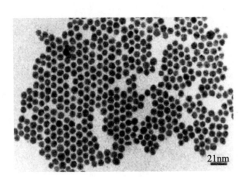

21nm

图 10-6　单分散 Cu 纳米颗粒的透射电镜照片

为溶胀的胶团或增溶的胶团[21]。直到 1959 年,Schulman 等才首次将上述体系称为"微乳状液"或"微乳液"(microemulsion)[22]。于是"微乳液"一词正式诞生。

自 Schulman 等首次报道微乳液以来,微乳的理论和应用研究获得了迅速的发展。尤其是 20 世纪 90 年代以来微乳应用方面的研究发展得更快。一些专著和综述性章节概述了微乳领域的理论和应用成果。我国的微乳研究开始于 20 世纪 80 年代初期,在理论和应用研究方面也取得了成果[23-26]。

在结构方面,微乳液有 O/W(水包油)型和 W/O(油包水)型,类似于普通乳状液。但微乳液与普通乳状液有根本区别:普通乳状液是热力学不稳定体系,分散质点大,不均匀,外观不透明,靠表面活性剂或其他乳化剂维持动态稳定;微乳液是热力学稳定体系,分散质点小,外观透明,经高速离心分离不发生分层现象。因此鉴别微乳液和普通乳状液的最普通的方法是:对于水-油-表面活性剂分散体系,如果它是外观透明或近乎透明的,流动性很好的均相体系,并且在 100 倍重力加速度下离心 5 min 而不发生分离,即可认为微乳液、含有增溶物的胶束溶液也是热力学稳定的均相体系,因此在稳定性方面,微乳液更接近胶束溶液。从质点大小来看,微乳液正是胶束和普通乳状液之间的过渡物,因此它兼有胶束和普通乳状液的性质,并充分体现自然辩证法的规律:"一切差异都在中间阶段融合,一切对立都经过中间环节而互相过渡"。如前所述,从胶束溶液到微乳液的变化是渐进的,没有明显的分界线。要区分胶束溶液和微乳液目前还缺少可操作的方法,除非人为地引入某个标准,因此在一些著作中对两者并不区分。但习惯仍从质点大小、增溶量多少将两者加以区别。表 10-1 列出了普通乳状液、微乳液和胶束溶液的一些性质比较。

现在可以给微乳液下一个定义:微乳液是两种不互溶液体形成的热力学稳定的、各向同性的、外观透明或半透明的分散体系,微观上由表面活性剂界面膜所稳定的一种或两种液体的微滴构成。

表 10-1　普通乳状液、微乳液和胶束溶液的一些性质比较

外观	普通乳状液	微乳液	胶束溶液
	不透明	透明	一般透明
质点大小	大于 0.1 μm，一般为多分散体系	0.01～0.1 μm，一般为单分散体系	一般小于 0.01 μm
质点形状	一般为球状	球状	稀溶液中为球状，浓溶液为各种形状
热力学稳定性	不稳定	稳定	稳定
表面活性剂用量	少，一般无需表面活性剂	多，一般需加助表面活性剂	浓度大于 CMC 即可，增加油量或水量多时要适当增加表面活性剂
与油水混溶性	O/W 与水混溶，W/O 与油混溶	与油水在一定范围可混溶	能增溶油或水直至达到饱和

由于微乳液属热力学稳定体系，在一定条件下胶束具有保持稳定小尺寸的特性，即使破裂也能重新组合，这类似于生物细胞的一些功能如自组织性、自复制性，因此又将其称为智能微反应器。这种微反应器可以用来合成形貌和粒径可控的纳米材料，且这种方法具有装置简单、操作容易的优点。

关于微乳液的形成机理主要有负界面张力学说，这个学说由 Prince[27] 提出。这个机理认为，油/水界面张力在表面活性剂的存在下大大降低，一般为几个毫牛顿每米（mN/m），这样低的界面张力只能形成普通乳状液。但在助表面活性剂的存在下，由于产生混合吸附，界面张力进一步下降至超低（10^{-3}～10^{-5} mN/m）以至产生瞬时负界面张力（$\sigma < 0$）。由于负界面张力是不能存在的，因此体系将自发扩张界面，使更多的表面活性剂和助表面活性剂吸附于界面使其体积浓度降低，直至界面张力恢复至零或微正值。这种由瞬时负界面张力而导致体系界面张力的自发扩张的结果，就形成了微乳液。如果微乳液发生聚结，则界面面积缩小，复又产生负界面张力，从而对抗微乳液聚结，这就解释了微乳液的稳定。

1. 微乳液内核水的特性[28]

目前在微乳液反相胶束的结构模型中，较简单且被接受的是两相模型。该模型假设反相胶束为球形，胶束内核水可分为自由水和结合水（受束缚水）两相并构成双电层，而且两种水可以迅速交换。结合水处于表面活性剂和自由水之间，因此又称为结合水界面层，其性质主要由表面活性剂的极性和离子的性质决定。

胶束中水的摩尔含量可用 R 表示，为体系中水（W）和表面活性剂（S）的摩尔比，即 $R = n_W / n_S$。R 增大，"水池"尺寸增加，胶束随之膨胀。研究表明，"水池"半径 r 与 R 线性相关。从几何模型可作如下解释，假设水滴是单分散的，其体积与水分子体积有关，其表面积与油水界面覆盖的表面活性剂有关；又假设每个表面活性剂固定且都参与形成油水界面；则 r 可由"水池"体积 V 和表面积 A 计算出：

$$r=\frac{3V}{A}, \quad 设\ V=NV_{aqn_W}, A=N\sigma n_S$$

式中,N 为 Avogadro 常数,V_{aq} 为水分子的体积,$V_{aq}=3\times10^{-2}\,nm^3$,$\sigma$ 为表面活性剂极性基的表面积,当 $R>10$ 时,σ 为常数。

对 W/AOT(琥珀酸二异辛酯磺酸钠,AOT)/IOA(异辛烷)体系,$\sigma=0.6\,nm^2$,则水池半径 r 和 R 之间有如下近似关系:

$$r=1.5R$$

Thomas 等用动态光散射法证实,水核的大小直接相关于水油比,区域化的"水池"有利于对微粒生长的控制,并在较宽范围内:

$$r=1.8R+15$$

2. 水核内纳米颗粒的形成机理

利用反相胶束微反应器进行反应时,反应物的加入方式主要为直接加入法和共混法两种,加料方式不同,反应物达到微反应场所经历的主要途径也不同。相应的反应主要为渗透反应机理和融合反应机理。

以 A+B——→C↓+D 为模型反应,A,B 为溶于水的反应物质,C 为不溶于水的产物沉淀,D 为副产物。两种方法的机理如下:

(1) 直接加入法——渗透反应机理。

首先制备 A 的 W/O 微乳液,记为 E(A),再向 E(A)中加入反应物 B,B 在反相微乳液体相中扩散,透过表面活性剂膜层向胶束中渗透,A,B 在水池中混合,并在胶束中进行反应。此时反应物的渗透扩散为控制过程。例如,烷基金属化合物加水分解制备氧化物纳米粒子。

(2) 共混法——融合反应机理。

混合含有相同水油比的两种反相微乳液 E(A)和 E(B),两种胶束通过碰撞、融合、分离、重组等过程,使反应物 A,B 在胶束中互相交换、传递及混合。反应在胶束中进行,并成核、长大,最后得到纳米微粒。反应物的加入可分为连续和间歇两种。因为反应发生在混合过程中,所以反应由混合过程控制。例如,硝酸银和氯化钠反应制备氯化银纳米粒子可以采用此方法。

3. 影响纳米颗粒制备的因素

反相胶束或微乳液用来作为合成具有特殊形貌的纳米颗粒的介质,是因为它能提供一个特定的水核,水溶性反应物在水核中发生化学反应可以得到所要制备的纳米颗粒,影响纳米颗粒制备的因素主要有以下几点:

(1) 反相胶束或微乳液组成的影响。对一个确定的化学反应来说,要选择一个能增溶有关试剂的微乳体系,显然,该体系对有关试剂的增溶能力越大越好,这样可期望获得较高产率。另外,构成微乳体系的组分应该不和试剂发生反应,也不应该抑制所选定的化学反应。

(2) 反应物浓度的影响。适当调节反应物的浓度,可使制取粒子的大小受到控制。Pileni 等[28]在 AOT/异辛烷/H_2O 反胶束体系中制备 CdS 胶体粒子时,发现颗粒直径受 $c(Cd^{2+})/c(S^{2-})$ 的浓度比的影响,当反应物之一过量时,便生成较小的粒子。这是由于当反应物之一过剩时,成核过程比等量反应要快,生成的纳米颗粒的粒径也就偏小。

(3) 反胶束或微乳液滴界面膜的影响[29]。选择合适的表面活性剂是进行超细颗粒合成的第一步。为了保证形成的反胶束或微乳液颗粒在反应过程中不发生进一步聚集,选择的表面活性剂的成膜性能要合适,否则在反胶束或微乳液颗粒碰撞时表面活性剂所形成的界面膜容易打开,导致不同水核内固体核或超细颗粒之间的物质交换,这样就难以控制超细颗粒的最终粒径。

4. 微乳液合成特殊形貌纳米粒子举例

下面是一个通过设计反相微乳液反应体系,在水热条件下缓慢氧化 SnF_2,合成单分散的四方 SnO_2 纳米晶的例子。其实验过程如下[30]:

将 1 mmol SnF_2 溶解在 5 mL 去离子水中,在这个溶液中加入含有 20 mL 1-十八烯、0.5 mL 油酸和 1 mL 油胺的溶液,然后强烈搅拌 30 min,形成反相微乳液。将反相微乳液置于 50 mL 的聚四氟乙烯水热罐中,在 220 ℃下保温 72 h 得到 SnO_2 纳米晶。实验表明,通过调节油胺的用量,可以获得分散性极好、大小为 10 nm 左右的规则的四方 SnO_2 纳米晶。四方 SnO_2 纳米晶的可能生长机理是 SnF_2 的氧化速率和晶粒生长的过饱和度对微乳液体系中水相的 pH 非常敏感。适当的 pH 有利于晶核的定向生长,从而在微乳液水核反应器中形成了规则的四方 SnO_2 纳米晶。图 10-7 为在反相微乳液合成 SnO_2 时使用不同油胺含量的 XRD 谱图。虽然所使用的油胺含量不同,但三个 SnO_2 样品表现出相同的衍射峰位置,即在 $2\theta = 26.51°$、$33.89°$、$37.94°$、$39.05°$、$51.84°$、$54.73°$ 和 $58.06°$ 时出现对应 (110)、(101)、(200)、(211)、(002)、(310) 和 (310) 晶面的衍射峰,为四方金红石相 (JCPDS No. 01—088—0287)。

图 10-8 为反相微乳液合成 SnO_2 的透射电镜照片。该图表明,当使用 0.5 mL 和 6 mL 油胺时,合成的 SnO_2 形貌不规则。当使用的油胺为 2 mL 时,生成非常规则的单分散 SnO_2 纳米四方块,每一个 SnO_2 纳米四方块的边长是 10 nm 左右。

在这个水、1-十八烯、油酸和 1 mL 油胺体系中,形成反相微乳液。Sn^{2+} 溶解在反相微乳液的水核中,同时和油胺($CH_3(CH_2)_7CH=CH(CH_2)_7CH_2NH_2$)络合形成 $Sn(RNH_2)_x$,R 基团伸向水核外面。水核成为 Sn^{2+} 氧化反应微反应器。

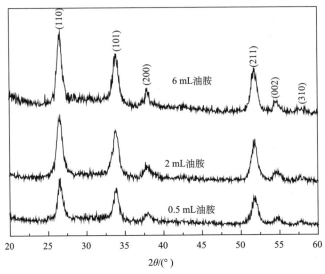

图 10-7　反相微乳液合成 SnO_2 样品的 XRD 谱[30]

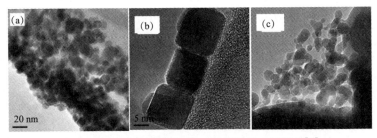

图 10-8　反相微乳液合成 SnO_2 的透射电镜照片[30]

(a)使用 0.5 mL 油胺；(b)使用 2 mL 油胺；(c)使用 6 mL 油胺

在适当的油胺浓度和水热条件下,Sn^{2+} 被氧化生成 SnO_2 晶核,晶核逐渐生长成单分散的 SnO_2 纳米四方块(图 10-9)。

Pileni 等[31]在 H_2O/AOT-$Cu(AOT)_2$/异辛烷反胶束微乳液中直接加入肼使 Cu^{2+} 还原得到 Cu 纳米粒子,发现粒子形状随实验条件而变化。当水与表面活性剂的摩尔比(w)为 2 时,生成球形粒子;当 w 为 4 时,出现柱状粒子。$Cu(AOT)_2$ 浓度低时生成球形粒子,浓度高时亦有柱状粒子出现,且随表面活性剂浓度的增加,柱状粒子变长。

在随后的研究中[32],他们在 H_2O/AOT-$Cu(AOT)_2$/异辛烷反胶束微乳液中用肼还原 Cu^{2+},得到了 Cu 纳米粒子,并详细研究了各种条件对粒子形状的影响。发现 $w=4$ 时,形成了 87% 的球形粒子,13% 的柱状粒子;$w=6$ 时,为 68% 的球形粒子,32% 的柱状粒子;$w=12$ 时,为 62% 的球形粒子,38% 的柱状粒子以及极少

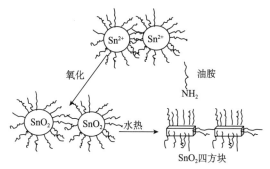

图 10-9　反相微乳液合成 SnO_2 纳米四方块示意图[30]

数的三角粒子;$w=18$ 时,则有球形、柱状、三角形、四方形等不同形状的粒子形
成。进一步增加 w 值,均形成球形和柱状粒子的混合物,只是相对百分数不同。
$w=18$ 时,分别为 97% 和 3%;而 $w=34$ 时,则为 58% 和 42%。在增加水含量
时,球形粒子百分数增加。如 $w=40$ 时,形成了 93% 的球形粒子和 7% 的柱状
粒子。

　　为了说明粒子形状的这种变化,研究了该微乳液的相图。当 $1<w<5.6$ 时,
形成的是均匀的反胶束溶液(L_2-相)。在此范围之内,当 $w=4$ 时液滴由球形变为
柱形。当 $5.6<w<11$ 时,L_2-相分成一个更浓的、以柱状的双连续网络为特征的
反胶束溶液 L_2*-相和一个几乎由纯异辛烷构成的相。当 $11<w<15$ 时,形成了
不透明的层状相,L_a-相与 L_2*-相以及异辛烷相共存。当 $20<w<30$ 时,L_3-相(海
绵相)、L_2*-相、L_a-相与异辛烷相共存。当 $w>30$ 时,L_a-相与异辛烷相平衡。当
$w=35$ 时,又形成各向同性的油包水液滴。

　　由此可以对生成的纳米粒子的形状做出说明。在反胶束区时,柱状粒子是由
表面活性剂分子的手性有利于船形构型(a boat configuration)的核的形成而引起
的;而且,低 w 时的反胶束中,$w=4$ 时,还发生液滴由球形向柱形的转变。在低水
含量($1<w<5.6$)和高水含量($w>35$)时,均形成油包水反胶束,但形成的柱状粒
子的百分数不同。这是由于低 w 时,胶束的刚性有利于柱状粒子的生长;而高水
含量时,自由水分子增加,胶束间动力学过程增加,有利于粒子在不同方向生长。
该反胶束体系在 $5.6<w<11$ 和 $30<w<35$ 时形成互联柱状体。由上面给出的
数据可以看出,在这两个区域,形成了大量的柱状粒子。特别是对比 $w=4$ 和 $w=$
6 以及 $w=34$ 和 $w=40$ 时的情况,发现水含量的小的变化引起了粒子形状的极大
变化。这是由于形成的互联柱状体作为模板,可诱导柱状粒子的生长。而在多相
区,$11<w<15$ 和 $15<w<20$ 时,形成了各种形状的 Cu 纳米粒子。这是由于微乳
液中形成的各种结构均可以作为模板诱导不同形状的粒子生长。由此可见,反胶
束微乳液中,晶核的形状($1<w<5.6$ 和 $w>35$)和作用模板的胶束结构对形成的

纳米粒子形状有重要影响。

反胶束微乳液法是一种有效制备特殊形貌的纳米粒子的化学方法[33]。反应在反胶束所提供的微环境中进行,条件温和,操作简单。粒子的大小和形貌可以通过改变实验条件而加以控制。

10.2.4　水热法和溶剂热法

水热法是以水为溶剂,在一定温度和水的自身压强下,利用原始混合物进行制备纳米颗粒的一种新方法。由于在高温,高压水热条件下,特别是当温度超过水的临界温度(647.2 K)和临界压力(22.06 MPa)时,水处于超临界状态,物质在水中的物性与化学反应性能均发生很大变化,因此水热反应大,异于常态。合成的纳米材料通常具有很好的结晶度和形貌。在水热合成过程中,水压力、温度、反应时间和反应物前驱体是水热合成的主要参数。

溶剂热法是水热法的发展,它与水热法的不同之处在于所使用的溶剂为有机溶剂而不是水。在溶剂热反应中,通过把一种或几种前驱体溶解在非水溶剂,在液相或超临界条件下,反应物分散在溶液中并且变得比较活泼,反应发生,产物缓慢生成。该过程相对简单而且易于控制,并且在密闭体系中可以有效地防止有毒物质的挥发和制备对空气敏感的前驱体。另外,物相的形成、粒径的大小、形态也能够控制,而且,产物的分散性较好。在溶剂热条件下,溶剂的性质(密度、黏度、分散作用)相互影响,变化很大,且其性质与通常条件下相差很大,相应的,反应物(通常是固体)的溶解、分散过程及化学反应活性有了极大的提高或增强。这就使得反应能够在较低的温度下发生。

下面是以氟化亚锡(SnF_2)为前驱体,硫代硫酸铵((NH_4)$_2S_2O_8$)为氧化剂,在水热条件下合成了边长为 200 nm 的单晶 SnO_2 四方体[34]。水热合成的过程如下:在 60 mL 去离子水中,加入 1 mmol SnF_2 和 1mmol(NH_4)$_2S_2O_8$,磁力强力搅拌 0.5 h,形成无色透明的溶液。利用 4 mol/L 的 NaOH 调节溶液的 pH 为 7,然后转入 100 mL 水热罐,在 220 ℃下处理 36 h,然后离心分离,干燥得到 SnO_2。图 10-10 为水热法合成 SnO_2 纳米四方体的扫描电镜照片。该图清楚地表明,合成的 SnO_2 为边长为 200 nm 的四方体。水热条件为生长大颗粒 SnO_2 单晶四方体提供了有利条件。

以三乙酰丙酮铁(Fe(acac)$_3$)为前驱体,聚乙二醇为溶剂热介质可以方便地合成单分散的球形 Fe_3O_4 纳米磁粉[35]。其合成过程为:将 0.60 g Fe(acac)$_3$ 和 15 g 分子量为 1000 的聚乙二醇在 120 ℃下混合,搅拌 0.5 h,得到透明溶液。然后将此溶液密封在水热罐中,于 140 ℃下处理 20 h,离心分离,用乙醇洗涤,得到黑色的 Fe_3O_4 粉体。图 10-11 是以聚乙二醇(分子量 1000)为介质溶剂热合成的 Fe_3O_4 纳米颗粒透射电镜照片,该图表明,所合成的 Fe_3O_4 为分散性很好的球形颗粒,直

图 10-10　水热法合成 SnO_2 纳米四方体的扫描电镜照片[34]

径在 5 nm 左右。图 10-12 为以聚乙二醇(分子量 1000)为介质溶剂热合成的 Fe_3O_4 纳米颗粒的磁化曲线。Fe_3O_4 的饱和磁化强度为 60 emu/g。

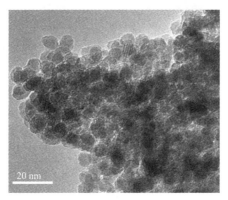

图 10-11　以聚乙二醇(分子量 1000)为介质溶剂热合成的 Fe_3O_4 纳米颗粒透射电镜照片[35]

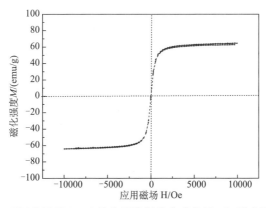

图 10-12　以聚乙二醇(分子量 1000)为介质溶剂热合成的 Fe_3O_4 纳米颗粒的磁化曲线[35]

10.2.5 热解法

热解法是利用化学物质前驱体在适当的热处理条件下分解形成固体产物的合成方法。一旦反应完成,将获得新物质。一般条件下,合成的粉体材料具有宽的粒径分布范围。为了获得尺寸均匀的纳米粉体材料,要对热分解反应条件进行限制,例如,在惰性溶剂条件下降低分解速率等。热分解所用的前驱体主要有 MCO_3、MC_2O_4、$M(C_2O_2)$、$M(CO)_x$、MNO_3、乙醇酸盐、柠檬酸盐、醇盐等。聚乙烯醇(PVA)和聚乙二醇通常用作保护试剂。热解法可以制备各种纳米粒子,如金属纳米粒子、金属氧化物、半导体、复合材料和碳纳米管等。例如,利用聚碳硅烷在纳米铁颗粒中分解制备 V 形碳纳米管,见图 10-13。将 0.2 g 聚碳硅烷和质量分数为 0.08% 的纳米铁粉在甲苯中混合后,旋涂在硅片上,然后在真空炉中于 700~1100 ℃下分解,在高温热解和冷却过程中,真空炉的压力保持在 1.33×10^{-3} Pa[36]。

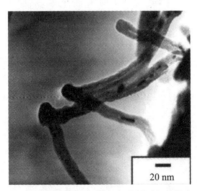

20 nm

图 10-13　热分解制备碳纳米管透射电镜照片[36]

10.2.6 气相沉积

气相沉积制备纳米材料分为化学气相沉积(CVD)和物理气相沉积(PVD)。在化学气相沉积制备过程中,汽化的前驱体引入到化学气相沉积反应炉中,然后吸附在高温加热的底物中,吸附的前驱体分子或者热分解或者和其他气体反应生成晶体。化学气相沉积分为三个步骤:①反应物通过质量传递扩散到生长的表面;②在生长的表面发生化学反应;③去除表面生成的气相反应的副产物。在化学气相沉积中,通常会用到过渡金属粒子,如 Fe、Ni 和 Co 作为催化剂。在 AlGaAs 底片上利用化学气相沉积生长的 InGaAs 纳米颗粒[37],以 $(CH_3)_3$Ga、$(CH_3)_3$In 和 AsH_3 为前驱体,载气 H_2 的流速为 17.5 L/min。在 650 ℃下,首先生长一层 GaAs 缓冲层,然后降温至 490~630 ℃,生长纳米尺度的 InGaAs 纳米岛。

物理气相沉积主要是物质气相的凝结。主要步骤有三步:①物质的蒸发或升华产生蒸气;②蒸气传输到生长底物上;③成核生长成颗粒或薄膜。物质蒸发的主要方法有,电子束加热、热蒸发、溅射蒸发、阴极电弧等离子体蒸发和脉冲激光蒸发等。不同形貌的纳米结构,如 Si 纳米线[38]、GeO_2 纳米线[39]、Ga_2O_3 纳米线[40]、ZnO 纳米棒[41]、CdS 纳米线[42]、SnO_2 纳米管[43]等都可以通过物理气相沉积制备。

图 10-14 是通过热蒸发 GaN 粉末,在氧气气氛下生成的 GaO_3 纳米带[44]。其制备过程基本如下:将 GaN 粉末(99.99%)放在氧化铝管上,氧化铝坩埚置于管式炉中。将管式炉于($10\sim15$)℃/min 的加热速率升至 1100 ℃,然后维持该温度 2 h,氩气流速为 50 mL/min。在蒸发过程中,GaO_3 沉积在多晶氧化铝盘上,氧化铝盘放置在氧化铝管的一端,温度为 800~850 ℃。蒸发产生的 Ga 蒸气和氧气结合生成 GaO_3 纳米带。

0.5 μm

图 10-14　物理气相沉积制备的 GaO_3 纳米带[44]

10.3　声化学制备 BiOCl(Br)纳米盘

BiOX(X=Cl、Br、I)是一类具有高度各向异性的层状结构半导体,这种独特的层状结构有利于光生电子和空穴的分离。利用声化学可以在室温下快速合成 BiOCl(Br)纳米盘。其合成过程为[45]:

将 0.01 mol $Bi(NO_3)_3 \cdot 5H_2O$ 溶解在 15 mL 冰醋酸中得到 A 溶液;0.01 mol NaCl(NaBr)和 0.02 mol CH_3COONa 溶解在 200 mL 去离子水中,得到 B 溶液。在超声功率为 800 W,间歇时间为 3 min 开,1 min 停的条件下,将 A 溶液逐滴滴加到 B 溶液。然后继续用超声辐照 2 h,超声辐射过程中,反应器通冷却水以维持反应溶液的温度在 25 ℃。超声辐照完成,离心分离样品,洗涤,在 100 ℃干燥。同时制备不用超声辐射的样品。

图 10-15 为在不同条件下制备的 BiOCl 和 BiOBr 的 XRD 谱图。对于 BiOBr，在衍射角为 $2\theta=10.76°,21.69°,24.98°,31.43°,31.97°,39.00°,46.09°,50.46°$ 和 $56.918°$ 处出现强的衍射峰。表明 BiOBr 为正方晶系，空间群为 P4/nmm(129)。对于 BiOCl，同样为正方晶系，空间群为 P4/nmm(129)。对比发现，即使在很短的反应时间内，超声辐射也能使 BiOCl 和 BiOBr 具有更好的结晶性能。以上说明超声可以明显提高 BiOCl 和 BiOBr 的结晶性能并缩短反应时间。

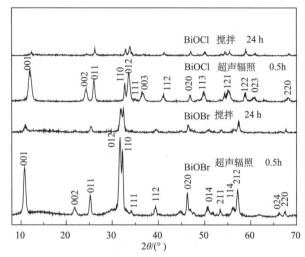

图 10-15　在不同条件下制备的 BiOCl 和 BiOBr 的 XRD 谱图[45]

图 10-16 是不同条件下制备的 BiOCl 和 BiOBr 的扫描电镜照片。从图中可以看出，BiOCl 和 BiOBr 是由大量的形貌相近的片状颗粒组成的。搅拌合成的 BiOBr 为片状颗粒，聚集成花朵形貌的大颗粒。当超声存在时，样品的颗粒更为均匀，且分散性能更好。

图 10-17(a)是超声辐照制备的 BiOCl 的透射电镜照片，可以看出 BiOCl 颗粒为呈方形且表面光滑的纳米薄片，宽度为 60～100 nm，长度为 100～180 nm。图 10-17(b)是 BiOBr 的透射电镜照片，可以看出 BiOBr 同样是由呈方形且表面光滑的纳米薄片组成的，宽度为 60～100 nm，长度为 100～200 nm。

对在不同条件下制备的 BiOCl 和 BiOBr 在紫外和可见光下进行降解酸性橙 Ⅱ 的活性测试。图 10-18 为紫外线下降解酸性橙 Ⅱ 的活性测试比较，可以看出超声制备的 BiOCl 活性最高，比商业光催化剂 P25 的活性还略高；同样超声制备的 BiOBr 的活性也高于搅拌制备的 BiOBr。说明超声引起了结晶性能的提高，从而促进了光催化活性。

图 10-19 为在可见光下降解酸性橙 Ⅱ 的活性测试比较，可以看出超声制备的

图 10-16　在不同条件下制备的 BiOCl 和 BiOBr 的扫描电镜照片[45]

(a)BiOCl 搅拌 24 h;(b)BiOCl 超声辐照 0.5 h;(c)BiOBr 搅拌 24 h;(d)BiOBr 超声辐照 0.5 h

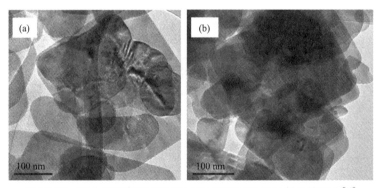

图 10-17　声化学制备的 BiOCl(a)和 BiOBr(b)的透射电镜照片[45]

BiOBr 的活性优于搅拌制备的 BiOBr。BiOCl 基本没有活性,因为 BiOCl 在可见光下基本没有吸收。

综上所述,超声波的辐射,可以加快结晶过程,明显提高 BiOCl 和 BiOBr 的结晶性能,同时由于超声空化效应引起的特殊的物理化学环境,会导致 BiOCl 的分解;超声波的辐射,可以提高光催化剂的分散性能,进一步提高光催化剂的光催化活性;超声制备 BiOCl 的活性比商业光催化剂 P25 的还略高。

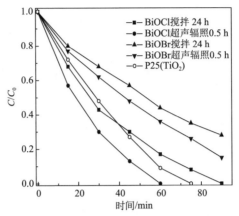

图 10-18　在紫外线下降解酸性橙Ⅱ的活性测试比较[45]

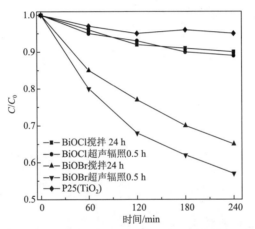

图 10-19　在可见光下降解解酸性橙Ⅱ的活性测试比较[45]

10.4　声化学合成特殊形貌的 ZnO

　　ZnO 纳米棒、纳米杯、纳米盘、纳米花和纳米球都可以通过声化学路径合成。六水硝酸锌(Zn(NO$_3$)$_2$·6H$_2$O)和环六亚甲基四胺((CH$_2$)$_6$N$_4$, HMT)用作 Zn^{2+} 和 OH$^-$ 的前驱体。制备 ZnO 纳米棒的程序为[46]：

　　将 50 mL 0.02 mol/L 硝酸锌水溶液和 50 mL 0.02 mol/L 环六亚甲基四胺在室温下混合。利用钛合金超声波探头(直径 1.25 cm)将超声波引入反应溶液，辐射 30 min，所使用超声波频率为 20 kHz，超声波功率为 39.5 W/cm^2。然后利用聚碳酸酯膜(孔径 100 nm)对反应后的溶液进行过滤，用去离子水洗涤、干燥。合成 ZnO 纳米杯的程序为，将 50 mL 0.2 mol/L 硝酸锌水溶液和 50 mL 0.2 mol/L 环六亚甲基四胺在室温下混合。超声辐射的频率和功率相同,超声辐射时间为2 h。过滤洗涤干燥得到 ZnO 纳米杯。在合成 ZnO 纳米盘时,用超声探头辐射 100 mL 溶有 0.01 mol 六水硝酸锌(Zn(NO$_3$)$_2$・6H$_2$O),0.01 mol 环六亚甲基四胺和柠檬酸三乙酯的水溶液 30 min,过滤、洗涤、干燥得到 ZnO 纳米盘。在合成 ZnO 纳米花和纳米球时,二水醋酸锌(Zn(CH$_3$COO)$_2$・2H$_2$O)和氨水(28wt%～30wt%)用作 Zn^{2+} 和 OH$^-$ 的前驱体。在制备 ZnO 纳米花时,将 90 mL 醋酸锌水溶液和 10 mL 氨水混合。溶液中醋酸锌浓度和氨水浓度分别为 0.01 mol/L 和1.57 mol/L。在合成 ZnO 纳米球时,柠檬酸三乙酯加入到二水醋酸锌和氨水混合溶液中。二水醋酸锌、柠檬酸三乙酯和氨水的浓度分别为 0.01 mol/L、0.01 mol/L 和 1.57 mol/L。超声辐射功率为 39.5 W/cm^2,辐射时间为 30 min。

图 10-20 是超声辐射制备 ZnO 纳米棒、纳米杯、纳米盘、纳米花和纳米球的扫描电镜照片。图 10-20(a)表明制备的 ZnO 纳米棒平均直径在 180 nm,长度为 1.5 μm;图 10-20(b)为制备的六角形 ZnO 纳米杯,杯的平均外径为 250 nm,长度为 300 nm;图 10-20(c)为制备的六角形 ZnO 纳米盘,直径为 500 nm;图 10-20(d)为制备的 ZnO 纳米花;图 10-20(e)为声化学制备的 ZnO 纳米球,直径在 200 nm 到 1.4 μm。

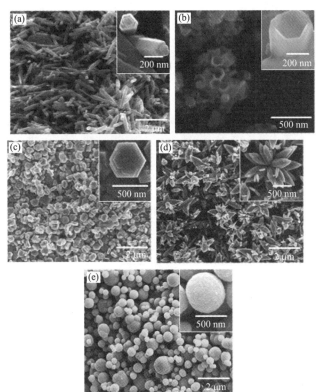

图 10-20　超声辐射制备 ZnO 纳米棒、纳米杯、纳米盘、纳米花和纳米球的扫描电镜照片[46]

超声辐射生成 ZnO 纳米结构的机理如下。Zn^{2+} 由六水硝酸锌或二水醋酸锌提供，OH^- 由环六亚甲基四胺和氨水提供。Zn^{2+} 很容易和 OH^- 反应生成稳定的 $Zn(OH)_4^{2-}$，作为生长 ZnO 纳米结构的单元。超声空化产生的 $\cdot O_2^-$ 参与 ZnO 纳米结构的生成反应。ZnO 纳米结构的生长涉及的主要反应如下：

$$(CH_2)_6N_4 + 6H_2O \longrightarrow 4NH_3 + 6HCHO \tag{10.3}$$

$$NH_3 + H_2O \longrightarrow NH_4^+ + OH^- \tag{10.4}$$

$$Zn^{2+} + 4OH^- \longrightarrow Zn(OH)_4^{2-} \tag{10.5}$$

$$Zn(OH)_4^{2-} +))) \longrightarrow ZnO + H_2O + 2OH^- \tag{10.6}$$

$$Zn^{2+} + 2 \cdot O_2^- +))) \longrightarrow ZnO + 3/2O_2 \tag{10.7}$$

10.5　声化学合成 Se 纳米管和纳米线

在不同的溶剂中利用声化学还原 H_2SeO_3，可以制备不同直径大小的单晶 Se 纳米管和直径为 20～50 nm 的 Se 纳米线[47]。不同超声波条件下制备的 Se 纳米管见表 10-2。使用超声波清洗器作为超声发生器，超声频率为 55 kHz，功率为 21 W/cm^2，合成的是直径为 200 nm 的 Se 纳米管，见图 10-21(a)，Se 纳米管的产率为 80%；当使用 10 mm 超声波探头作为超声发生器，超声频率为 20 kHz，功率为 100 W/cm^2 时，得到直径为 100 nm 的 Se 纳米管，见图 10-21(b)。继续使用超声波清洗器，改变超声频率为 40 kHz，功率为 100 W/cm^2，得到直径为 20～50 nm 的 Se 纳米管，见图 10-21(c)。对制备的直径为 20～50 nm 的 Se 纳米管进行老化 24 h，Se 纳米管消失，产生直径为 30 nm 左右的 Se 纳米线，见图 10-22。

在超声波辐射下，H_2SeO_3 被 N_2H_4 还原，生成 Se 纳米管和纳米线的机理如下：$H_2SeO_3 + N_2H_4 +)))$（超声波）$\longrightarrow$ 球形 α-Se $+))) \longrightarrow$ t-Se（三角形）$+))) \longrightarrow$ t-Se 纳米管 + 老化 $\longrightarrow$ t-Se 纳米线。

表 10-2　不同超声波条件下制备的 Se 纳米管

产品	超声频率/kHz 和功率/(W/cm^2)	溶剂	反应试剂	超声时间/min
直径为 200 nm 的 Se 纳米管	超声波清洗器，55，21	20 mL 乙二醇	H_2SeO_3(0.26 g) + 5% $N_2H_4 \cdot H_2O$(0.16 g)	60
直径为 100 nm 的 Se 纳米管	10 mm 超声波探头，20，100	40 mL 水	H_2SeO_3(0.26 g) + 5% $N_2H_4 \cdot H_2O$(0.16 g)	45
直径为 20～50 nm 的 Se 纳米管	超声波清洗器，40，100	40 mL 水	H_2SeO_3(0.26 g) + 5% $N_2H_4 \cdot H_2O$(0.16 g)	30

图 10-21　不同声化学条件下合成的 Se 纳米管扫描电镜照片[47]

图 10-22　声化学合成的 Se 纳米线扫描电镜照片[47]

10.6　声化学组装 SrMoO₄ 微米球

令人感兴趣的是超声波辐照还具有组装功能。例如，利用声化学可以将 40~60 nm 的 $SrMoO_4$ 纳米块组装成直径为 1 μm 左右的 $SrMoO_4$ 微米球。其合成过程为[48]：

在剧烈搅拌下，将 1 mmol $Sr(NO_3)_2$ 和 1 mmol Na_2MoO_4 加入到 40 mL 蒸馏水中，形成 $Sr(NO_3)_2$ 的浓度为 12.5 mmol/L，Na_2MoO_4 的浓度为 12.5 mmol/L，溶液体积为 80 mL 的溶液。用盐酸调节溶液的 pH 到指定的数值。在空气气氛下，利用超声波探头对反应溶液进行超声辐照 30 min，超声波探头为钛合金，直径为 1 cm，频率为 20 kHz，功率为 100 W/cm²。超声辐射完成后，将产生的白色沉淀进行离心分离、洗涤、干燥,得到 SrMoO₄ 微米球。图 10-23 为声化学合成的 SrMoO₄ 微米球 XRD 谱,表明 SrMoO₄ 为四方晶系,衍射峰非常强,说明声化学合成的 SrMoO₄ 具有很好的结晶度。

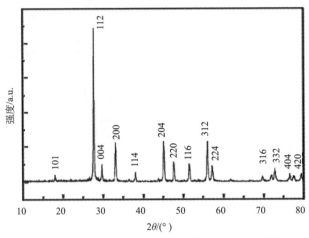

图 10-23　声化学合成的 SrMoO₄ 微米球 XRD 谱[48]

　　图 10-24(a)表明,声化学制备的 SrMoO₄ 为球状颗粒,平均粒径为 1 μm。图 10-24(b)为对其中的一个 SrMoO₄ 球状颗粒进行的放大的扫描电镜照片。该图表明,SrMoO₄ 球状颗粒由大量的 SrMoO₄ 纳米片组成,纳米片的厚度为 40~60 nm,宽度为 0.5~1 μm。这些纳米片互相连接而组装成更大的微米球。

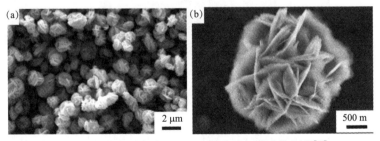

图 10-24　声化学制备 SrMoO₄ 微米球扫描电镜照片[48]

　　对不同超声辐射时间段产生的样品进行透射电镜分析表明,当超声辐射 2 min 时,生成了 SrMoO₄ 纳米粒子,辐射 5 min 时出现纳米片,辐射时间延长至 20 min,纳米片聚集形成球状,当辐射时间达到 30 min 时形成稳定的球状颗粒。根据透射电镜的观察结果,还可以推断 SrMoO₄ 微米球的形成经过了三步:①超声波诱导形成 SrMoO₄ 纳米粒子;②产生的 SrMoO₄ 定向聚集形成纳米片;③SrMoO₄ 纳米片在超声波作用下进一步组装成 SrMoO₄ 微米球。

10.7　单壁碳纳米管的声化学制备

制备单壁碳纳米管的方法有电弧放点[49]、激光烧蚀[50]、化学气相沉积[51]。但是很少有方法能够在室温下合成单壁碳纳米管。利用超声空化产生的特殊物理化学效应可以在室温下合成单壁碳纳米管。将 2 g SiO₂ 粉(粒径 2~5 mm)添加到 50 mL 溶有物质的量百分数为 0.01％二茂(络)铁的对二甲苯溶液中。利用直径为 1.25 cm 的超声探头对反应溶液进行超声辐射 20 min,超声功率为 200 W。在超声辐射过程中氧化硅表面变成灰色,表明有碳沉积在表面。超声辐射引起氧化硅之间的相互碰撞,氧化硅微球破裂成几百个微米。当超声辐射完成时,用氢氟酸溶解除去氧化硅。图 10-25 为声化学制备单壁碳纳米管示意图。

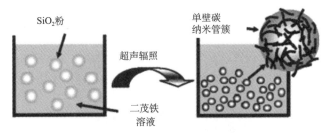

图 10-25　声化学制备单壁碳纳米管示意图

图 10-26 为声化学制备的单壁碳纳米管高分辨透射电镜照片,该图表明所制备的单壁碳纳米管的直径为(1.5±0.1) nm。

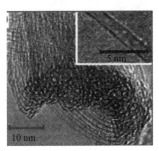

图 10-26　声化学制备的单壁碳纳米管高分辨透射电镜照片

10.8　声化学制备 EuF₃ 微米花

稀土元素由于其特殊的 4f 电子结构、大的原子磁矩、很强的自旋耦合等特性,具有光吸收能力强、转换率高、可发射从紫外到红外的光谱等独特的物理化学性质特点[52]。其中,稀土氟化物(LnF$_3$)具有宽带隙低声子振动能量和高环境稳定性的特点,是发光材料良好的基质材料,在光学领域具有很好的应用前景。LnF$_3$的性质还与其形貌、尺寸和维度密切相关。利用声化学可以在室温下合成高结晶度的 LnF$_3$ 微米花[53]。合成的过程如下:将适量的 Eu$_2$O$_3$ 溶解在浓度为 10% 的硝酸溶液中,然后和 80 mL 的 KBF$_4$ 溶液混合,得到浓度为 30 mmol/L 的 Eu(NO$_3$)$_3$ 溶液和 90 mmol/L 的 KBF$_4$。产生的混合溶液在室温下利用钛合金超声探头发出的超声辐射 3 h,超声频率为 23 kHz。超声辐射完成后,对产生的白色沉淀进行离心分离和洗涤、干燥。

　　超声辐射制备 LnF$_3$ 的形貌如图 10-27(a)的扫描电镜照片所示。由该图可见,生成的 LnF$_3$ 为直径在 0.9~1.0 μm 的花状颗粒。对比实验表明,在相同条件下搅拌制得的 LnF$_3$ 为微米盘,见图 10-27(b),可见超声辐射对形成花状 LnF$_3$ 非常重要。在超声作用下,KBF$_4$ 水解产生 F$^-$,生成的 F$^-$ 和 Eu^{3+} 反应,生成 LnF$_3$ 纳米晶。

图 10-27　声化学制备的 LnF$_3$ 微米花(a)和相同条件进行搅拌制备的 LnF$_3$ 微米盘(b)[53]

10.9　声化学合成普鲁士蓝纳米四方体

　　利用声化学可以在室温下合成普鲁士蓝纳米四方体。其合成过程如下,将 0.1 mmol K$_4$Fe(CN)$_6$ 加入到 100 mL 0.1 mol/L 的盐酸溶液中。对生成的

$K_4Fe(CN)_6$水溶液在 40 ℃下超声辐射 5 h,然后冷却至室温,对得到的蓝色产品进行过滤,洗涤,然后在真空下干燥 12 h。得到普鲁士蓝晶体的 XRD 谱,见图 10-28。该图表明,所有衍射峰对应面心立方相的 $Fe_4[Fe(CN)_6]_3$,空间群为 Fm3m,晶格常数 $a=10.2$ Å。图 10-29 为声化学制备的普鲁士蓝纳米四方体的扫描电镜照片,该图表明普鲁士蓝纳米四方体的边长为 200 nm 左右,表面非常光滑。

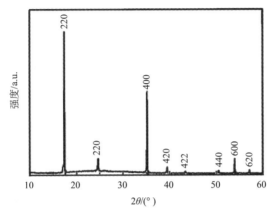

图 10-28　声化学制备的普鲁士蓝纳米四方体的 XRD 谱

图 10-29　声化学制备的普鲁士蓝纳米四方体的扫描电镜照片

在中性水溶液中,$[Fe(CN)_6]^{4-}$非常稳定,具有很大的稳定常数($K_s=1.0\times10^5$),基本没有 Fe^{2+} 被释放出来。但是在酸性条件和超声波作用下,$[Fe(CN)_6]^{4-}$部分解离,产生 Fe^{2+},产生的 Fe^{2+} 很快被氧化成 Fe^{3+},Fe^{3+} 与没有解离的$[Fe(CN)_6]^{4-}$起反应生成 $Fe_4[Fe-(CN)_6]_3$纳米四方体。面心立方纳米晶体的形成主要取决于晶体沿(100)和(111)方向生长速率的比值。晶体沿不同方向的生长速率主要取决于晶面的表面能。对于面心立方晶体,(100)结晶面的表面能比(111)晶面小,因此,(100)晶面更易生长,而减少体系的能量。因此,$Fe_4[Fe(CN)_6]_3$晶核生长成具有(100)晶面的低能晶体。但是在水热条件下,只能获得不对称的纳米四方体,而超声波的作用使生长的纳米四方体为对称型。

10.10　声化学合成一维 Cu(OH)$_2$ 纳米线和三维 CuO 微米花

在 CuCl$_2$·2H$_2$O 和 NaOH 的水溶液中,无需添加表面活性剂或模板剂的情况下,通过超声辐射辐照可以合成 Cu(OH)$_2$ 纳米线,进而可转变为三维 CuO 结构。其制备过程如下[54]:将 0.1065 g CuCl$_2$·2H$_2$O 溶解在 5 mL 的去离子水中。在磁力搅拌下将上述溶液倒入到 15 mL 浓度为 1 mol/L 的 NaOH 溶液中。然后在 70 ℃ 下经 40 kHz 超声波照射 5~60 min 后,进行离心、洗涤、干燥得到蓝色或黑色产物。

大致的反应历程如下:在高浓度的 NaOH 水溶液中,Cu^{2+} 形成了 [Cu(OH)$_4$]$^{2-}$,而不是 Cu(OH)$_2$ 沉淀。

$$Cu^{2+} + 4OH^- \longrightarrow [Cu(OH)_4]^{2-} \tag{10.8}$$

本实验中,Cu^{2+}/OH$^-$ 摩尔比为 1:24,因而两者混合后首先形成亮蓝色的 [Cu(OH)$_4$]$^{2-}$ 溶液。经过超声波照射后,[Cu(OH)$_4$]$^{2-}$ 分解可得到 Cu(OH)$_2$ 沉淀。

$$[Cu(OH)_4]^{2-}(aq) \longrightarrow Cu(OH)_2 \downarrow + 2OH^- \tag{10.9}$$

[Cu(OH)$_4$]$^{2-}$ 在高度分解的条件下通过协调自组装容易形成斜方晶相的一维纳米结构。因此,在超声辐射条件的最初阶段可获得一维 Cu(OH)$_2$ 纳米线,见图 10-30。

图 10-31 表明,经过超声波照射 60 min 后,一维 Cu(OH)$_2$ 纳米线分解转变成为由纳米片组成的三维 CuO 微米花。

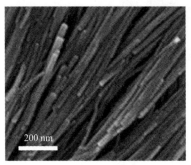

图 10-30　声化学制备的 Cu(OH)$_2$
纳米线扫描电镜照片[54]

图 10-31　超声辐照 60 min 获得的
三维 CuO 微米花[54]

10.11　声化学制备硫化铋纳米棒

过去数十年间,制备纳米棒或纳米纤维及其性能研究已引起了人们极大的兴趣。声化学法可以有效地控制材料的尺寸与形貌。例如,在水溶液中加入相应的络合剂,通过超声辐射可以合成 Bi_2S_3 纳米棒。具体制备过程为[55]:

将 $Bi(NO_3)_3 \cdot 5H_2O$、三乙醇胺(TEA)和 $Na_2S_2O_3$ 加入到去离子水中,三者最终浓度达到 25 mmol/L、50 mmol/L 和 100 mmol/L,且维持溶液总体积为 100 mL。然后在室温空气气氛下,将混合液经高强度超声波照射 120 min。超声波辐射无需冷却,以便能够达到最终反应温度 70 ℃。反应完成后收集黑色沉淀,随后冷却至室温,然后离心、洗涤、干燥,收集最终产品。图 10-32 的透射电镜照片表明,声化学制备的 Bi_2S_3 为纳米棒,直径范围为 2～30 nm,长度为 200～250 nm。

图 10-32 声化学制备的 Bi_2S_3 纳米棒的透射电镜照片[55]

超声空化引发化学反应。超声空化作用使水分解形成 H· 与 ·OH。自由基的生成促使 Bi_2S_3 纳米棒的形成。涉及的主要反应过程如下:

$$Bi(TEA)_x^{3+} \longrightarrow Bi^{3+} + x\text{TEA} \tag{10.10}$$

$$H_2O+))) \longrightarrow H\cdot + \cdot OH \tag{10.11}$$

$$2H\cdot + S_2O_3^{2-} \longrightarrow S^{2-} + 2H^+ + SO_3^{2-} \tag{10.12}$$

$$2Bi^{3+} + 3S^{2-} \longrightarrow Bi_2S_3 \tag{10.13}$$

$$n Bi_2S_3 \longrightarrow (Bi_2S_3)_n \tag{10.14}$$

初始阶段,Bi^{3+} 与 TEA 络合形成 Bi-TEA 复合物,见反应(10.10)。反应(10.11)表示由超声引发水分解形成了初始自由基。反应(10.12)～反应(10.14)为 Bi_2S_3 纳米棒形成的主要步骤。原位生成的 H· 是一种具有强还原性的基团,可通过反应(10.13)与 $S_2O_3^{2-}$ 反应生成 S^{2-}。生成的 S^{2-} 与从复合物中脱离出的 Bi^{3+} 结合生成 Bi_2S_3 核。观察发现,超声反应约 20 min 后,混合液转变为浅棕色并变浑浊,由此表明生成了 Bi_2S_3 核。形成的核不稳定,倾向增长为更大的颗粒。核形成后,表面将会产生大量的悬空键、陷阱、缺陷。在超声反应过程中,表面状态可能发生改变。悬空键、陷阱、缺陷将会逐渐减少,颗粒将会生长,直到表面稳定且颗粒尺寸不再增加。在晶体成长中,由于 Bi_2S_3 的固有链式结构,Bi_2S_3 呈现优向生长。最终产物呈现出棒式形貌。通过观察发现当 Bi_2S_3 核形成后,反应混合液颜色逐步变为黑色,最后在超声 90 min 后呈黑色浑浊。颜色不断变化预示着 Bi_2S_3 核的生长。

10.12　声化学合成 Fe_3O_4/CdS 纳米复合微球

在实际应用中,多功能磁性纳米结构因为能够方便回收再利用,而引起人们的重视。Liu 等[56]以 Fe_3O_4 为核,利用声化学法合成了 Fe_3O_4/CdS 纳米复合微球。首先合成 Fe_3O_4 核,其制备过程如下:将 $FeCl_3 \cdot 6H_2O$(5 mmol),聚乙二醇4000(1.0 g),3.6 gNaAc $\cdot$ $3H_2O$ 依次加入到 40 mL 乙二醇中。然后将混合液转入到不锈钢反应釜中,180 ℃下保温 18 h,获得 Fe_3O_4 微球,将制备的产品储存在蒸馏水中备用。利用超声反应合成 Fe_3O_4/CdS 纳米复合微球的过程为:

从上述存储的溶液中量取 7 mL 注入试管中,通过超声辐射 20 min 进行分散,然后加入 3 mmol 硫代乙酰胺(TAA)。待 TAA 完全溶解后,加入 3 mL 浓度为1.5 mmol/L的 $CdCl_2 \cdot 5H_2O$。随后将试管暴露于空气中,再超声辐射 30 min。收集固体产品,洗涤、干燥。

图 10-33 展示了合成的 Fe_3O_4 微球的透射电镜照片。从该图中可以看出微球是由尺寸相同和形貌、分散完好的球形颗粒组成的。大部分微球均为空心结构,平均尺寸约 200 nm。图 10-34 为声化学合成 Fe_3O_4/CdS 纳米复合微球的透射电镜照片。和 Fe_3O_4 微球相比,其中最显著的特征在于有很大数量的纳米颗粒固定于微球表面,微球表面的纳米颗粒为 CdS。

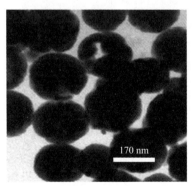

图 10-33　合成的 Fe_3O_4 微球的
透射电镜照片[56]

图 10-34　声化学合成 Fe_3O_4/CdS
纳米复合微球的透射电镜照片[56]

10.13　声化学合成 $Y_2(OH)_5NO_3 \cdot 1.5H_2O$、$Y_2O_3$ 微米花

在加热条件下,将 0.5 mmol 商业 Y_2O_3(99.99%)溶于稀硝酸(5 mL,

10wt%)中形成溶液。随后将混合物蒸发干燥,加入 20 mL 蒸馏水形成 pH 为 6.0~7.0 的水溶液。搅拌 5 min,在 35~50 ℃下对混合液超声辐照处理 30 min。过滤、洗涤、干燥收集白色产物。图 10-35 为获得的 $Y_2(OH)_5NO_3 \cdot 1.5H_2O$ 产物的扫描电镜照片,从该图中可看出,$Y_2(OH)_5NO_3 \cdot 1.5H_2O$ 是由许多直径为 1.5~2.5 μm 的独特花状颗粒组成的。图中进一步观察可以看出每个花状颗粒由大量表面平滑、厚度为 25 nm 的纳米花瓣彼此连接构成。将制备的 $Y_2(OH)_5NO_3 \cdot 1.5H_2O$ 在管式炉中于 600 ℃煅烧 2 h 后,得到 Y_2O_3。图 10-36 为煅烧制备得到的 Y_2O_3 样品的扫描电镜照片,从中可以看出煅烧后生成的 Y_2O_3 仍保持了微米花的形貌。实验研究表明,生成的 $Y_2(OH)_5NO_3 \cdot 1.5H_2O$ 和 Y_2O_3 微米花对水中的 Cr(VI)具有很好的吸附去除作用。

图 10-35　声化学合成的 $Y_2(OH)_5NO_3 \cdot$ 1.5H_2O 产物的扫描电镜照片　　　　图 10-36　声化学合成的 Y_2O_3 样品的扫描电镜照片

10.14　声化学合成球状锰铁氧体纳米粒子

金属铁氧体是当下材料学科中研究最为广泛的材料,主要源于其在电子行业中具有宽广的应用前景。Partha 等[57]通过声化学合成锰铁氧体材料,并进行了磁化强度测试。基本实验过程如下:

按实验化学计量数,将 0.692 g 的 Mn(Ac)$_2 \cdot 2H_2O$ 与 1.39 g 的 Fe(Ac)$_2$溶于 20 mL 去离子水中。两者化学计量摩尔比为 1∶2。对溶液进行超声辐照 30 min。超声辐射反应结束后,离心、干燥收集黑色固体沉淀。相关反应如下:

$$Fe(CH_3COO)_2 + 2H_2O \longrightarrow Fe(OH)_2 + 2CH_3COOH \qquad (10.15)$$

$$Mn(CH_3COO)_2 + 2H_2O \longrightarrow MnO + 2CH_3COOH + 2H_2O \qquad (10.16)$$

在超声过程中 $Fe(OH)_2$ 会进一步氧化成为 Fe_3O_4,最终 Fe_3O_4 与 MnO 反应生成铁氧锰。

$$2Fe_3O_4 + 3MnO \xrightarrow{[氧化]} 3MnFe_2O_4 \qquad (10.17)$$

图 10-37 为声化学合成的 $MnFe_2O_4$ 的 XRD 谱图,图中(311)晶面处出现的微弱特征峰表明铁氧体开始出现,由此说明仅通过超声不足以完全合成高结晶度的铁氧锰,有必要经过高温煅烧处理。

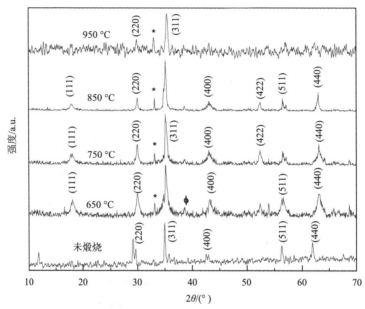

图 10-37　声化学合成的 $MnFe_2O_4$ 的 XRD 谱图(包括未煅烧与不同温度下煅烧)[57]

图 10-38 为声化学合成并经 850 ℃煅烧后的 $MnFe_2O_4$ 的扫描电镜照片。从该图中可以看出,合成的铁氧体颗粒为球形形貌。

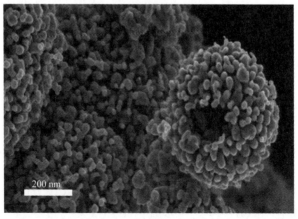

图 10-38　声化学合成并经 850 ℃煅烧后的 $MnFe_2O_4$ 的扫描电镜照片[57]

图 10-39 为声化学合成并经 850 ℃煅烧后的 $MnFe_2O_4$ 的磁化曲线(M-H)。

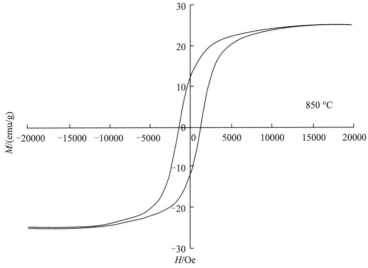

图 10-39　声化学合成并经 850 ℃煅烧后的 $MnFe_2O_4$ 的磁化曲线(M-H)[57]

10.15　声化学快速合成单晶 $SrSn(OH)_6$ 纳米线及 $SrSnO_3$ 纳米棒

锡基氧化物在锂离子电池中具有潜在应用价值。这类氧化物对锂离子电池的循环稳定性非常关键,且这些活性材料在锂离子电池中的反应活性在很大程度上取决于本身的形貌与尺寸。在诸如纳米棒、纳米线、纳米管等众多形貌中,一维纳米材料因具备良好的电化学性能而在锂离子电池中显示出巨大潜在应用价值。Hu 等[58]运用声化学法成功合成了单晶的 $SrSn(OH)_6$ 纳米线,进一步制备了 $SrSnO_3$ 纳米棒。

其声化学合成过程如下:从事先配置的 $SrCl_2$ 溶液中取 100 mL 作为母液,然后分别加入 1 mL 0.1 mol/L 的 Na_2CO_3 溶液和 1 mL 0.1 mol/L 的 NaOH 溶液直到出现白色沉淀。最后,缓慢加入 4 mL 0.1 mol/L 的 $Na_2Sn(OH)_6$。然后将反应液超声处理 90 s。涉及的反应有

$$Sn^{4+} + OH^- \longrightarrow Sn(OH)_6^{2-} \tag{10.18}$$

$$Sr^{2+} + OH^- \longrightarrow Sr(OH)_2 \tag{10.19}$$

$$Sn(OH)_6^{2-} + Sr(OH)_2 \xrightarrow{\text{超声照射}} SrSn(OH)_6 + OH^- \tag{10.20}$$

反应完成后,离心、洗涤得到白色絮状物沉淀。将制备好的 $SrSn(OH)_6$ 溶于乙醇中,随后转入 50 mL 的不锈钢反应釜中密封,180 ℃下保温 8 h,随后对水热

合成的产品分别进行离心、洗涤、干燥、煅烧即可合成出 $SrSnO_3$。

从图 10-40(a)可以看出，通过声化学法制备的 $SrSn(OH)_6$ 纳米线宽度为 150～200 nm，长度为几微米。单个纳米线的透射电镜照片见图 10-40(b)，从该图中可看出纳米线结晶度良好，直径约为 150 nm。插图的选区衍射图(SAED)说明合成的 $SrSn(OH)_6$ 为单晶，且为晶面(0004)方向定向生长。

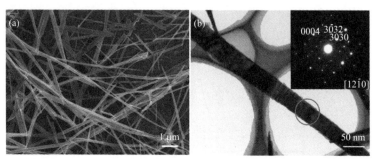

图 10-40 　(a)声化学合成的 $SrSn(OH)_6$ 纳米线的扫描电镜照片；
(b)单个 $SrSn(OH)_6$ 纳米线的透射电镜照片与 SAED 图[58]

图 10-41 为 $SrSn(OH)_6$ 纳米线煅烧后形成 $SrSnO_3$ 的扫描电镜照片与透射电镜照片。从图 10-41(a)可以看出，煅烧后的产品仍保留了纳米棒的形态。从图 10-41(b)高分辨透射电镜照片可以看出，煅烧形成的 $SrSnO_3$ 纳米棒直径均匀。单个 $SrSnO_3$ 纳米棒直径约为 100 nm，长度为 2～3 μm。图 10-41(b)插图中圆区域对应的 SAED 图案说明 $SrSnO_3$ 呈现单晶态。

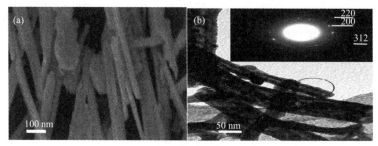

图 10-41 　(a)$SrSnO_3$ 纳米棒的扫描电镜照片；(b)$SrSnO_3$ 纳米棒的透射电镜照片[58]
插图：对应的 SAED 图案

10.16　声化学合成磷酸锌六方双锥体

磷酸锌($Zn_3(PO_4)_2$)是重要的多功能无机材料。因为磷酸锌在水或生物环境中的低溶解与生物相容性，故在无毒防锈颜料和牙科黏固剂中应用广泛。其中，材料形貌能够在一定程度上影响其物化性能。因此,通过简易且快速的方法合成出形状可控的磷酸锌非常重要。Jung 等[59]采用磷酸氢二钠为原料利用超声法制备了晶态磷酸锌六方双锥体。其合成过程如下:

分别从已配置好的磷酸氢二钠与硝酸锌溶液中量取 50 mL 0.04 mol/L 的 Na_2HPO_4 和 50 mL 0.01 mol/L 的 $Zn(NO_3)_2 \cdot 6H_2O$,将两者充分混合作为前驱体溶液,然后用 20 W,强度为 39.5 W/cm^2 的超声波超声处理 20 min,维持反应液温度为 80 ℃。超声辐照完毕,过滤、洗涤、干燥获得白色粉体。图 10-42 展示了声化学制备的磷酸锌六方双锥体的扫描电镜照片。从该图中可见,合成的磷酸锌为大小不均的六方双锥体,且所有面均光滑。

图 10-42　声化学制备的磷酸锌六方双锥体的扫描电镜照片[59]

图 10-43 为未经超声辐照制备的磷酸锌颗粒的扫描电镜照片。在剧烈搅拌的情况下,合成的磷酸锌粉体呈现片状颗粒及少量不完善的六方双锥颗粒。这也就证实了超声在制备磷酸锌六方双锥体中发挥了关键作用。

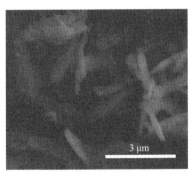

图 10-43　未经超声辐照制备的磷酸锌颗粒的扫描电镜照片[59]

由超声引发的空化作用能够从微观上提高物质传递速率。同时由于超声空化作用产生的微射流有利于晶核的产生,和促进晶核的长大。另外,空化作用形成的局部高温和高压的环境有利于晶体的晶化。在超声辐照的水溶液中,由 Na_2HPO_4 解离的 HPO_4^{2-} 首先与 Zn^{2+} 结合生成 $ZnHPO_4$,随后在超声作用下转化为磷酸锌,具体反应如下:

$$Na_2HPO_4 \longrightarrow 2Na^+ + HPO_4^{2-} \tag{10.21}$$

$$3Zn^{2+} + 3HPO_4^{2-} \longrightarrow 3ZnHPO_4 \xrightarrow{)))} Zn_3(PO_4)_2 + H_3PO_4 \tag{10.22}$$

超声诱导产生的空化作用加速了磷酸锌六方双锥体的形成。

10.17　声化学法合成超细球形钛酸锶钡颗粒

$Ba_xSr_{1-x}TiO_3$是一种重要的铁电材料,具有较高的介电常数、较低的漏电流和优良的热稳定性,在微波传输、数据存储和信号处理等领域具有巨大的应用。近年来,随着铁电元器件向尺寸小型化和功能集成化方向迅速发展,超细 $Ba_xSr_{1-x}TiO_3$ 颗粒的制备成为材料研究的热点。超细 $Ba_xSr_{1-x}TiO_3$ 颗粒的合成方法主要有共沉淀法、溶胶-凝胶法和水热法,虽然现有的方法各具一定的优势,但仍然存在着制备产品粒径分布较宽、原料价格昂贵及反应条件苛刻等缺点,这在一定程度上限制了超细 $Ba_xSr_{1-x}TiO_3$ 颗粒的大规模制备和应用。因此,需要探索新的合成方法,以克服现有方法所存在的不足。

马跃飞[60]以四氯化钛作为钛源,氯化钡、氯化锶为钡源和锶源,加入适量的矿化剂,在超声波作用下,制备出单分散的超细 $Ba_xSr_{1-x}TiO_3$ 颗粒。首先分别配置一定浓度的 $BaCl_2$、$SrCl_2$、$TiCl_4$ 的混合溶液以及相同容积的 NaOH 溶液。将NaOH 溶液缓慢地滴入 $BaCl_2$、$SrCl_2$、$TiCl_4$ 的混合溶液中,并不断地搅拌,溶液呈现为不透明的胶状溶液。将盛有胶状溶液的烧杯封口,以尽可能地避免 CO_2 气体溶解于溶液中。随后对胶状溶液进行一定时间的超声波处理,超声化学合成过程如图 10-44 所示。所涉及的反应原理如式(10.23)所示:

$$xBa^{2+} + (1-x)Sr^{2+} + TiCl_4 + 6 \cdot OH \longrightarrow Ba_xSr_{1-x}TiO_3 + 4Cl^- + 3H_2O$$

$$\tag{10.23}$$

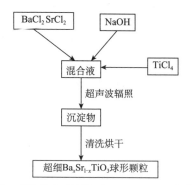

图 10-44　声化学合成超细 $Ba_xSr_{1-x}TiO_3$ 球形颗粒[60]

研究发现随着反应溶液中 Sr/(Ba+Sr)摩尔比的增大,颗粒的晶胞参数变小,但是 Sr/(Ba＋Sr)摩尔比的改变对超细颗粒的尺寸没有明显的影响。随着初始反应物浓度的增大,由于反应过程中的成核速率增大,晶粒生长受到抑制,产物的晶粒尺寸变小。未经过超声处理的产物为无定形的胶状物质,随着超声时间的延长,产物中 $Ba_xSr_{1-x}TiO_3$ 颗粒的数量逐渐增多。超细 $Ba_xSr_{1-x}TiO_3$ 颗粒的合成需要在强碱性溶液中才能进行,在反应结束时溶液中的 pH 为 12 的条件下,合成出的产物中含有一定量的胶状物质,且颗粒形状不规则;随着 pH 从 12 增大到 14,颗粒的形貌趋于球形,颗粒周围的胶状物明显减少。对合成的超细 $Ba_xSr_{1-x}TiO_3$ 颗粒进行一定条件的热处理,有助于 $Ba(OH)_2$ 或 $Sr(OH)_2$ 等反应残留物的分解。图 10-45 为声化学合成的 $Ba_{0.5}Sr_{0.5}TiO_3$ 微球。

图 10-45　声化学合成的 $Ba_{0.5}Sr_{0.5}TiO_3$ 微球[60]

研究还发现,随着初始反应物浓度的增大,$Ba_{0.5}Sr_{0.5}TiO_3$ 颗粒的尺寸逐渐变小,从 200～250 nm 减小到 50～100 nm。通过超声化学反应合成的超细 $Ba_xSr_{1-x}TiO_3$ 颗粒,其尺寸主要是由成核过程和晶粒的生长过程所决定的,小晶粒间的堆积也是晶粒长大的一种方式。在一定的温度环境和压力环境下,溶液的饱和度是晶核形成和晶粒生长的主要驱动力,随着初始反应物浓度的增大,反应溶液的饱和度增加,从而使晶核的形成速率加快,但形成的晶核尺寸较小。另外,随着初始反应物浓度的增大,晶粒的生长在短时间内快速完成,无法通过相互团聚和堆积形成尺寸较大的晶粒。因此,随着初始反应物浓度的增大,成核反应速率加快,$Ba_{0.5}Sr_{0.5}TiO_3$ 颗粒的晶粒尺寸和颗粒尺寸变小。

超声化学是利用超声波的能量对化学反应进行加速或控制,从而提高反应的产率或速率。在超声反应过程中,由于声场能量的大量释放,使溶液中的温度迅速升高,并伴有强烈的冲击波,使得某些化学键能够打开,从而促进化学反应的进一步进行或者引发新的化学反应。因此,超声反应时间对产物的形貌、物相及晶粒尺寸有着较大的影响。超声反应时间对产物的影响表明,未经过超声处理所得到的产物为无定形物质,其内部没有结晶态物质的存在。超声 5 min 得到的产物有微弱的衍射峰出现,说明经过 5 min 的超声化学反应,产物中已经有结晶态物质的出现。可以看出,随着超声时间的延长,产物结晶度会提高。未经过超声处理的产物为无定形的胶状物质,超声 5 min 得到的产物仍呈胶状,胶状物质内部呈蜂窝状,超声 10 min、15 min、20 min 得到的产物中有超细 $Ba_{0.3}Sr_{0.7}TiO_3$ 颗粒的出现,但是颗粒的周围还存在一定量的胶状物质。可以看出,随着超声时间的延长,产物中颗粒的数量逐渐增多且颗粒形状更加规则,超声 40 min 合成的产物均为超细 $Ba_{0.3}Sr_{0.7}TiO_3$ 颗粒,颗粒周围没有其他胶状物质出现。随着超声时间的延长,化学反应趋于完全,球形颗粒的数量会逐渐增多。

10.18　声化学合成 Ag_2S/Ag_2WO_4 复合微米棒

寻找窄禁带的具有可见光响应半导体的光催化剂一直是光催化研究的热点。在众多的窄禁带光催化剂中,纯 Ag_2S 在降解污染物方面并不出色,但是作为一种窄禁带的直接带隙半导体,它在加快电子迁移和提高光量子效率方面表现出色。Ag_2WO_4 是一种具有新颖物理化学性质的半导体材料,在催化、传感器、抗菌和光致发光等方面有着广泛的应用。但是,Ag_2WO_4 的理论带隙较宽,约为 3.5 eV;而且在光照下,Ag_2WO_4 很容易产生光化学腐蚀而分解出单质银,作为光催化剂,存在太阳光的利用率低、稳定性较差等缺点。我们利用超声空化产生特殊的物理化学环境来强化化学键的生成,同时实现半导体从无定形态到固定晶型的转变,制备了长为 0.2～1 μm、直径为 20～30 nm 的 Ag_2S/Ag_2WO_4 微米棒复合光催化剂[61]。其制备程序如下:

将 10 mmol $AgNO_3$ 溶解在 20 mL 去离子水中获得溶液 A。然后将 2.5 mmol Na_2S 溶解在 20 mL 去离子水中,将 Na_2S 溶液滴加到溶液 A 中,然后搅拌 3 h,将含有 2.5 mmol 的 20 mL Na_2WO_4 溶液滴加到上述溶液中,利用超声辐射 1 h(超声发生器型号为 VOSHIN 10-501D,超声探头为 Φ10)。超声辐射完成后,过滤洗涤,在 70 ℃下干燥 4 h,获得 Ag_2S/Ag_2WO_4 微米棒复合光催化剂。

XRD 分析表明该室温制备的 Ag_2S/Ag_2WO_4 复合微米棒具有很好的结晶性能。图 10-46 为声化学制备的 Ag_2S/Ag_2WO_4 复合微米棒的扫描电镜照片,从该照片可以看出样品微粒为微米棒,直径为 20～30 nm。

图 10-47 为声化学制备的 Ag_2S/Ag_2WO_4 复合微米棒的透射电镜照片,从该照片可以看出,有大量 Ag_2S 颗粒附在主体 Ag_2WO_4 微米棒表面。

利用紫外可见漫反射吸收光谱研究超声辐照对样品的光吸收性能的影响。常规搅拌制备的 Ag_2WO_4 的光吸收主要集中在紫外区,超声处理后的 U-Ag_2S,在紫外区的光吸收略有增强;同样超声处理使 Ag_2WO_4 的光吸收略有变化;比较搅拌制备的 Ag_2S/Ag_2WO_4 和 U-Ag_2S/Ag_2WO_4 的吸收光谱可以发现,超声处理能有效拓宽复合物的光吸收边,提升其光吸收性能。图 10-48 为超声辐射对样品的光吸收性能的影响。

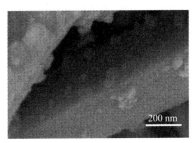

图 10-46　声化学制备的 Ag_2S/Ag_2WO_4 复合微米棒的扫描电镜照片[61]

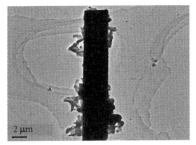

图 10-47　声化学制备的 Ag_2S/Ag_2WO_4 复合微米棒的透射电镜照片[61]

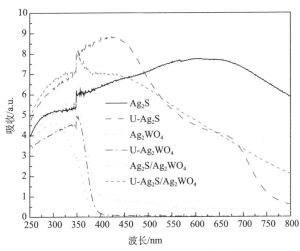

图 10-48　超声辐射对样品的光吸收性能的影响[61]

　　荧光光谱作为一种有效表征电荷分离效率的手段,其发射峰的强弱可以在一定程度上反映光生电子和空穴的分离效率。发射峰越弱,说明光生电子空穴对重组的概率越小,电子和空穴的寿命越长,从而可以产生更多的活性自由基,提高催化剂的光催化性能。图 10-49 比较了 Ag_2WO_4,Ag_2S/Ag_2WO_4 和 $U-Ag_2S/Ag_2WO_4$

在波长为 400～700 nm 时的荧光光谱,波长为 468 nm 附近出现的强发射峰对应了光激发 Ag_2WO_4 发生电子空穴的复合过程。单纯的 Ag_2WO_4 有最强的荧光响应,U-Ag_2S/Ag_2WO_4 的发射峰强度明显弱于 Ag_2WO_4 和 Ag_2S/Ag_2WO_4,表明在 U-Ag_2S/Ag_2WO_4 体系,电子空穴的复合过程被极大地限制了,具有较高的电子空穴分离效率。

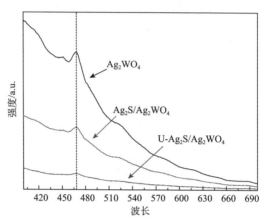

图 10-49　超声辐照对样品的光致发光谱的影响[61]

图 10-50 超声辐照对各样品降解亚甲基蓝光催化性能的影响。单纯的 Ag_2S 对亚甲基蓝表现出很弱的光催化活性,超声处理后,U-Ag_2S 的光催化活性稍弱于单纯的 Ag_2S。单纯的 Ag_2WO_4 对亚甲基蓝表现出较好的光催化活性,较之 Ag_2WO_4,超声处理后,U-Ag_2WO_4 的光催化活性提升不大。简单地复合摩尔量为 50% 的 Ag_2S 对 Ag_2WO_4 的光催化活性影响也不是很明显。但是,超声复合 Ag_2S 后,U-Ag_2S/Ag_2WO_4 的光催化性能得到了显著提升。光照 30 min 亚甲基蓝的光降解效率为 99%,表现出最佳的光催化性能。若从降解反应动力学常数来看,声化学合成的 Ag_2S/Ag_2WO_4 的反应速率常数(0.150 min^{-1})分别为单纯 Ag_2WO_4 (0.031 min^{-1})和 Ag_2S(0.004 min^{-1})的 4.7 倍和 29.8 倍。

Ag_2S/Ag_2WO_4 对亚甲基蓝的降解光催化机理如图 10-51 所示,在可见光照下,Ag_2WO_4 和 Ag_2S 接收光能量,生成电子和空穴。一方面,迁移至催化剂表面的光生电子捕获吸附的 O_2 并与之反应生成活性物质·O_2^-,另一方面,光生空穴能与吸附的 H_2O 和—OH 生成活性物质·OH,而且光生空穴本身就是很好的活性物质,能有效地矿化有机分子。此外,Ag_2S 是一种窄禁带的半导体,能够吸收可见光量子,进而激发电子的转移,分离的电子迁移至 U-Ag_2WO_4 棒体的表面,增强了电荷分离效率。Ag_2S/Ag_2WO_4 具有很高的光催化活性,一方面是声化学处理提高了催化剂的结晶度,同时生成了独特的棒状纳米结构;另一方面是在超声作用下,Ag_2S 和 Ag_2WO_4 两相紧密接触形成异质结,促进了可见光的吸收和光生 e^- 与 h^+ 的分离。

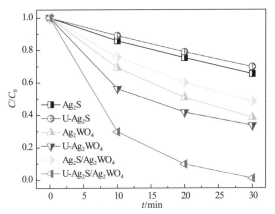

图 10-50　超声辐照对各样品降解亚甲基蓝光催化性能的影响[61]

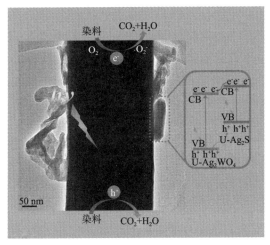

图 10-51　Ag_2S/Ag_2WO_4 对亚甲基蓝的降解光催化机理图[61]

参 考 文 献

[1] Li Y, Liu Q Y, Shen W. Morphology-dependent nanocatalysis: Metal particles. Dalton Trans, 2011, 40(22): 5811-5826.

[2] Zhou K B, Li Y D. Catalysis based on nanocrystals with well-defined facets. Angew. Chem. Int. Ed. , 2012, 51(3): 602-613.

[3] Watt J, Cheong S, Tilley R D. How to control the shape of metal nanostructures in organic solution phase synthesis for plasmonics and catalysis. Nano Today, 2013, 8(2): 198-215.

[4] Burda C, Chen X, Narayanan R, et al. Chemistry and properties of nanocrystals of different shapes. Chem. Rev. , 2005, 105(4): 1025-1102.

[5] Lim B,Xia Y N. Metal nanocrystals with highly branched morphologies. Angew. Chem. Int. Ed,2011,50(1):76-85.

[6] Polarz S. Shape matters-anisotropy of the morphology of inorganic colloidal particles synthesis and function. Adv. Funct. Mater. ,2011,21(17):3214-3230.

[7] Chen M,Wu B H,Yang J, et al. Small adsorbate-assisted shape control of Pd and Pt nanocrystal. Adv. Mater. ,2012,24(7):862-879.

[8] 李勇,申文杰. 多元醇法合成形貌可控的钴镍纳米材料. 化学反应工程与工艺,2013,29(5):401-412.

[9] Qu L H,Peng Z A,Peng X G. Alternative routes toward high quality CdSe nanocrystal. Nano Lett. ,2001,1:333-337.

[10] 张昭,彭少方,刘栋昌. 无机精细化工工艺学. 北京:化学工业出版社,2005.

[11] Boutonnet M,Kizling J,Stenius P, et al. The preparation of monodisperse colloidal metal particles from microemulsions. Colloids Surf. ,1982,5(3):209-225.

[12] Boutonnet M,Khan L A N. Towey,Structure and Reactivity in Reversed Micelles//Pileni M P. Amsterdam:Elsevier,1989:198.

[13] Turkevich J,Stevenson P C,Hillier J. A study of the nucleation and growth processes in the synthesis of colloidal gold. Discuss. Faraday Soc. ,1951,11:55-75.

[14] Taleb A,Petit C,Pileni M P. Synthesis of highly monodisperse silver nanoparticles from AOT reverse micelles:A way to 2D and 3D self-organization. Chem. Mater,1997,9(4):950-959.

[15] Lisiecki I,Pileni M P. Synthesis of copper metallic clusters using reverse micelles as micro-reactors. J. Am. Chem. Soc. ,1993,115(10):3887-3396.

[16] Petit C,Taleb A,Pileni M P. Cobalt nanosized particles organized in a 2D superlattice:Synthesis, characterization, and magnetic properties. J. Phys. Chem. B, 1999, 103 (11):1805-1810.

[17] Lopez-Perez J A,Lopez-Quintela M A,Mira J, et al. Advances in the preparation of magnetic nanoparticles by the microemulsion method. J. Phys. Chem. B,1997,101(41):8045-8047.

[18] Sangregorio C,Galeotti M,Bardi U, et al. Synthesis of Cu_3Au nanocluster alloy in reverse micelles. Langmuir,1996,12(24):5800-5802.

[19] Nagy J B. Multinuclear NMR characterization of microemulsions:Preparation of monodisperse colloidal metal boride particles. Colloids Surf. ,1989,35(2):201-220.

[20] Friberg S. Encyclopedia of Emulsion Technology Vol. 1,Basic Theory. Becher P. Now York and Basel:Marcel Dekker Inc. 1984.

[21] Shinoda K, Friberg S. Microemulsions:Colloidal aspects. Advances in Colloid Interface Sci. ,1975,4(4):281-300.

[22] Schulman J H,Stoeckenius W,Prince L M. Mechanism of formation and structure of micro emulsions by electron microscopy. J. Phys. Chem. ,1959,63(10):1677-1680.

[23] 崔正刚,殷福珊. 微乳化技术及应用. 北京:中国轻工业出版社,1999.

[24] 李干佐,郭荣. 微乳理论及其应用. 北京:石油工业出版社,1995.

[25] 王笃金,吴瑾光,徐光宪,等. 反胶团或微乳液法制备超细颗粒的研究进展. 化学通报,
1995,(9):1-5.

[26] 沈钟,王果庭. 胶体与表面化学. 2 版. 北京:化学工业出版社,1997.

[27] Microemulsions P L M. Theory and Practice. Chapter 5. Now York:Academic Press,1977.

[28] Pileni M P, Motte L, Petit C. Synthesis of cadmium sulfide in situ in reverse micelles:
Influence of the preparation modes on size, polydispersity, and photochemical reactions.
Chem. Mater. ,1992,4(2):338-345.

[29] 成国祥,沈锋,张仁柏,等. 反相胶束微反应器及其制备纳米微粒的研究进展. 化学通报.
1977,(3):14-19.

[30] Yu C L, Zhou W Q, Yang K, et al. Reverse microemulsion synthesis of monodispersed
square-shaped SnO$_2$ nanocrystals. J. Inorg. Mater. ,2010,12(25):1340-1344.

[31] Lisiecki I,Pileni M P. Synthesis of copper metallic clusters using reverse micelles as micro-
reactors. J. Am. Chem. Soc. ,1993,115(10):3887-3896.

[32] Tanori J,Pileni M P. Control of the shape of copper metallic particles by using a colloidal
system as template. Langmiur,1997,13(4):639-946.

[33] 冯绪胜,刘洪国,郝京诚,等. 胶体化学. 北京:化学工业出版社,2005.

[34] Yu C L, Yu J C, Wang F, et al. Growth of single-crystalline SnO$_2$ nanocubesviaa hydrothermal
route. Cryst. Eng. Comm. ,2010,12:341-343.

[35] Yu C L,Wen H R,Yu J C. Preparation different Fe$_3$O$_4$ nano-crystals under mild conditions
with different poly(ethylene glycol). Nano Technology and Precision Engineering,2010,2
(8):161-166.

[36] Jou S, Hsu C K. Preparation of carbon nanotubes from vacuum pyrolysis of polycar-
bosilane. Mater. Sci. Eng. ,B,2004,106(3),275-281.

[37] Leon R,Lobo C,Clark A,et al. Different paths to tunability in III-V quantum dots. J. Appl.
Phys. ,1998,84(1):248-254.

[38] Yu D P, Sun X S, Lee C S, et al. Synthesis of nano-scale silicon wires by excimer laser
ablation at high temperature. Solid State Commun. ,1998,105(6):403-407.

[39] Bai Z G, Yu D P, Zhang H Z, et al. Nano-scale GeO$_2$ wires synthesized by physical
evaporation. Chem. Phys. Lett. ,1999,303:311-314.

[40] Zhang H Z,Yu D P,Ding Y,et al. Dependence of the silicon nanowire diameter on ambient
pressure. Appl. Phys. Lett. ,1998,73(23):3396-3398.

[41] Gao P X,Ding Y,Wang Z L. Crystallographic orientation-aligned ZnO nanorods grown by a
tin catalyst. Nano Lett. ,2003,3(9):1315-1320.

[42] Wang Y W,Meng G W,Zhang L D,et al. Catalytic growth of large-scale single-crystal CdS
nanowires by physical evaporation and their photoluminescence. Chem. Mater. ,2002,14
(4):1773-1777.

[43] Dai Z R, Gole J L, Stout J D, et al. Tin oxide nanowires, nanoribbons, and nanotubes. J.

Phys. Chem. B,2002,106(6),1274-1279.

[44] Dai Z R,Pan Z W,Wang Z L. Gallium oxide nanoribbons and nanosheets. J. Phys. Chem. B, 2002,106(5):902-904.

[45] Yu C L,Zhou W Q,Yu J C. Rapid fabrication of BiOCl(Br)nanosheet with high photocatalytic performance via ultrasound irradiation. Chinese Journal of Inorganic Chemistry, 2011, 27: 2033-2038.

[46] Jung S H,Oh E,Lee K H,et al. Sonochemical preparation of shape-selective ZnO nano-structures. Cryst. Growth Des. ,2008,8(1):265-269.

[47] Li X M,Li Y,Li S Q,et al. Single crystalline trigonal selenium nanotubes and nanowires synthesized by sonochemical process. Cryst. Growth Des. ,2005,5(3):911-916.

[48] Mao C J,Geng J,Wu X C,et al. Selective synthesis and luminescence properties of self-assembled $SrMoO_4$ superstructures via a facile sonochemical route. J. Phys. Chem. C. , 2010,114(5):1982-1988.

[49] Iijima S. Helical microtubules of graphitic carbon. Nature,1991,354:56-58.

[50] Thess A,Lee R,Nikolaev P,et al. Crystalline ropes of metallic carbon nanotubes. Science, 1996,273:483-487.

[51] Kong J,Cassell A M,Dai H. Chemical vapor deposition of methane for single-walled carbon nanotubes. J. Chem. Phys. Lett. ,1998,292(4-6):567-574.

[52] 潘峰,陶锋,王志俊,等. EuF_3微纳米棒的水热形貌控制合成. 重庆理工大学学报(自然科学),2012,26(4):57-61.

[53] Zhu L,Liu X M,Jian M,et al. Facile sonochemical synthesis of single-crystalline europium fluorine with novel nanostructure. Cryst. Growth Des. ,2007,7(12):2505-2511.

[54] Ni Y H,Li H,Jin L N,et al. Synthesis of 1d $Cu(OH)_2$ nanowires and transition to 3d CuO microstructures under ultrasonic irradiation, and their electrochemical property. Cryst. Growth Des. ,2009,9(9):3868-3873.

[55] Wang H,Zhu J J,Zhu J M,et al. Sonochemical method for the preparation of bismuth sulfide nanorods. J. Phys. Chem. B,2002,106:3848-3854.

[56] Liu X W,Fang Z,Zhang X J,et al. Preparation and characterization of Fe_3O_4/CdS nano-composites and their use as recyclable photocatalysts. Cryst. Growth Des. ,2009,9(1): 197-202.

[57] Goswami P P,Choudhury H A,Chakma S,et al. Sonochemical synthesis and characterization of manganese ferrite nanoparticles. Ind. Eng. Chem. Res. ,2013,52(50):17848-17855.

[58] Hu X Y,Tang Y W,Xiao T,et al. Rapid synthesis of single-crystalline $SrSn(OH)_6$ nanowires and the performance of $SrSnO_3$ nanorods used as anode materials for Li-Ion battery. J. Phys. Chem. C,2010,114(2):947-952.

[59] Jung S H,Oh E,Lim H,et al. Shape-selective fabrication of zinc phosphate hexagonal bipyramids via a disodium phosphate-assisted sonochemical route. Cryst. Growth Des. , 2009,8(9):3544-3547.

[60] 马跃飞.声化学法合成超细钛酸锶钡球形颗粒及其形成机理的研究.南京:南京工业大学,2007.

[61] 何洪波,薛霜霜,吴榛,等.声化学合成、表征 Ag_2S/Ag_2WO_4 微米棒及其高光催化性能.催化学报,2016,37:1841-1580.

第11章 声化学组合技术制备纳米材料

从前面几章的内容可知,利用声化学可以制备各种类型的纳米材料,如纳米/微米球、介孔纳米材料、金属纳米粒子、沉积金属和金属氧化物纳米颗粒、元素掺杂纳米材料及各种具有特殊形貌的纳米材料。如果将声化学和其他纳米材料制备技术相结合,有望在发挥声化学技术优势的基础上融合其他技术的优点,使声化学技术在纳米材料制备方面得到更广泛的运用。

11.1 声化学-微波水热法

水热法指的是在密闭容器中,在一定温度($100 \sim 1000$ ℃)和压力(< 9.8 MPa)下,以水为溶剂,在水的自身压强下,进行水热反应制备纳米颗粒的一种新方法。水热反应是指在一定的温度和压力下,在水、水溶液或蒸气等流体中所进行有关化学反应的总称。按水热反应的温度进行分类,可以分为亚临界反应和超临界反应,前者反应温度在 $100 \sim 240$ ℃,适于工业或实验室操作。后者实验温度已高达 1000 ℃,压强高达 0.3 GPa,足以利用作为反应介质的水在超临界状态下的性质和反应物质在高温高压水热条件下的特殊性质进行合成反应。在水热条件下,水可以作为一种化学组分起作用并参加反应,发挥既是溶剂又是矿化剂作用的同时,还可作为压力传递介质;通过参加渗析反应和控制物理化学因素等,实现无机化合物的形成和改性。既可制备单组分微小晶体,又可制备双组分或多组分的特殊化合物粉末。水热合成可以克服某些高温制备不可避免的硬团聚等,制备的产品具有颗粒细、纯度高、分散性好、粒度均匀、无团聚、晶型好、形貌可控等特点。微波水热处理方法作为近年来兴起的一门制备技术,主要是利用微波作为能量传导介质来实现化学合成的一种方法,是传统水热法的一种创新。微波液相合成在无机纳米材料的制备过程中有广泛的应用,如 TiO_2、ZnO 等纳米材料的制备。将声化学和微波水热处理相结合。可以发挥两者制备纳米材料的优势。

杨柳青等[1]利用声化学-微波水热法合成 α-ZnS 纳米晶。其制备程序如下:

首先称取 0.68 g 无水氯化锌溶于 13 mL 蒸馏水,并加入 0.5 mL HCl(5vol% HCl)溶液和 2 mL 二甲基亚砜,搅拌,使 $ZnCl_2S$ 完全溶解。称取 0.38 g TAA 溶于 10 mL 蒸馏水中,搅拌,使之完全溶解。在超声辐射的同时,将 TAA 溶液以匀速缓慢滴入 $ZnCl_2S$ 溶液中。超声水浴温度选取为 50 ℃,超声功率选取为 200 W,

反应 120 min 后,反应液被转入有效容积为 46 mL 的带聚四氟乙烯内衬的反应釜中,于 120 ℃在 MDS-6 型温压双控微波水热反应仪中处理一定时间(0～40 min)。反应结束后,自然冷却至室温,将所制备的淡黄色悬浊液在 4000 r/min 的转速下离心分离,并用蒸馏水及异丙醇反复洗涤,60 ℃下真空干燥 2 h,得到形貌呈球形,粒径为 5～10 nm 的淡黄色 ZnS 粉末状产物。研究表明,利用声化学方法已经得到了六方晶系的 α-ZnS 纤锌矿结构,但其结晶程度比较弱,随微波水热处理时间的延长(20～30 min),峰形逐渐尖锐,衍射峰相对强度变大,表明试样的结晶性有所提高,微波水热处理 40 min,最终得到高结晶度的 α-ZnS。

11.2　声化学-溶胶-凝胶法

钙钛矿型结构钛酸铅($PbTiO_3$,PT)和锆钛酸铅($Pb(Zr,Ti)O_3$,PZT),拥有铁电、压电等特性,广泛地应用于电容器、变换器、检波器、非易失性存储器以及光电子设备和其他机电耦合传动装置等。高质量的超细粉是制造优质陶瓷材料的基础,目前关于钛酸铅纳米粉体的制备,已发展的方法有溶胶-凝胶、水热合成、共沉淀、微乳液合成和融盐法等多种方法。PZT 也常以薄膜、粉末、纤维和烧结体等多种形态应用于国防和工业领域,其中纳米粉的制备,也涉及传统的烧结氧化物和碳酸盐分解、共沉淀、水热合成、喷雾干燥和溶胶-凝胶。

王俊中[2]将超声化学与传统溶胶-凝胶工艺结合,成功地发展了超声-溶胶-凝胶法(S-sol-gel),该法与传统溶胶-凝胶法的烦琐操作相比简单有效且方便,适用于规模生产,具有应用前景。在乙醇和乙二醇混合介质中,Pb-O-Ti 凝胶以醋酸铅和钛酸丁酯为原料,Pb(Zr)-O-Ti 凝胶以醋酸铅、硝酸锆和钛酸丁酯为原料,首先利用高强度超声辐照 30～40 min,然后干燥得到声化凝胶。所得的Pb-O-Ti凝胶经 520 ℃煅烧 2 h 即可得到 40～60 nm 的 $PbTiO_3$纳米粉体。超声制备的 Pb(Zr)-O-Ti 凝胶经 800 ℃煅烧 1 h 可得到多孔网状钙钛矿微晶。超声对凝胶的性能有显著的改善,例如,加速溶胶-凝胶过程,凝胶均匀形核。这对后期的热处理晶化或相变及产物的形貌产生了重要的影响,例如,降低相变温度,加速晶化或相变过程,粒度更均匀,更易烧结等。其中,Pb-O-Ti 声化凝胶在 410 ℃就开始晶化形成钙钛矿 $PbTiO_3$。在 Pb-O-Ti 和 PZT 声化凝胶及在整个晶化、相变过程中,始终未出现 PbO 中间相,与回流法显著不同。超声-溶胶-凝胶工艺有望成为一种普适的方法应用到其他体系。

实验所用的典型超声装置如图 11-1 所示,其中超声发生器为宁波科生仪器厂生产的 KS900 超声细胞粉碎机。超声频率为 20 kHz,输出功率可调,一般约为 100 W/cm²。超声玻璃容器的内径为 28 mm,可盛放的液体体积为 60～70 mL。实际使用时可通保护气,一般可先在溶液中通保护气体并维持适当气氛。整个装

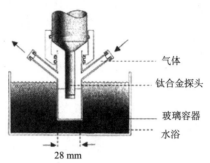

气体

钛合金探头

玻璃容器

水浴

28 mm

图 11-1　超声-溶胶-凝胶法典型装置示意图[2]

置还可通过恒温水浴来调节控制温度。

$PbTiO_3$ 纳米粉的溶胶-凝胶法的具体制备过程为:

分别把 3.40 g $Ti(OBu)_4$,3.79 g $Pb(Ac)_2$ · $3H_2O$,45 mL 无水乙醇和 5 mL 乙二醇加到一个经干燥过的超声玻璃容器中。实验时,在空气中调节超声器的钛角探头使之插入液面下约 1 cm,然后超声辐照 0.5 h。超声结束后,温度上升至 80 ℃左右,体系的黏度也会随之迅速增加,甚至液态变成近固态。超声制备出的凝胶经在 80 ℃干燥数天后所得干胶被称为"声化凝胶"。对比实验采取不用超声处理的回流工艺过程,即同样配比的原料体系在三颈烧瓶中 80 ℃回流 20 h 以上。回流制备出的凝胶也 80 ℃干燥数天,所得的干胶被称为"回流凝胶"。最后,把所得的"声化凝胶"和"回流凝胶"分别在空气气氛下煅烧得到 $PbTiO_3$ 纳米粉。

图 11-2(a)和(b)分别是超声制备的声化凝胶 520 ℃煅烧 2 h 和回流凝胶 600 ℃煅烧 2 h 后的样品的透射电镜照片。由该图可知,声化凝胶 520 ℃煅烧生成的 $PbTiO_3$ 粉体粒度均匀,一般分布在 40~60 nm 尺度范围。相比较,回流凝胶在 600 ℃煅烧生成的 $PbTiO_3$ 粒度显然要大很多,粒径范围在 100~500 nm 尺度范围内。因此,声化学-溶胶-凝胶法制备的 $PbTiO_3$ 纳米晶相比于采用回流工艺所得产物,不但粒度均匀,分散性好,而且烧成温度较低,粉体有更好的烧结性能。

热重-差热分析表明,声化学-溶胶-凝胶法制备的声化凝胶,实际上是一种非晶声化凝胶,当它在空气中经受不同温度热处理时,就逐渐晶化,XRD 测试表明,在煅烧温度为 390 ℃时开始晶化,410 ℃时晶化已经比较完整,再高的温度煅烧只是使晶化结构更加完整。而且在整个热处理过程中,始终未发现有相应的 PbO 或 TiO_2 等原组分出现。对照对比样品,即回流凝胶虽然也是非晶,但其晶化过程很容易出现杂相。XRD 测试表明,即使在 400 ℃煅烧,也未出现 $PbTiO_3$ 晶相,而相应组分 PbO 相却十分明显;回流凝胶 500 ℃煅烧,虽然出现 $PbTiO_3$ 晶相,但杂相并不能完全消失。这就充分表明,$PbTiO_3$ 纳米粉的声化学-溶胶-凝胶法制备,其

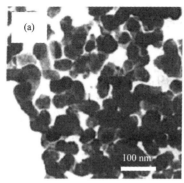 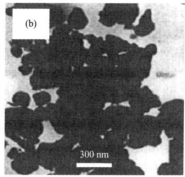

图 11-2　声化或回流凝胶煅烧得到的 PbTiO₃ 的透射电镜照片[2]

(a)声化凝胶 520 ℃煅烧；(b)回流凝胶 600 ℃

优点十分明显,除大大降低成相温度外,同时显现声化凝胶具有特殊的微观结构,即凝胶制备过程中的声化作用,不仅使物料组分高度分散,而且引起明显的声化效应,使声化凝胶的微结构与回流凝胶有明显的区别。利用透射电镜直接考察两种凝胶的形貌发现,声化凝胶颗粒比回流凝胶形成的颗粒分散性更好且更均匀。回流凝胶形成相互分立的谷状颗粒,而声化凝胶是分散非常均匀的小颗粒。在超声空化过程中,因为不断形成的空化气泡一定会形成一个个均匀尺寸的微空间,即提供一个个所谓的"微观反应器",所以这些均匀的微观反应器有利于凝胶的均匀成核和分散。

王俊中[2]还考察了超声时间、超声强度和操作温度对声化凝胶的影响。表 11-1 列出了超声时间、超声强度两个参数对 PbTiO₃ 声化凝胶晶化的影响。随着超声功率的增加,凝胶晶化温度有所降低,考虑到过强的超声功率对超声设备要求更高,一般超声强度在 50~100 W/cm² 比较合适;超声强度再进一步增加时,凝胶晶化温度变化并不明显。超声时间一般以20~40 min 比较合适,过长的时间对凝胶性能的影响不大。声化凝胶制备过程中的环境温度也对其有一定影响,一般不应很高,过高如大于 90 ℃,会使乙醇挥发性大大提高,实际不利于超声的空化作用。

表 11-1　超声时间和强度对 PbTiO₃ 声化凝胶晶化的影响[2]

超声辐照条件	超声辐照时间/min			超声强度/(W/cm²)		
	10	20	60	25	50	130
PbTiO₃声化凝胶晶化温度	422 ℃	417 ℃	416 ℃	525 ℃	418 ℃	415 ℃

超声化学与传统溶胶-凝胶工艺结合,发展了超声-溶胶-凝胶法,该法与传统溶胶-凝胶法的烦琐操作相比简单有效且方便,适用于规模生产,具有应用前景。

由此制备的钙钛矿型 $PbTiO_3$ 纳米晶和 $PbZr_{0.52}Ti_{0.48}O_3$ 微晶超细粉,粒度均匀、分散性好,且具有多孔的网状微结构。

11.3　声化学-离子交换组合

王俊中[2]还采用离子交换与超声化学相结合的新方法,成功地制备出 MS(M＝Cd、Pb)插层 γ-ZrP 的纳米复合材料。它的特点是,先通过离子交换,使金属离子进入层状化合物层间生成 γ-MZrP(M＝Cd、Pb),然后在硫脲存在下使 S^{2-} 在超声作用下进入层间,从而在层内外以一定方式组合成 MS(M＝Cd,Pb)纳米粒子,最终形成所需产物。该方法的优点是,超声既能促使硫脲水解,匀速地提供 S^{2-},又能加快离子插层过程,使硫化物插层于 γ-ZrP 层间。其中,pH＝4 条件下,γ-ZrP 所夹层的是 CdS 纳米颗粒,而 PbS 为棒状,其荧光性能最强,鉴于层间限域作用,CdS 或 PbS 插层结构材料都出现了明显的光学蓝移的量子尺寸效应,并有新的荧光性能。典型样品制备步骤如下:

(1) γ-ZrP 金属离子交换制备 γ-MZrP(M＝Cd,Pb)。在盛有 60 mL 体积比为 1:1 的去离子水-丙酮溶液的三颈烧瓶中,加入 0.15 g γ-ZrP,并 80 ℃回流 20 min 使 γ-ZrP 层离或胶体化,然后,加入 1.0 g $CdCl_2 \cdot 2.5H_2O$ 或 $Pb(CH_3COO)_2 \cdot 3H_2O$,再回流 10 h,所得固体经过离心,多次去离子水洗涤后进行干燥,即得经金属离子 Cd^{2+} 或 Pb^{2+} 交换过的 γ-ZrP,即 γ-CdZrP 或 γ-PbZrP。

(2) 超声制备 MS(M＝Cd,Pb)客体插层 γ-ZrP 纳米复合材料。把 0.15 g 上述 γ-MZrP(M＝Cd,Pb)置于直径为 28 mm 的超声容器中,加入 60 mL 体积比为 1:1 的去离子水-丙酮溶液,超声 5 min 后,再加入 1.0 g 硫脲,此时体系的 pH 约为 4,并用 1 mol/L 的 NaOH 溶液调节 pH 使之分别为 7 或 12,然后继续超声 1～2 h。所得的产物经过离心,多次去离子水洗涤,然后 50 ℃鼓风干燥。得到 MS(M＝Cd,Pb)/γ-ZrP。当 γ-MZrP(M＝Cd,Pb)与硫脲共存时,硫脲在超声作用下很容易发生水解反应产生 NH_3 和 H_2S,后者在超声辐射下,还能进一步发生反应:

$$NH_2CSNH_2 + 2H_2O +)))\longrightarrow NH_2CONH_2 + H_2S \rightarrow 2NH_3 + H_2S + CO_2$$

$$\tag{11.1}$$

$$H_2S \Longrightarrow H^+ + HS^- \Longrightarrow 2H^+ + S^{2+} \tag{11.2}$$

$$M^{2+} + S^{2-} \Longrightarrow MS \quad (M＝Cd,Pb) \tag{11.3}$$

图 11-3(a)表明,在 pH 为 12 时制备的 CdS/γ-ZrP 样品中,CdS 以粒径为 10～20 nm 沉积在 γ-ZrP 纳米片上。图 11-3(b)表明,在 pH 为 4 时制备的 PbS/γ-ZrP 样品中,PbS 以纳米棒的形式存在,尺寸为 25 nm×100 nm。

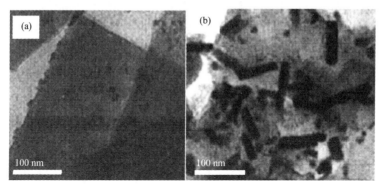

图 11-3　声化学-离子交换制备的 CdS/γ-ZrP(a)和 PbS/γ-ZrP(b)透射电镜照片[2]

11.4　声化学-球磨法

机械球磨法是指通过引用球磨机械力,储存机械能,促使反应的发生与进行。机械球磨法一经出现,就由于能显著降低反应势垒,提高反应物活性,增大组元扩散速度,大幅度细化晶体等优点引起了材料学界众多学者的极大兴趣。目前,机械球磨法被广泛运用于制备各种纳米材料和新型材料。Ding 等[3]将机械合金化技术和热处理方法结合,成功制备出了 $SrFe_{12}O_{19}$、$BaFe_{12}O_{19}$ 及双组分铁氧体 $(Fe_xCo_{1-x})Fe_2O_4$。Moustafa 等[4]在 1300 ℃下烧结 MgO 和 Fe_2O_3 只得到了部分的镁铁氧体,但是如果把原料先球磨 23 h,然后再在相同温度下烧结 2 h,可得到单一的 $MgFe_2O_4$,同时发现,在球磨过程中就已经合成了部分 $MgFe_2O_4$。Millet 等[5]分别用共沉淀＋热处理法和球磨法制备了钛铁氧体,对比发现采用球磨法制备出的 $TiFe_2O_4$ 虽会产生部分团聚现象,但很少出现氧化现象,并且在室温下产物表现出超顺磁性。

陈鼎等[6]在已有理论的研究基础上,提出了超声波水溶液反应球磨技术,并在机械力场的基础上引入温度场,通过机械力和超声波的耦合作用,诱发一些在常规条件下不反应的物质发生反应,获得所需要的产物。此技术具有如下的特点:

(1) 在超声波温度场的作用下,可以有效降低反应所需的能量势垒,使得在机械合金化下难以发生的反应发生,或者能加速化学反应的进行。

(2) 引入温度场,可极大提高溶质的扩散系数,缩短反应时间,产物粒度小且拥有良好的分散性。虽然水溶液球磨技术诞生时间不长,但湖南大学金属研究所已成功制备了锌铁氧体、锰铁氧体、镍铁氧体等超细粉体,为纳米颗粒的制备提供了一条节能经济、具有广泛工业应用前景的新途径[7-9]。

　　李林[10]以小铁球为球磨介质,采用自行设计制造的超声波辅助固液反应球磨机,利用直接合成反应和先分解再合成反应两种不同的反应过程,分别对 ZnO 和 α-Fe$_2$O$_3$混合粉末与碱式碳酸锌粉末进行有超声波辅助和无超声波辅助的水溶液球磨,研究使用该工艺制备纳米级锌铁氧体的可行性,探索反应过程以及超声波在反应过程中的作用。所设计的超声波辅助水溶液球磨如图 11-4 所示。其主要由超声波发生装置、不锈钢球磨罐、调速电机、底座、皮带、搅拌装置、密封法兰部件组成,其中球磨罐的几何尺寸为:内径 150 mm,罐高 170 mm,壁厚 3 mm,容量约为 2900 cm^3,超声波发生装置由长沙山河超声波技术有限公司定制生产,包括超声波发生器和能量转换器。超声波辅助固液反应球磨机的工作原理为:调速电机输出能量,通过带传动牵引搅拌杆转动,超声波通过能量转换器输入到球磨装置中,通过机械力与超声波的耦合作用来实现材料的成功制备。其主要技术参数如下:

　　(1) 转速:≥235 r/min;

　　(2) 超声波功率:200 W;

　　(3) 超声波频率:40 kHz;

　　(4) 超声波强度:1.13 W/cm^3;

　　(5) 进料粒度:r≤5 mm;

　　(6) 最大装料量:球磨罐容积的 2/3;

　　(7) 工作方式:有超声波辅助的固液反应球磨和无超声波辅助的固液反应球磨。

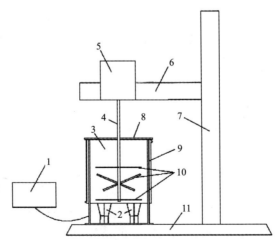

图 11-4　超声波固液反应球磨机示意图[10]

1-超声波发生器;2-能量转换器;3-球磨筒;4-转动轴;5-调速电机;6-水平支架;7-垂直支架;
8-密封盖;9-冷却水;10-搅拌杆;11-固定支座

　　以小铁球为磨球,利用直接合成反应和先分解再合成反应两种不同的反应过程,分别对 ZnO 和 α-Fe₂O₃ 混合粉末及碱式碳酸锌粉末进行超声波辅助水溶液球磨,在低温下球磨 60 h 直接制得了平均粒径不大于 50 nm 的椭球状锌铁氧体纳米晶,无需传统球磨所需的后续高温烧结,具有节能的特点。同时发现沿着两种不同的反应过程对产物最终的生成时间并没有太大区别,但是在反应初期,直接合成反应过程生成锌铁氧体的速度要高于先分解再合成这一反应过程的速度。此外,超声波在反应过程中起着诱发并加速化学反应的作用,ZnFe₂O₄ 纳米晶的生成是超声波与机械力耦合的结果,两者缺一不可。

　　具体制备过程为:称取 20 g 反应原料,按质量比为 100∶1,选用 2000 g 的小铁球置于球磨罐中,此处小铁球不仅为球磨介质,同时也提供 Fe 粉来源,以减小或避免球磨过程中的污染问题,加入 1200 mL 去离子水,对原料分别进行有超声波辅助的水溶液球磨和无超辅助的水溶液球磨。在实验过程中,每隔一定时间取一次样品,然后使用直径为 12.5 cm 的定量慢速滤纸过滤样品,再置于温度设定为 40 ℃ 的台式电热恒温干燥箱中进行低温干燥,最后将干燥后的粉末研磨。

　　图 11-5 为以小铁球为磨球,以 ZnO 和 α-Fe₂O₃ 混合粉末(物质量比为 1∶1)为原料,进行超声波辅助水溶液球磨,球磨不同时间后产物的 XRD 图谱。在超声波辅助水溶液球磨 20 h、40 h、60 h 时分别取样,由图 11-5 可知,原料 α-Fe₂O₃ 与 ZnO 混合粉体经 20 h 球磨后,其晶体结构受到了不同程度的破坏,并朝无定形化方向发展,表现为其衍射峰强度的逐渐减弱并消失。在小铁球机械力下,ZnO 进入 α-Fe₂O₃ 中形成固溶体。同时,球磨过程中,部分新相 ZnFe₂O₄ 开始生成,说明原料和铁球发生了化学反应。球磨到 40 h 后,仍有部分 α-Fe₂O₃ 相,随着球磨时间的延长,α-Fe₂O₃ 峰强度逐渐减弱,其相对含量不断减少,球磨 60 h 后,没有发现原料 ZnO 和 α-Fe₂O₃ 混合粉末的衍射峰,将产物的衍射峰与 ZnFe₂O₄ 的 X 衍射标准谱相对照,发现完全一致,反应物全部转化为 ZnFe₂O₄,未检测到其他物相,所得产物的纯度很高。通过 XRD 图谱发现,以小铁球为磨球时,由于其耐磨性较差,在超声波辅助球磨过程中会剥落 Fe 粉,此类铁粉由于球磨作用,活性很高,原料 ZnO 和 α-Fe₂O₃ 混合粉末与剥落的 Fe 粉或铁球发生反应,生成了 ZnFe₂O₄,小铁球在反应过程中不仅充当球磨介质的作用,同时作为原料参加化学反应,小铁球的这种特殊的作用有利于提升产物的纯度,减小或避免传统球磨过程中产生的污染问题。此外,由于使用的小铁球的尺寸为 2 mm,球磨粉碎机理为体积粉碎和表面粉碎的复合,所以制得的纳米级 ZnFe₂O₄ 粒度较小,尺寸分布均匀,关于球磨过程以及铁球尺寸对反应过程以及产物粒度的影响详见分析讨论部分。

　　为作对比,将 ZnO 和 α-Fe₂O₃ 混合粉末进行无超声波作用的水溶液球磨实验。无超声辅助球磨的 XRD 测试表明,球磨到 60 h 后,溶液中依然是原料 ZnO 和 α-Fe₂O₃ 的混合粉末,没有锌铁氧体生成,可以判定,超声波在反应过程中起到

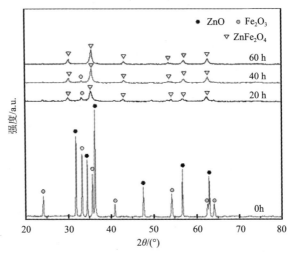

图 11-5　ZnO 和 α-Fe$_2$O$_3$ 混合粉末超声波辅助水溶液球磨不同时间的 XRD 图谱[10]

了至关重要的作用,在只有机械力的情况下,不能诱发反应的发生,纳米级锌铁氧体的生成是机械力和超声波,机械场和温度场耦合的结果,缺一不可。

　　图 11-6 为 ZnO 和 α-Fe$_2$O$_3$ 混合粉末进行超声波辅助水溶液球磨 60 h 后的透射电镜照片。由该图可见产物 ZnFe$_2$O$_4$ 粒子的形状基本为椭球状且分散较好,有部分团聚现象,可以统计得出产物纳米锌铁氧体的平均粒径不大于 50 nm,粒度分布均匀。在本实验中,以小铁球为球磨介质,以 ZnO 和 α-Fe$_2$O$_3$ 混合粉末为原料,超声波辅助水溶液球磨过程中的化学反应为

$$ZnO + \alpha\text{-}Fe_2O_3 \longrightarrow (ZnO + \alpha\text{-}Fe_2O_3)固溶体 \longrightarrow ZnFe_2O_4 \tag{11.4}$$

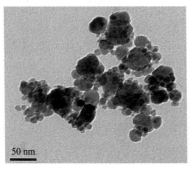

图 11-6　ZnO 和 α-Fe$_2$O$_3$ 混合粉末进行超声波辅助水溶液球磨 60 h 后的透射电镜照片[10]

　　不加超声时,不能制备出 ZnFe$_2$O$_4$,这可能是由于仅有球磨的作用,机械力作用所提供的能量不足,不足以诱发化学反应发生,而在超声波的辅助作用下,超声波空化产生的巨大能量在小磨球间经过多次反射和散射后,逐渐转移到反应的粉

末中,从而能够为反应的进行提供更多的能量,进而诱发反应的发生,超声波的加入,能够诱发并加速反应的进行。

11.5　声化学-电沉积技术

当超声与电化学电极反应相结合时,可以利用超声波对电化学过程起促进和物理强化作用,其优点是除去电极表面的气体、清洁电极的表面、加快体系传质和提高反应的速率等。这些优点使电极反应具有选择性和多样化的特点,可以在制备纳米材料方面发挥更多的优势。Reisse 等[11]设计了一种新型脉冲超声电化学还原金属粉的装置,该装置是把超声变幅杆(钛金属探头)的底部插入含有待电解的金属离子电解液中,即底部平面既作为电极,又作为超声源。由此可制备金属或合金(Cu/Co [12]、$Zn/Cu-Zn$[13]、$Ni/Cr/Ag$[11]、$Fe-Ni$、$Fe-Co$、$Ni-Co/Fe-Ni-Co$ [13]、$Co-Sm/Co-Gd$[14])和化合物(MnO_2[15]、$CdTe$[11]、$CdSe$[16] 和 $PbSe$[13])等纳米粒子。脉冲电流的大小与时间长短影响晶形和晶粒的大小,根据沉积的条件不同,颗粒的粒度范围为 $10 \sim 1000$ nm。Price 等[17]报道了在 $N(CH_2COOH)_3$ 存在的条件下,可从 $AgNO_3$ 的水溶液中,通过脉冲超声电沉积出球状、棒状或树枝状的纳米 Ag 粒子,Ag 的形貌受 $AgNO_3$ 的浓度和 $N(CH_2COOH)_3$ 的存在所影响。

11.6　声化学-活性离子模板联合法[18]

金属或金属氧化物镶嵌导电高聚物复合材料,具有电催化、离子色敏和气敏特性,被广泛地应用于化学传感器、微电子器件、储能介质和光催化材料等,因此引起广泛的兴趣。以引入 Cu^{2+} 或 Fe^{3+} 于层间的 γ-ZrP 作为活性离子模板,与声化学结合,可以成功插层苯胺单体,最后使有机单体聚合,合成 γ-ZrP/无机纳米粒子修饰的聚苯胺纳米复合材料,声化学-活性离子模板联合法的特点是苯胺单体的插层、聚合以及无机纳米粒子的修饰等过程一步完成,由此可方便合成 Cu_2O 和 CuO 或 Fe_2O_3 修饰的聚苯胺与 γ-ZrP 的插层型纳米复合材料。

本法典型样品制备包括先超声-离子交换后超声单体插层聚合两个步骤:

(1) γ-ZrP 超声金属离子交换制备 γ-MZrP(M=Cu,Fe)。

在直径为 28 mm 的超声容器中,盛有 60 mL 体积比为 1:1 的去离子水-丙酮溶液,加入 0.12 g γ-ZrP,把超声探头插入至液面下 1 cm 处,并在空气气氛下,超声辐照 $5 \sim 10$ min,超声频率为 20 kHz,功率约为 50 W/cm^2,使 γ-ZrP 胶体化或层离化,再加入 0.6 g 醋酸铜($Cu(CH_3COO)_2 \cdot H_2O$)或 1.0 g $FeCl_3 \cdot 6H_2O$,分别持续超声辐照 15 min 或 60 min。得到浅蓝色或淡黄的固体产物,离心后用蒸馏水洗涤一次,即得到经金属离子 Cu^{2+} 或 Fe^{3+} 交换过的 γ-ZrP,即 γ-CuZrP 或

γ-FeZrP。

（2）γ-MZrP（M＝Cu,Fe）超声苯胺单体插层制备,Cu·CuO-聚苯胺/γ-ZrP
或 Fe$_2$O$_3$-聚苯胺/γ-ZrP 纳米复合材料的制备。

将上述制备的 0.15 g γ-CuZrP 或 γ-FeZrP 和 60 mL 的体积比为 1∶1 的水/
丙酮相继置于直径为 28 mm 的超声容器中,超声 5 min 后,加入 3～5 mL 苯胺,
再继续分 4 次超声辐照 2 h。所得到的产物经过离心,多次去离子水和丙酮洗涤,
然后 50 ℃鼓风干燥。得到 Cu·CuO-聚苯胺/γ-ZrP 或 Fe$_2$O$_3$-聚苯胺/γ-ZrP 纳
米复合材料。

图 11-7 是这种活性离子模板与超声化学联合法反应机制的示意图。在超声
辐照下,γ-ZrP 发生层离化,金属离子 Cu^{2+} 或 Fe^{3+} 被交换到 γ-ZrP,形成 γ-CuZrP
或 γ-FeZrP。在超声条件下,金属离子与苯胺接触,在氧存在的条件下使苯胺聚
合。超声作用除加速金属离子与苯胺结合进行插层外,还会促进苯胺、氧与金属
离子的反应,使金属离子转化为金属氧化物,均匀地分散在聚合物基体中。

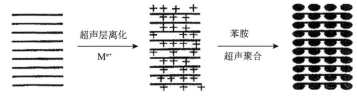

图 11-7　声化学-活性离子模板联合法制备无机物修饰聚苯胺插层
γ-ZrP 纳米复合材料的反应机制示意图[2]

所制备的 Cu$_2$O·CuO 或 Fe$_2$O$_3$-聚苯胺/γ-ZrP 纳米复合材料的特征是,
γ-ZrP 层间具有经无机纳米粒子如 Cu$_2$O·CuO 或 Fe$_2$O$_3$ 修饰的聚苯胺,其中 Cu$_2$
O 和 Fe$_2$O$_3$ 是非晶,CuO 是纳米晶,它们在一定的热处理条件下会引起晶化。

将声化学和溶胶-凝胶、微波水热法、微乳液、模板法等其他纳米材料制备技
术相结合,利用超声空化效应产生局部高温、高压和强有力的微射流,可以对化学
过程起促进和物理强化作用。有望在发挥声化学技术优势的基础上融合其他技
术的优点,使声化学技术在纳米材料的制备方面得到更广泛的运用。

参 考 文 献

[1] 杨柳青,黄剑锋,李吉蓉,等.声化学-微波水热法合成-ZnS 纳米晶及其光学性能.硅酸盐学
报,2013,32(4):719-722.

[2] 王俊中.纳米微粒及纳米复合材料的超声化学制备、表征及性能研究.合肥:中国科学技术
大学,2003.

[3] Ding J, Miao W F, McCormick P G, et al. High-coercivity ferrite magnets prepared by
mechanical alloying. J. Alloys Compd,1998,281(1):32-36.

[4] Moustafa S F, Morsi M B. The formation of Mg ferrite by mechanical alloying and sintering. Mater. Lett. , 1998, 34(3-6):241-247.

[5] Millet N, Colin S B, Perriat P, et al. Characterization of ferrites synthesized by mechanical alloying and soft chemistry. Nanostruct. Mater. , 1999, 12(5-8):641-644.

[6] 陈鼎, 陈振华. 机械力化学. 北京:化学工业出版社, 2008:126-128.

[7] Chen D, Liu H Y. One-step synthesis of nickel ferrite nanoparticles by ultrasonic wave-assisted ball milling technology. Mater. Lett. , 2012, 72(1):95-97.

[8] Chen D, Li L . One-step synthesis of zinc ferrite nanoparticles by ultrasonic wave-assisted ball milling technolog. Ceram. Int. , 2013, 39(4):4664-4672.

[9] 杨明华, 邱冠周. 搅拌磨机械化法合成 β-TCP 粉末. 化工冶金, 1999, 20(1):62-65.

[10] 李林. 锌铁氧体纳米粉末的超声辅助水溶液球磨制备过程研究. 长沙:湖南大学, 2013.

[11] Mastai Y, Polsky R, Koltypin Y, et al. Pulsed sonoelectrochemical synthesis of cadmium selenide nanoparticles. J. Am. Chem. Soc. , 1999, 121(43):10047-10052.

[12] Durant A, Donaldson D J, Winand R, et al. Chemlnform abstract: A new procedure for the production of highly reactive metal powders by pulsed sonoelectrochemical reduction. Tetrahedron Lett. , 1995, 36(24):4257-4260.

[13] Durant A, Delpancke J L, Winand R, et al. Sonoelectroreduction of metallic salts: A new method for the production of reactive metallic powders for organometallic reactions and its application in organozinc chemistry. Europ. J. Org. Chem. , 1999, 11:2845-2851.

[14] Delpanckej J L, Dill J, Reise J, et al. Magnetic nanopowders: Ultasound assisted electrochemical preparation and properties. Chem. Mater. , 2000, 12(4):946-955.

[15] Reisse J, Francoisl H, Vandercammen J, et al. Sonoeletrochemistry in aqueius electrolyte: A new type of sonoelectroreator. Electrochimca Acta, 1994, 39(1):37-39.

[16] Zhu J J, Liu S W, Palchik O, et al. Shape-controlled synthesis of silver nanoparticles by pulse sonoelectrochemical methods. Langmuir, 2000, 16(16):6396-6399.

[17] Price G J. Ultrasonically enhanced polymer synthesis. Ultrason Sonochem. , 1996, 3(3): 229-238.

[18] Chen D, Li L. One-step synthesis of zinc ferrite nanoparticles by ultrasonic wave-assisted ball milling technology. Ceram. Int. , 2013, 39(4):4664-4672.

展　　望

　　声化学,主要是利用超声波加速化学反应,提高化学产率的一门新兴交叉学科。声化学反应不是来自声波与物质分子的直接相互作用,因为在液体中常用的声波波长为 10～0.015 cm,对应 15 kHz～10 MHz,远大于分子尺度。声化学反应主要源于声空化——液体中空腔的形成、振荡、生长、收缩至崩溃,及其引发的物理、化学变化。液体声空化的过程是集中声场能量并迅即释放的过程。空化泡崩溃时,在极短时间,空化泡周围的极小空间内,产生 5000 K 以上的高温和大约 5×10^7 Pa 的高压,温度变化率高达 10^9 K/s,并伴生强烈的冲击波和(或)时速达 400 km 的射流,这就为在一般条件下难于实现或不可能实现的化学反应,提供了一种新的非常特殊的物理和化学环境,开启了新的化学反应通道。

　　目前,声化学的研究已经涉及有机合成、声致发光、声化学纳米材料合成、有机物污染物和聚合物降解、声化学发生器制造、声化学机理和动力学研究等。近10 年来,随着纳米材料和纳米材料合成技术的发展,声化学在纳米材料的合成中展现了独特的作用,受到越来越多研究者的重视。目前国际上有众多的研究小组在从事这方面的研究工作。例如,以色列 Bar-Ilan University 的 Aharon Gedanken 教授课题组在声化学制备纳米材料方面做了许多的工作;香港中文大学余济美教授在声化学合成纳米材料方面做了很多探索,并开始了工业规模声化学制备介孔光催化剂的探索;南京大学朱俊杰教授课题组开展了很多功能纳米材料的声化学制备研究。

　　正如前面所述,声化学在纳米介孔材料、纳米结构空心微球、金属纳米颗粒、元素掺杂、纳米颗粒沉积、特定形貌纳米材料的制备和金属纳米颗粒沉积等方面发挥了独特的作用。声化学合成具有低温、快速和可控的特点。若将声化学和溶胶-凝胶、微波水热法、微乳液法、模板法等其他纳米材料制备技术相结合,利用超声空化效应产生局部高温、高压和强有力的微射流,可以对化学过程起促进和物理强化作用,有望在发挥声化学技术优势的基础上融合其他纳米材料合成技术的优点,使声化学技术在未来纳米材料制备方面得到更广泛的运用。

　　目前面临的一些问题是,声化学制备纳米材料大部分还属于实验室研究,工业规模制备纳米材料还比较少。另外,目前市场出售的声化学反应器功率普遍较小。因此,随着声化学反应器的放大和超声发生器制造材料的改进,声化学技术在纳米材料合成的应用将越来越广泛,并最终走向市场化。